设计师视角下建设工程全文强制性通用规范解读系列丛书

《建筑与市政工程抗震通用规范》GB 55002-2021 应用解读及工程案例分析

魏利金　编著

中国建筑工业出版社

图书在版编目（CIP）数据

《建筑与市政工程抗震通用规范》GB 55002-2021 应用解读及工程案例分析 / 魏利金编著. — 北京 ：中国建筑工业出版社，2022.9

（设计师视角下建设工程全文强制性通用规范解读系列丛书）

ISBN 978-7-112-27357-7

Ⅰ. ①建… Ⅱ. ①魏… Ⅲ. ①建筑工程-防震设计-设计规范-中国②市政工程-防震设计-设计规范-中国 Ⅳ. ①TU352. 104-65

中国版本图书馆 CIP 数据核字（2022）第 072509 号

为使广大建设工程技术人员能够更好、更快地理解、掌握、应用和执行《建筑与市政工程抗震通用规范》GB 55002-2021 条文内涵，作者以近 40 年的工程设计实践经验，结合典型工程案例，由设计视角全面系统地解读《建筑与市政工程抗震通用规范》全部条文，给予诠释其内涵，析其理、明其意。全文强制性条文的文字表达具有逻辑严谨、简练明确的特点，但由于只作原则性规定而不述理由，对于执行者和监管者来说可能只知其表，而未察其理。本书共分三篇，第一篇主要是综合概述，主要内容包含：抗震设计概述、《中国地震动参数区划图》与《建筑抗震设计规范》、《建筑与市政工程抗震通用规范》GB 55002 编制简介；第二篇《建设工程抗震管理条例》部分条款解读，主要内容包含：总则，勘察、设计和施工，鉴定、加固和维护，农村建设工程抗震设防；第三篇《建筑与市政工程抗震通用规范》解读，主要内容包含：总则、基本规定、场地与地基基础抗震、地震作用和结构抗震验算、建筑工程抗震措施、市政工程抗震措施。全书内容全面、翔实、具有较强的可操作性，可供从事建设工程相关人员参考使用。

责任编辑：王砾瑶 范业庶

责任校对：李欣慰

设计师视角下建设工程全文强制性通用规范解读系列丛书

《建筑与市政工程抗震通用规范》GB 55002-2021

应用解读及工程案例分析

魏利金 编著

*

中国建筑工业出版社出版、发行（北京海淀三里河路 9 号）

各地新华书店、建筑书店经销

北京鸿文瀚海文化传媒有限公司制版

廊坊市海涛印刷有限公司印刷

*

开本：787 毫米×1092 毫米 1/16 印张：15½ 字数：382 千字

2022 年 9 月第一版 2022 年 9 月第一次印刷

定价：**65.00** 元

ISBN 978-7-112-27357-7

（39524）

前 言

工程建设全文强制性标准是指直接涉及建设工程质量、安全、卫生及环境保护等方面的工程建设标准强制性条文。为建设工程实施安全防范措施、消除安全隐患提供统一的技术法规要求，以保证在现有的技术、管理条件下尽可能地保障建设工程质量安全，从而最大限度地保障建设工程的设计者、建造者、所有者、使用者和有关人员的人身安全、财产安全以及人体健康。工程建设强制性规范是社会现代运行的底线法规要求，全文都必须严格执行。

对于《建筑与市政工程抗震通用规范》条文的正确理解与应用，对促进建设工程活动健康有序高质量发展，保证建设工程安全底线要求，节约投资提高投资效益、社会效益和环境效益都具有重要的意义。

为进一步延伸阅读和深度理解《建筑与市政工程抗震通用规范》强制性条文的实质内涵，促进参与建设活动各方更好地掌握和正确、合理地理解工程建设强制性条文规定的实质内涵，作者由设计师视角全面解读《建筑与市政工程抗震通用规范》的全部条文，作者以近 40 年的一线工程设计、咨询实践经验，紧密结合典型实际工程案例分析，把规范中的重点条文以及容易误解、容易产生歧义和出错的条文进行了整合、归纳，结合典型案例进行对比分析。本书旨在帮助土木工程从业人员更好、更快地学习、应用和深度理解规范的条文，尽快提升自己的综合能力。

本书共分三篇，第一篇是综合概述，主要内容包含抗震设计概述、《中国地震动参数区划图》与《建筑抗震设计规范》、《建筑与市政工程抗震通用规范》GB 55002 编制简介；第二篇是对《建设工程抗震管理条例》部分条款解读，主要内容包含总则，勘察、设计和施工，鉴定、加固和维护，农村建设工程抗震设防；第三篇针对《建筑与市政工程抗震通用规范》解读，主要内容包括总则、基本规定、场地与地基基础抗震、地震作用和结构抗震验算、建筑工程抗震措施、市政工程抗震措施。

本书内容涵盖了《建设工程抗震管理条例》及《建筑与市政工程抗震通用规范》的内容，解读内容涉及诸多法规、规范、标准，以概念设计思路及典型工程案例分析贯穿全文，解读通俗易懂，系统翔实，工程案例极具代表性，阐述观点独到而精辟，有助于相关人员全面、系统、正确地理解工程结构通用规范的实质内涵，尽快提高设计者综合处理问题的能力。

本书可供从事土木工程结构设计、审图、顾问咨询、科研人员阅读，也可供高等院校师生及相关工程技术人员参考使用。如有不妥之处，还恳请读者批评指正。

目　录

第一篇　综合概述

第1章　抗震设计概述 ········ 1

1.1　常见自然灾害类型 ········ 1

1.2　我国地震活动的主要特点 ········ 4

1.3　我国地震灾害的主要特点 ········ 5

1.4　2020年我国地震活动的主要特点分析 ········ 6

1.5　近年世界地震发生概况 ········ 12

1.6　地震预警与地震预报的区别 ········ 12

1.7　地震烈度和地震震级的区别 ········ 13

1.8　我国建筑抗震设计标准的变化简介 ········ 19

1.9　我国建筑抗震性能化设计简介 ········ 25

1.10　抗震设计中概念设计的重要性 ········ 29

第2章　《中国地震动参数区划图》与《建筑抗震设计规范》 ········ 34

2.1　地震动参数区划图与抗震规范的历史渊源 ········ 34

2.2　我国地震动参数区划图编制的历史 ········ 35

2.3　地震动参数区划图防控风险的作用 ········ 36

2.4　《中国地震动参数区划图》2015版实施的重大意义 ········ 36

2.5　《中国地震动参数区划图》2015版的几个新亮点 ········ 37

2.6　《中国地震动参数区划图》2015版北京地区主要变化 ········ 38

2.7　《中国地震动参数区划图》2015版不同场地类别特征周期的选取问题 ········ 39

2.8　《中国地震动参数区划图》与《建筑与市政工程抗震通用规范》的对应关系 ········ 40

2.9　今后结构设计时是否需要考虑场地类别对地震动参数进行调整 ········ 40

2.10　《中国地震动参数区划图》2015版附录A与附录C规定不一致时，如何选取 ········ 42

第3章　《建筑与市政工程抗震通用规范》GB 55002编制简介 ········ 45

3.1　编制工作背景与任务来源 ········ 45

3.2　编制工作的基本过程 ········ 45

3.3　原则性要求和底线控制 ········ 46

3.4　现行规范、规程、标准强条全覆盖 ········ 46

3.5　避免交叉与重复 ········ 46

3.6　主要编制内容 ········ 48

3.7　本规范的主要特点 ········ 48

3.8　与本规范有关规范标准中废止的条款 ········ 49

3.9　如何理解被本规范废止的强条 ········ 50

3.10　为何《建筑抗震设计规范》的某些强条在本规范中找不到 ········ 50

第二篇　《建设工程抗震管理条例》部分条款解读

第 1 章　总则 …… 52
第 2 章　勘察、设计和施工 …… 55
第 3 章　鉴定、加固和维护 …… 74
第 4 章　农村建设工程抗震设防 …… 77

第三篇　《建筑与市政工程抗震通用规范》解读

第 1 章　总则 …… 80
第 2 章　基本规定 …… 88
2.1　性能要求 …… 88
2.2　地震影响 …… 92
2.3　抗震设防分类和设防标准 …… 94
2.4　工程抗震体系 …… 102
第 3 章　场地与地基基础抗震 …… 114
3.1　场地抗震勘察 …… 114
3.2　地基与基础抗震 …… 125
第 4 章　地震作用和结构抗震验算 …… 136
4.1　一般规定 …… 136
4.2　地震作用 …… 154
4.3　抗震验算 …… 160
第 5 章　建筑工程抗震措施 …… 166
5.1　一般规定 …… 166
5.2　混凝土结构房屋 …… 195
5.3　钢结构房屋 …… 201
5.4　钢-混凝土组合结构房屋 …… 203
5.5　砌体结构房屋 …… 205
5.6　木结构房屋 …… 217
5.7　土石结构房屋 …… 218
5.8　混合承重结构建筑 …… 220
第 6 章　市政工程抗震措施 …… 225
6.1　城镇桥梁 …… 225
6.2　城乡给水排水和燃气热力工程 …… 229
6.3　地下工程结构 …… 234
参考文献 …… 240

第一篇　综合概述

第 1 章　抗震设计概述

1.1　常见自然灾害类型

我国是世界上自然灾害最严重的国家之一，近 20 年来我国自然灾害呈现频发态势，灾害损失严重，平均每年因各类自然灾害造成的直接经济损失达 3600 亿元以上，占 GDP 比例为 1.07%，约占世界的 1/5，平均每年约有 2.2 亿人次受灾；地质灾害、洪涝、地震造成的死亡人数分别居世界第一、第二和第三位，但近 10 年期间随着我国科技不断进步，国家经济实力不断增强，地震预测及建筑抗震设计水平的提高，防灾减灾能力明显增强。建立自然灾害防治工作部际联席会议制度，实施自然灾害防治九项重点工程，启动第一次全国自然灾害综合风险普查，推进大江大河和中小河流治理，实施全国地质灾害防治、山洪灾害防治、重点火险区综合治理、平安公路建设、农村危房改造、地震易发区房屋加固等一批重点工程，城乡灾害设防水平和综合防灾减灾能力明显提升。与“十二五”时期相比，“十三五”期间全国自然灾害因灾死亡失踪人数、倒塌房屋数量和直接经济损失占国内生产总值比重分别下降了 37.6%、70.8%和 38.9%。

我们国家自然灾害大幅度下降，因自然灾害死亡、失踪人数和直接经济损失呈现出双下降趋势（图 1-1-1）。

我国自然灾害存在种类多、发生频率高、分布地域广、强度大等特点，尤其以地震、滑坡、泥石流、干旱、洪涝、台风、风暴潮的危害最为严重。据统计 2011～2020 年期间，我国自然灾害以地震、洪涝、干旱、地质灾害、台风和风雹为主，低温冷冻、雪灾、沙尘暴、森林火灾等也有不同程度发生，造成全国约 22.58 亿人次受灾，12545 人死亡或失踪，直接经济损失约 36836 亿元。

2021 年我国灾害多发态势突出，灾害主要特点：全国平均降水量较常年同期偏多 5.6%，秋雨强、降雨总量大，京津冀平均降水量较常年同期偏多 3.1 倍，黄河中游偏多 2.8 倍，黄河下游偏多 3.6 倍，均为历史同期极值，且区域分布不匀、洪水场次多、险情多、局地灾情重。江苏、湖南等地龙卷风、雷暴、冰雹等极端强对流现象及其破坏性为近

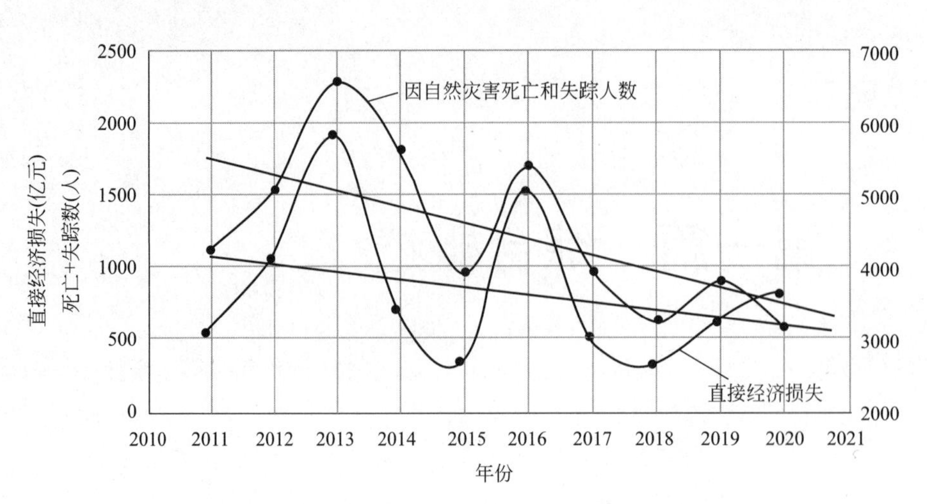

图 1-1-1　我国 2011～2020 年期间自然灾害发展趋势图

年来罕见，刷新了人们对气象灾害和全球变化过程的认识。

2021 年我国先后遭受了“5・1”南通风灾，“5・14”苏州风灾和武汉风灾，“5・22”极端天气事件，“3・19”西藏比如 6.1 级地震，“5・21”云南漾濞 6.4 级地震，“5・22”青海玛多 7.4 级地震，“9・16”四川泸县 6.0 级地震，6 月下旬黑龙江、嫩江流域洪灾，7 月上旬长江上游以及海河流域洪涝灾害，7 月下旬内蒙古局地强降雨导致的垮坝洪水灾害，特别是 2021 年 7 月 17 日至 23 日，河南省遭遇历史罕见特大暴雨，发生严重洪涝灾害，尤为严重的是 7 月 20 日郑州市遭受的重大人员伤亡和财产损失。灾害共造成河南省 150 个县（市、区）1478.6 万人受灾，因灾死亡失踪 398 人，其中郑州市 380 人、占全省 95.5％；直接经济损失 1200.6 亿元，其中郑州市 409 亿元、占全省 34.1％。

2021 年郑州“7・20”极端强对流天气过程是有观测以来最为严重的，极端降水和城市洪涝灾害事件如图 1-1-2 所示。7 月 19 日 20 时到 20 日 20 时，郑州作为强降雨中心，降雨量达到 552.5mm，相当于 1 天下了往年 1 年的雨量；7 月 20 日下午 16 至 17 时降雨量达到 201.9mm/h，远超 1975 年驻马店特大暴雨（198.5mm/h）和 2012 年北京大暴雨（80mm/h）。

图 1-1-2　郑州市郑东新区被水淹没的部分路段

调查表明，周边山区巩义市等山洪暴发，黄河巩义段赵沟、裴峪、神堤三处控导工程出现不同程度山体滑坡、14 座水库溢洪道出水、2 个镇区被淹。郑州“7・20”特大暴雨诱发的洪涝灾害和生产事故或跨类灾害特别严重，暴露出大城市和城市群对内涝洪水灾害的脆弱性、从自然灾害到生产事故或跨类灾害的连锁性和突发性，显示出“城市内涝型灾害链与跨类灾害的叠加效应”。

未来数十年，我国将处于复杂严峻的自然灾害频发、超大城市群崛起和社会经济高质量快速发展共存局面，破解主要城市群自然灾害防治难题，是保障社会经济可持续发展、实现第二个百年目标的重要举措。随着经济全球化、城镇化快速发展，城市群的崛起、社会财富聚集、人口密度增加，承灾体暴露度不断增加，各种灾害风险相互交织，相互叠加，直接影响经济社会的安全和可持续发展。

据资料记载，20 世纪后半叶我国大陆自然灾害死亡人数统计数据表明：地震灾害占 54%，气象灾害占 40%，地质灾害占 4%，海洋与林业灾害占 1%，其他灾害占 1%。图 1-1-3 为 20 世纪后 50 年我国大陆自然灾害死亡人数统计。

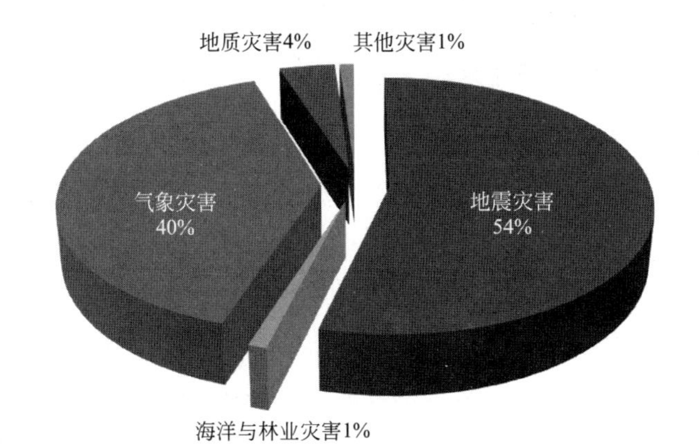

图 1-1-3　20 世纪后 50 年我国大陆自然灾害死亡人数统计

由图 1-1-3 可以看出，地震灾害与气象灾害是人类目前遇到的两类最多的自然灾害，在自然灾害面前人类只能依靠科技进步，不断提高民众的灾害防范意识，采取预防为主的手段。防灾减灾工作是一项系统的社会工程，不但需要管理人员提高灾害意识，充分发挥科技手段在防灾、减灾、救灾中的作用，还要广大民众积极参与，自觉提升应对灾害的能力，一旦灾害来临时，能够科学有效地应急避险。

人们对于地震和防震抗震的认识，是一个不断深化的过程。起初我们认为，地震是上天对人类的惩罚，对此非常无奈。后来发现，如果把房子建得结实一点，是可以抗得住地震的，这时候我们把房子建得很牢固。接下来又发现，仅有刚度是不够的，还要加强强度。再后来发现，强度仍然不足以应付地震，所以发展出柔性设计。现在，我们又意识到，柔性建筑如果破坏得太厉害，很难恢复重建，因此，我们又从柔性设计提升到更高一层级的延性设计。从刚度设计、弹性设计、强度设计、柔性设计，又回到强度设计、弹性设计、延性设计，看起来是倒退，实际上是在更高层次上的提升。随着地震科学的不断发展、防震抗震的深入实践、社会经济的日益进步，防震抗震的设计理念还会不断发展。

特别提醒读者注意：地震灾害的“元凶”是不合格的土木工程所致，其原因主要包含：不当的选址，不当的知识，不当的材料，不当的设计，不当的施工，不当的运维，不当的加固改造。不管是什么原因，总之要么是设计当中存在人为失误，要么是使用当中有人为损坏，都有人为的因素，所以地震不会直接杀人，人或者是人造的建筑才会杀人。以上任何一个不当都会导致土木工程不能抵御各种可能发生的荷载特别是地震灾害，而导致土木工程失效乃至破坏，甚至倒塌。各种不当引起的土木工程倒塌比例如图 1-1-4 所示，由此可知设计失误引起倒塌的比例相当之高。

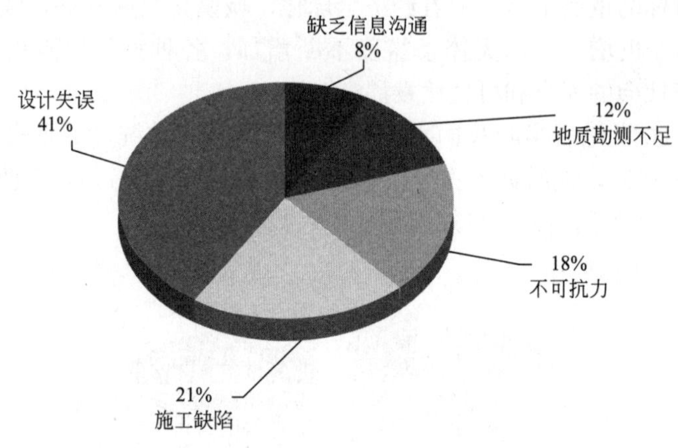

图 1-1-4 各种不合格土木工程引起倒塌占比图

1.2 我国地震活动的主要特点

（1）我国大陆受印度-澳大利亚板块向北东方向的碰撞挤压，同时也受到太平洋板块向西偏北方向的俯冲推挤。印度-澳大利亚板块向北东方向的碰撞挤压强烈导致我国大陆西部直接剧烈隆起，形成世界屋脊——青藏高原，伴随有强烈的地震活动，地震空间分布呈三角形，我们称之为我国西部及邻区强震活动的“大三角”地区。受太平洋板块俯冲的影响，我国东部的地震活动也较强。

（2）我国大陆分为若干活动构造块体，构造块体边界是地震集中发生的区域。我国大陆全部 8 级以上地震，超过 80%的 7 级以上地震都发生在这些边界地区。地震较为集中的区域称为地震带，我国大陆主要有位于中部纵贯我国南北的南北地震带，位于新疆及境外地区的天山地震带，位于东部的郯庐地震带、山西地震带、阴山-燕山-渤海地震带和华南沿海地震带等。

（3）我国大陆所处的构造环境决定了我国大陆地震活动呈现如下特点：

1）地震多。我国大陆年平均发生 24 次 5 级以上地震，4 次 6 级以上地震，0.6 次 7 级以上地震。

2）强度大。21 世纪以来全球共发生 23 次 8 级以上地震，绝大多数发生在海洋里，仅有的 3 次大陆 8 级以上地震均发生在我国大陆地区及附近。

3）分布广。我国有 30 个省份发生过 6 级以上地震，19 个省份发生过 7 级以上地震，12 个省份发生过 8 级以上地震。没有记载过强震的地方，并不意味着以后就不发生，例如青海和四川历史上就没有发生 8 级以上地震的记载，2001 年青海发生了昆仑山口西 8.1 级地震，2008 年四川汶川发生了 8.0 级地震。

4）震源浅。我国大陆的地震 94%以上都是浅源地震，易对地表建筑物造成较为严重的破坏。

1.3 我国地震灾害的主要特点

（1）我国是全球地震灾害最严重的国家之一。20 世纪的统计数据表明，我国大陆人口占世界的 1/4，但大陆地震次数占全球大陆地震的 1/3，而地震造成的人员死亡数量占了全球的 1/2。2000～2019 年的统计数据表明，我国大陆因地震造成的人员死亡人数就占了全球的 12%。图 1-1-5 为 20 世纪我国大陆人口、地震次数和死亡人数与全球对比情况，图 1-1-6 为 2000～2019 年全球因地震灾害死亡人数统计。

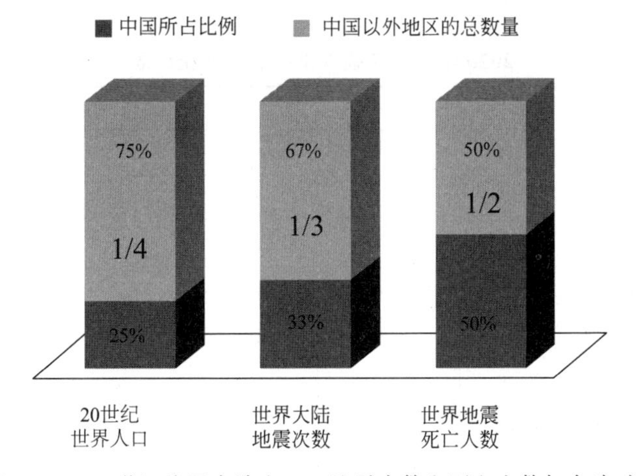

图 1-1-5 20 世纪我国大陆人口、地震次数和死亡人数与全球对比

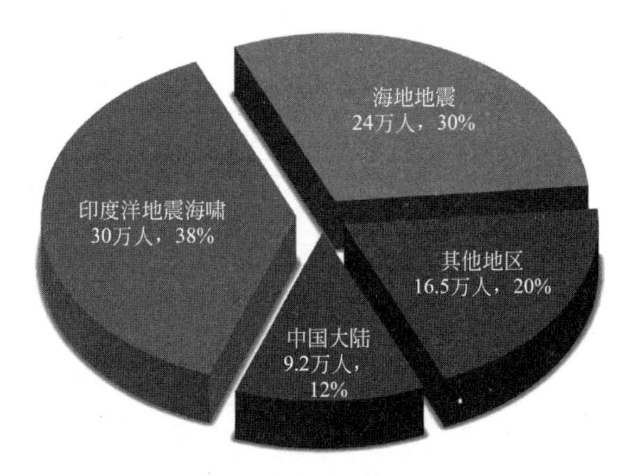

图 1-1-6 2000～2019 年全球因地震灾害死亡人数统计

由图 1-1-5 与图 1-1-6 可以明显看出，随着国家科技不断进步发展，国家经济实力的不断增强，地震预测及建筑与市政抗震设计水平的提高，我们国家地震灾害在大幅度下降。

（2）据史料记载，我国造成人员死亡超过 20 万人的地震有 4 次：1303 年山西洪洞 8.0 级地震为 20 万人，1920 年宁夏海原 8.5 级地震为 28 万人，1976 年河北唐山 7.8 级地震为 24 万人，1556 年陕西华县 8.6 级地震为 83 万人（含瘟疫、饥荒）。陕西华县地震是目前世界上记载中造成死亡人数最多的一次地震。全球死亡人数超过 20 万人的地震有 8 次，其中 4 次发生在我国，达 1/2。

1.4 2020 年我国地震活动的主要特点分析

（1）2020 年我国地震活动概括

2020 年，我国共发生 5 级以上地震 28 次，其中大陆地区 20 次，最大为 7 月 23 日西藏尼玛 6.6 级地震；台湾及近海发生 5 级以上地震 7 次，最大为 12 月 10 日台湾宜兰海域 5.8 级地震；东海海域发生 1 次 5.3 级地震。表 1-1-1 为 2020 年我国 5 级以上地震分布统计表。

2020 年我国 5 级以上地震分布统计表 **表 1-1-1**

序号	发震时刻	纬度(°)	经度(°)	深度(km)	震级 M	参考地名
1	2020-01-16 16：32	41.21	83.60	16	5.6	新疆阿克苏地区库车县
2	2020-01-18 00：05	39.83	77.18	20	5.4	新疆喀什地区伽师县
3	2020-01-19 21：27	39.83	77.21	16	6.4	新疆喀什地区伽师县
4	2020-01-19 22：23	39.89	77.46	14	5.2	新疆克孜勒苏州阿图什市
5	2020-01-25 06：56	31.98	95.09	10	5.1	西藏昌都市丁青县
6	2020-01-29 07：39	27.16	126.60	10	5.3	东海海域
7	2020-02-03 00：05	30.74	104.46	21	5.1	四川成都市青白江区
8	2020-02-15 19：00	23.95	121.49	10	5.4	台湾花莲县
9	2020-02-21 02：01	34.56	85.68	9	5.0	西藏阿里地区改则县
10	2020-02-21 23：39	39.87	77.47	10	5.1	新疆喀什地区伽师县
11	2020-03-10 02：12	32.84	85.52	10	5.0	西藏阿里地区改则县
12	2020-03-12 23：44	32.88	85.55	10	5.1	西藏阿里地区改则县
13	2020-03-20 09：33	28.63	87.42	10	5.9	西藏日喀则市定日县
14	2020-03-23 03：21	41.75	81.11	10	5.0	新疆阿克苏地区拜城县
15	2020-04-01 20：23	33.04	98.92	10	5.6	四川甘孜州石渠县
16	2020-05-03 11：24	23.29	121.60	40	5.4	台湾台东县海域
17	2020-05-06 18：51	39.71	74.10	10	5.0	新疆克孜勒苏州乌恰县
18	2020-05-09 23：35	40.77	78.76	15	5.2	新疆阿克苏地区柯坪县
19	2020-05-18 21：47	27.18	103.16	8	5.0	云南昭通市巧家县
20	2020-06-14 04：18	24.29	122.41	27	5.5	台湾宜兰县海域
21	2020-06-26 05：05	35.73	82.33	10	6.4	新疆和田地区于田县
22	2020-07-12 06：38	39.78	118.44	10	5.1	河北唐山市古冶区
23	2020-07-13 09：28	44.42	80.82	15	5.0	新疆伊犁州霍城县
24	2020-07-23 04：07	33.19	86.81	10	6.6	西藏那曲市尼玛县
25	2020-07-26 20：52	24.27	122.48	50	5.5	台湾花莲县海域

续表

序号	发震时刻	纬度(°)	经度(°)	深度(km)	震级 M	参考地名
26	2020-09-29 04：50	22.29	121.10	13	5.0	台湾台东县海域
27	2020-09-30 12：37	24.85	122.14	116	5.0	台湾宜兰县海域
28	2020-12-10 21：19	24.74	121.99	80	5.8	台湾宜兰县海域

2020 年，我国大陆地区共发生地震灾害事件 5 次，造成 5 人死亡，30 人受伤，直接经济损失约 18.47 亿元。其中，灾害损失最严重的地震为 1 月 19 日新疆伽师 6.4 级地震，造成 1 人死亡，2 人受伤，直接经济损失 15.26 亿元。人员伤亡最严重的地震是云南巧家 5.0 级地震，造成 4 人死亡，28 人受伤，直接经济损失约 1.04 亿元。表 1-1-2 为 2020 年我国地震灾害一览表。

2020 年我国地震灾害一览表 **表 1-1-2**

序号	日期	北京时间	震中位置	震级 M	人员伤亡(人)		直接经济损失(万元)
					死亡	受伤	
1	1 月 16 日	16：32	新疆阿克苏地区库车县	5.6	0	0	712
2	1 月 19 日	21：27	新疆喀什地区伽师县	6.4	1	2	152642
3	4 月 1 日	20：23	四川甘孜州石渠县	5.6	0	0	19242.69
4	5 月 18 日	21：47	云南昭通市巧家县	5.0	4	28	10430
5	6 月 26 日	5：05	新疆和田地区玉田县	6.4	0	0	1650
合计					5	30	184676.69

（2）2020 年我国地震活动的主要特点

2020 年我国大陆地区共发生 5 级以上地震 20 次，5 级以上地震频次与 2019 年的频次持平，但低于 1950 年以来年均 24 次的活动水平。从时间上看，5 级以上地震均发生在 1～7 月，7 月 23 日西藏尼玛 6.6 级地震后，大陆地区 5 级以上地震由活跃转为显著平静；从空间上看，5 级以上地震主要发生在新疆和西藏地区。图 1-1-7 为我国大陆地区 5 级以上地震年频度分布图，图 1-1-8 为地震震级时序图。

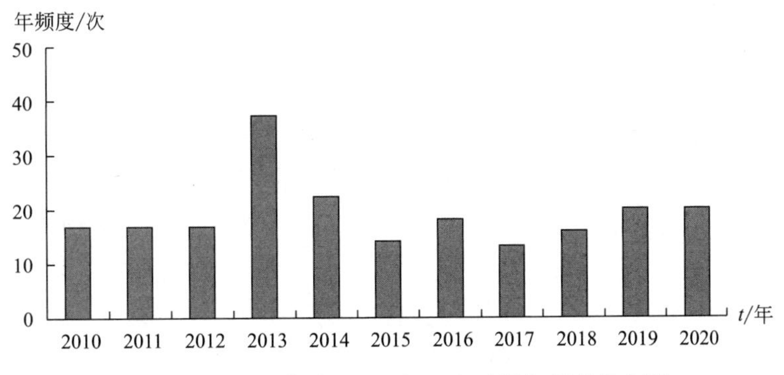

图 1-1-7 我国大陆地区 5 级以上地震年频度分布图

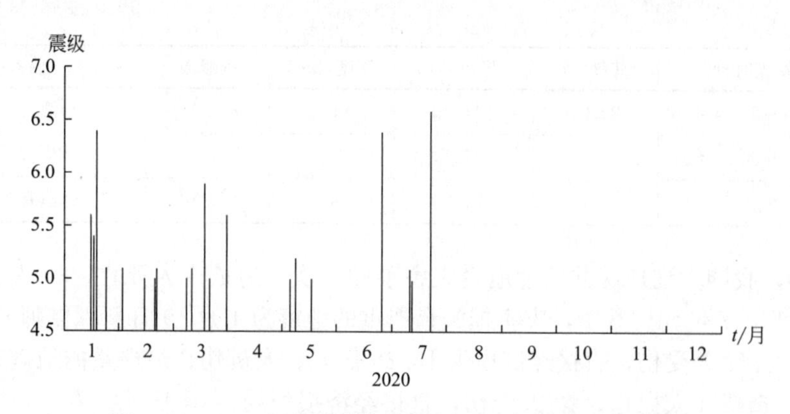

图 1-1-8　2020 年我国大陆地区 5 级以上地震震级时序图

1）多震省份地震活动差异明显

2020 年我国大陆不同区域地震活动水平差异明显。新疆地区 2020 年共发生 5 级以上地震 10 次，其中 6 级以上地震 2 次，分别为 1 月 19 日伽师 6.4 级和 6 月 26 日于田 6.4 级地震。与 2018 年、2019 年相比，地震频次明显增多，地震强度显著增强。图 1-1-9 为新疆地区 5 级以上地震时序图。

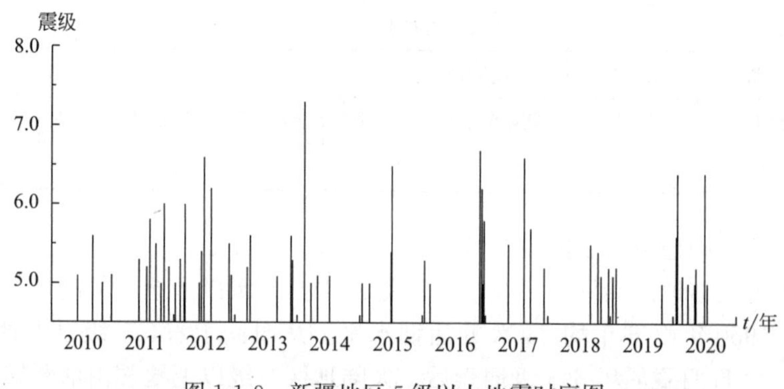

图 1-1-9　新疆地区 5 级以上地震时序图

西藏地区 2020 年共发生 5 级以上地震 6 次，其中 6 级以上地震 1 次，为 7 月 23 日尼玛 6.6 级地震，该地震为 2020 年我国大陆地区震级最大的地震。与 2019 年相比，地震频次明显增多，地震强度有所增强（2019 年最大为墨脱 6.3 级地震）。图 1-1-10 为西藏地区 5 级以上地震时序图。

四川地区 2020 年共发生 5 级以上地震 2 次，分别为 2 月 3 日成都青白江 5.1 级和 4 月 1 日石渠 5.6 级地震。与 2019 年相比，地震活动水平偏低，特别是川东南地区未发生 5 级以上地震（2019 年该地区发生 8 次 5 级以上地震，最大为长宁 6.0 级地震）。图 1-1-11 为四川地区 5 级以上地震时序图。

云南地区 2020 年仅发生 1 次 5 级以上地震，为 5 月 18 日巧家 5.0 级地震，该地震打破了云南省内持续 618 天未发生 5 级以上地震的平静。2014 年 10 月 7 日景谷 6.6 级地震发生后，云南地区连续 6 年未发生 6 级以上地震，并且 7 级以上地震平静也近 25 年，超过 1900 年以来的最长平静时间，云南地区地震活动水平较低的现象比较显著。图 1-1-12

震级
8.0
7.0
6.0
5.0
2010
2011
2012
2013
2014
2015
2016
2017
2018
2019
2020
t/年

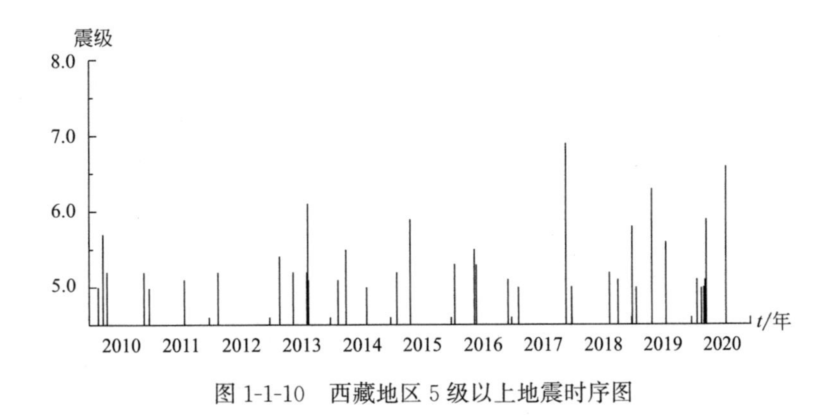

图 1-1-10 西藏地区 5 级以上地震时序图

震级
8.0
7.0
6.0
5.0
2010
2011
2012
2013
2014
2015
2016
2017
2018
2019
2020
t/年

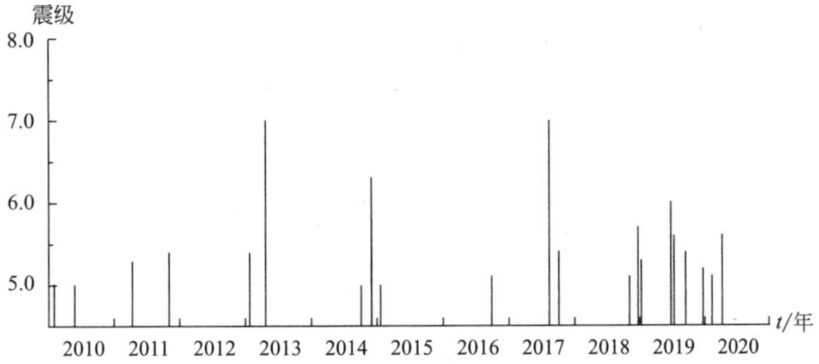

图 1-1-11 四川地区 5 级以上地震时序图

震级
8.0
7.0
6.0
5.0
2010
2011
2012
2013
2014
2015
2016
2017
2018
2019
2020
t/年

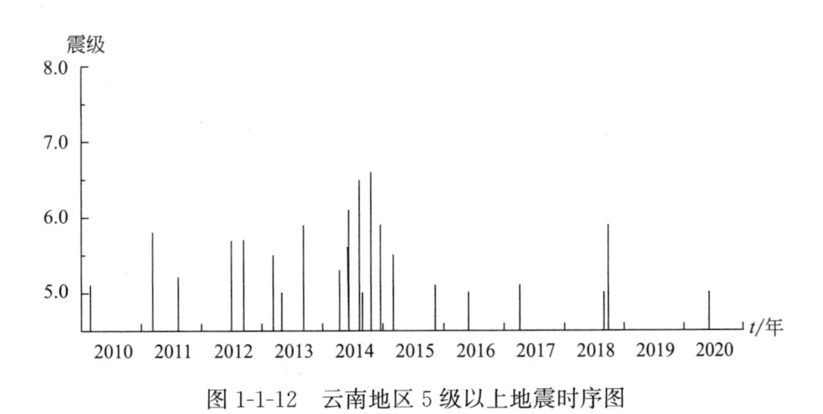

图 1-1-12 云南地区 5 级以上地震时序图

为云南地区 5 级以上地震时序图。

2）华北地区 5 级以上地震长期平静被打破

2020 年 7 月 12 日河北唐山古冶发生 5.1 级地震，该地震位于 1976 年唐山 7.8 级地震老震区，打破了华北地区自 2006 年 7 月 4 日河北文安 5.1 级地震后长达 14 年的 5 级以上地震平静。图 1-1-13 为华北地区 5 级以上地震时序图。

3）台湾地区及近海地震活动强度偏低

2020 年台湾地区及近海仅发生 5 级以上地震 7 次，未发生 6 级以上地震，地震活动强度偏低。2006 年 12 月 26 日台湾恒春海域 7.2 级地震发生后，台湾及近海 7 级以上地震平

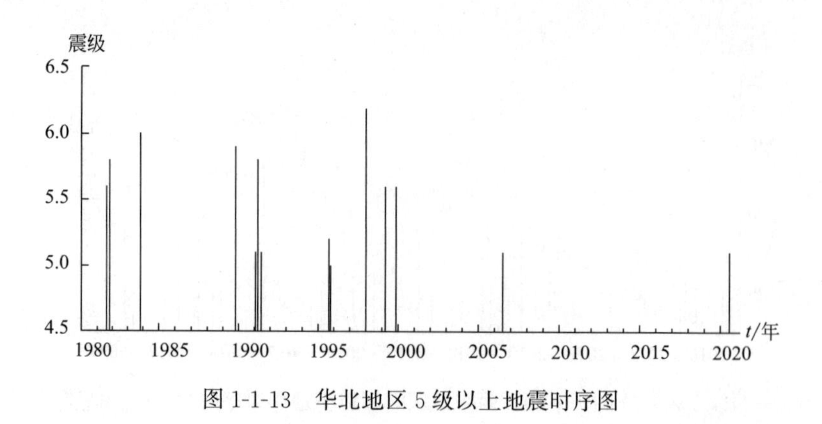

图 1-1-13 华北地区 5 级以上地震时序图

静近 14 年，为 1900 年以来最长平静时间。图 1-1-14 为台湾地区 5 级以上地震时序图。

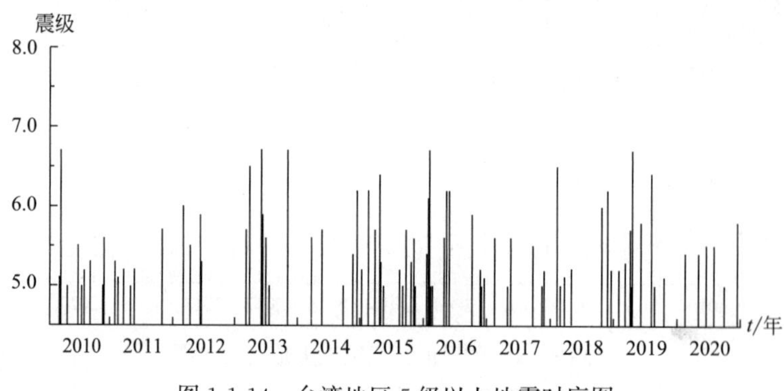

图 1-1-14 台湾地区 5 级以上地震时序图

（3）2020 年我国地震灾害特点

1）地震灾害总体偏轻

2020 年我国大陆共发生 5 次地震灾害事件，低于 2000 年以来的平均水平。图 1-1-15 为我国大陆地震灾害年频度分布图（2000～2020 年）。

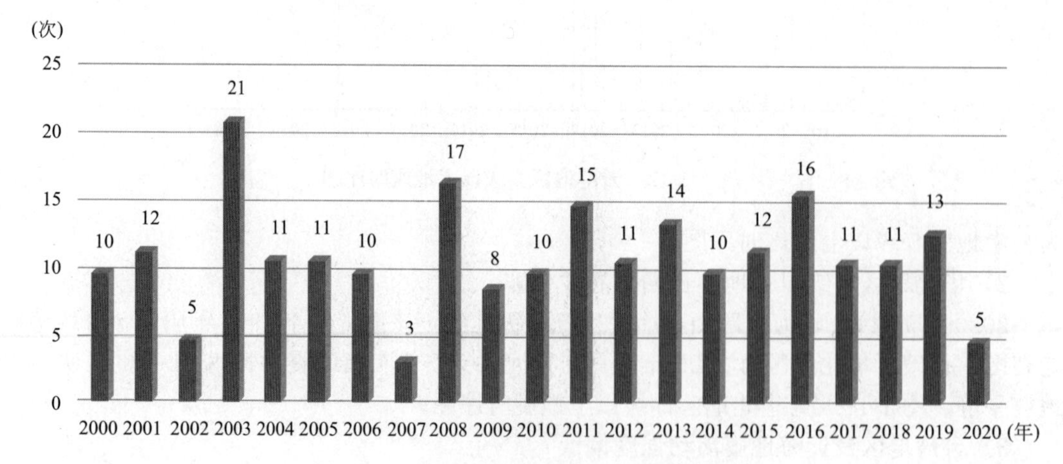

图 1-1-15 我国大陆地震灾害年频度分布图

2）地震灾害相对集中

5 次地震灾害事件中有 3 次发生在新疆维吾尔自治区，共造成 1 人死亡，2 人受伤，直接经济损失 15.5 亿元。云南巧家县 5.0 级地震虽未造成巨大直接经济损失，但造成 4 人死亡，28 人受伤。表 1-1-3 为 2020 年各省份地震灾害损失一览表。

2020 年各省份地震灾害损失一览表 **表 1-1-3**

序号	省份	死亡/失踪(人)	受伤(人)	直接经济损失(万元)
1	云南	4	28	10430
2	新疆	1	2	155004
3	四川	0	0	19242.69

3）地震次生灾害突出

在 2020 年的地震灾害中，次生灾害多发，如新疆伽师地震造成震区一座水库出现险情，当地政府紧急疏散安置受影响群众；巧家地震次生地质灾害造成 2 人死亡，数人受伤，震区交通等基础设施受损等。这再次为各级政府敲响警钟，对西部地区地震次生灾害应引起足够的重视，才能从根本上做到减轻地震灾害。

① 2020 年 1 月 9 日新疆伽师 6.4 级地震烈度分布及灾害

本次地震造成 1 人死亡，2 人受伤，直接经济损失共 15.26 亿元。本次地震的极震区烈度为 8 度，农村安居房设防烈度也为 8 度，在地震中安居房的主要承重构件未发生明显破坏，有效抵御了本次地震灾害。

② 2020 年 4 月 1 日四川石渠 5.6 级地震烈度分布及灾害

此次地震未造成人员伤亡，直接经济损失 1.92 亿元。本次地震轻钢结构民房的总体破坏情况较轻，填充墙体与柱、梁、基础等连接处普遍出现轻微裂缝，新型复合墙体的外墙涂层局部脱落也较为普遍。土（石）木结构民房的破坏相对较重，少数房屋墙体歪闪、局部垮塌，柱顶梁连接处位错，大多数房屋的墙体出现不同程度的裂缝。框架、砖混和轻钢结构的公用房屋在本次地震中基本无震害。

③ 2020 年 5 月 18 日云南巧家 5.0 级地震烈度分布图及灾害

此次地震造成 4 人死亡，受伤人员 28 人，直接经济损失 10430 万元。本次地震轻钢结构民房的总体破坏情况较轻，填充墙体与柱、梁、基础等连接处普遍出现轻微裂缝。土（石）木结构民房的破坏相对较重，少数房屋墙体歪闪、局部垮塌，柱顶梁连接处错位，大多数房屋的墙体出现不同程度的裂缝。

④ 2021 年 5 月 21 日 21 时 48 分发生在云南大理州漾濞县 6.4 级地震

特别说明一下：本次地震震源深度仅有 8km，21 时 48 分发生 6.4 级主震后，随后发生了多次余震，云南多地州震感明显。地震发生时笔者就在距离震中 35km 的大理双廊古镇，感受到明显的晃动，但当地建筑从表面观测无任何损坏。

截至 2021 年 5 月 22 日 22 时，云南漾濞 6.4 级地震造成全州伤亡 35 人，其中死亡 3 人，受伤 32 人，其中重伤 7 人、轻伤 25 人。

⑤ 2022 年 1 月 8 日 1 时 45 分发生在青海门源 6.9 级地震，震源深度 10km

截至 2022 年 1 月 9 日，本次地震共导致海北州 5831 人受灾，严重损坏的房屋 217 间，一般损坏房屋 3835 间，受伤人员 9 人，均为避险不当所致。

1.5 近年世界地震发生概况

2016 年，全球范围内共发生 7 级以上地震 16 次，其中 8 级以上地震 1 次，即 11 月 13 日新西兰 8.0 级地震。

2017 年，全球发生 7 级以上地震 8 次，最大地震为 9 月 8 日墨西哥近海沿岸 8.2 级地震。

2018 年，全球共发生 6 级以上地震 119 次，其中 6.0 级到 6.9 级 101 次，7.0 级到 7.9 级 16 次，8.0 级以上 2 次，最大地震是 8 月 19 日在斐济群岛地区发生的 8.1 级地震。

近五年来全球 6 级及以上地震次数见图 1-1-16。

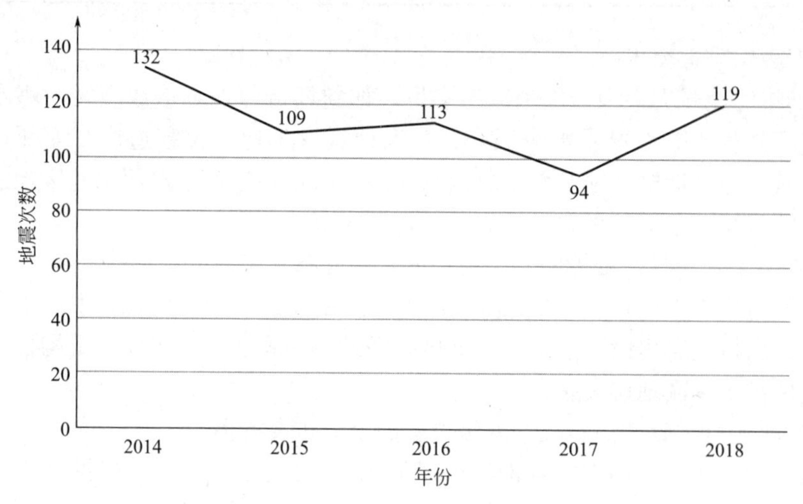

图 1-1-16 近五年来全球 6 级及以上地震次数

1.6 地震预警与地震预报的区别

前联合国秘书长科菲·安南说：“灾前预防不仅比救助更人道，而且更经济。”

经常会听到有朋友说，地震可以预报了，其实地震预报目前仍然是世界难题，但地震预警已经不再是世界难题。

(1) 地震预警简单来说就是在地震发生后，快速发布的地震警报。地震预警与地震预报其实是两个不同的概念。地震预警是在地震发生后，抢在地震波袭击目标之前，向设防目标发出的警报。而地震预报是在地震发生前，向社会公告可能发生地震的时间、地点、震级范围等信息的行为。

(2) 地震波分为地震纵波和地震横波，纵波传播速度快于横波，而横波对地面的破坏力更强，我们所知电磁波的传播速度为每秒 30 万公里，远远快于地震波。地震预警就是利用地震波的传播速度远远小于电磁波速度的特点，在地震发生后，离震中最近的监测台站感知到纵波，提前对地震波尚未到达的地区发出警报，以减小或避免灾害损失。

(3) 收到地震预警信息后，一定要“闻警即动”，不要犹豫，立刻采取避险逃生行为。地震预警会通过文字的形式报告地震位置、地震时刻，提醒破坏性地震波的到达时间，建议大家根据地震还有多少时间到达或地震距离你多远，来决定采取什么避险形式。

1）预警时间 20s 以上，在平房及低层应及时撤离到空旷的户外，高层楼择机撤离，在撤离过程中注意护住头部。

2）预警时间 5～20s，在平房及 1～2 层楼应及时撤离到空旷的户外，高层就地躲避。

紧急避险的三原则是“伏地、遮挡、抓牢”，“伏地”是指降低身体的重心，避免在地震的晃动过程中摔倒受伤，同时也是为了适应躲避的空间高度的需要。“遮挡”是指身体或头部要有能起到保护作用的遮蔽物。“抓牢”是指躲在桌下要抓住桌腿，避免地震晃动后桌子发生位移。剧烈的地震很容易将桌子、甚至更沉重的家具甩出一定的距离。

3）预警时间 5s 以下，立即就地躲避，牢记“伏地、遮挡、抓牢”口诀。

收到地震预警信息后，地震波尚未到达，也没有震感，这时候很多人并没有立即采取避险逃生行为，而是在原地等地震到来，这样会错失避险逃生的重要机会。牢记“闻警即动”以及紧急避险三原则，才能真正实现地震预警、减轻地震灾害的功能。

背景资料：目前中国地震局正在全面推进国家地震烈度速报与预警工程，目标是实现全国分钟级仪器地震烈度速报与重点地区秒级地震预警，为公众防灾避险、重大工程应急处置提供更好的服务。

【一次地震预警误报】2021 年 10 月 05 日 21 时 09 分 22 秒

误报泸州发生 8.1 级地震，四川地震局致歉，如图 1-1-17 所示。

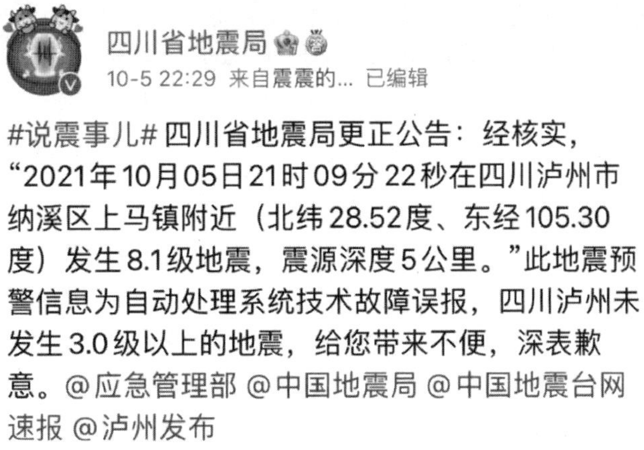

四川省地震局

10-5 22:29 来自震震的... 已编辑

#说震事儿# 四川省地震局更正公告：经核实，“2021年10月05日21时09分22秒在四川泸州市纳溪区上马镇附近（北纬28.52度、东经105.30度）发生8.1级地震，震源深度5公里。”此地震预警信息为自动处理系统技术故障误报，四川泸州未发生3.0级以上的地震，给您带来不便，深表歉意。@应急管理部 @中国地震局 @中国地震台网速报 @泸州发布

图 1-1-17　四川地震局致歉信

笔者认为，尽管此次预警属于自动处理系统技术故障误报，但至少说明我们国家具有这项世界先进系统，这样的预警也不会对社会造成较大影响，反而是一次提醒，也会让全民了解地震预警的目的。

1.7　地震烈度和地震震级的区别

作为一名从事土木设计的工程师，可能会遇到这样的询问：“我家房子能抗几级地震啊?”，经常会听到新闻或身边朋友说：“如果发生 6 级地震，最大烈度可能达到Ⅷ度，满足抗震设防标准的房屋基本可以保证大震不倒。”

老百姓听完会说“我知道了，我家房子抗震烈度是 8 度，8 级地震来了都不用担惊受怕啦!”这个想法是错误的。

【现实案例】2022 年 1 月 12 日的一个报道

该报道的题目是"全球首个高地震烈度区高层模块化酒店项目开业"，现将相关内容摘录如下：

近日，citizenM DTLA 酒店（美国洛杉矶市中心世民酒店）正式开业。该酒店是由国际知名连锁潮牌酒店 citizenM 开发，CIMC MBS 供应建筑模块。该酒店是美国加利福尼亚州洛杉矶市首座高层模块化建筑，也是钢结构模块化建筑在高地震烈度地区高层酒店领域的成功应用。如图 1-1-18 所示。

图 1-1-18 工程竣工后及施工中图片

工程概况：citizenM DTLA 酒店共 11 层，总高 130 英尺（约 40m），共 315 套酒店客房。首层为传统混凝土酒店大堂，2～11 层为 238 个箱式钢结构模块搭建的房间。

鉴于模块化建筑的高预制率，项目只有 10%左右的工作内容需现场施工，大量减少了现场施工工序和对劳动力的需求，故在疫情期间，该项目虽晚于其他市中心的建设项目开工，但却未受到疫情影响，2021 年 7 月 2 日，所有模块吊装完成，实现项目封顶！

CIMC MBS 总经理朱伟东表示："该酒店项目不仅对 citizenM 品牌在北美发展的意义重大，对 CIMC MBS 在美业务的拓展也是意义非凡。尽管模块化建筑在全球发展已经比较成熟，但对其在高层建筑项目中的抗震性能仍存在质疑声音。本项目为 11 层高建筑，且抗震设防烈度要求为 E 级（最高为 F 级），相当于国内设防烈度达到 8～9 级，是全球首个在高地震烈度地区的高层模块化建筑项目，成为业界新标杆。"

笔者理解：报道中所说的 8～9 级，实际就是国内设防烈度 8～9 度，绝对不是震级。报道把震级和烈度两个概念混淆了。下面我们就来区分一下地震震级和地震烈度。

（1）什么是地震的震级？

地震的震级是衡量地震本身强度的一把尺子，一般用大写字母 M 表示，可以由地震波的振幅或地震矩的大小来表征。

美国的里克特和古登堡在 1935 年提出以地震波最大振幅的常用对数来计算震级标度，国际上称为里氏震级。地震波按传播方式的不同分为体波（P 波、S 波）和面波。相应地，由体波振幅计算得到的震级叫体波震级，由面波振幅计算得到的叫面波震级，二者反映的是地震释放能量大小与震级的统计关系。

地震越大，震级的数值也越大（图 1-1-19），我国常用的震级标度包括面波震级、体波震级和近震震级。

图 1-1-19 中国地震台网中心科普宣传片截图

严格来说，一次地震只有一个震级，但不同计算方式给出的震级数值可能略有差异。2014 年云南鲁甸 6.5 级地震，面波震级是 6.5 级，矩震级是 6.1 级。由于面波震级和矩震级计算原理不一样，不能做简单的类比和换算。震级之间的比较仅限于同类型的震级，比如，面波震级和面波震级相比较，矩震级和矩震级相比较，面波震级和矩震级不能比较，体波震级和矩震级也不能打破次元壁。

地震烈度是指地震引起的地面震动及其影响的强弱程度。影响烈度的因素有震级、距震源的远近、地面状况和地层构造等。

地面震动的强弱直接影响到人感觉的强弱，器物反应的程度，房屋的损坏或破坏程度，地面景观的变化情况等，因此，烈度的鉴定主要依靠对上述几个方面的宏观考察和定性描述。

一般来说，一次地震的震中烈度 I_0 与震级 M 大致有以下关系：

$$I_0 = 1.5 \times (M-1)$$

震中区烈度最大，距离震中越远，则烈度越低。地震震级与震中烈度的大致对应关系如表 1-1-4 所示。

地震震级与震中烈度的大致关系 **表 1-1-4**

震级 M	2	3	4	5	6	7	8	8 以上
烈度 I_0	1～2	3	4～5	6～7	7～8	9～10	11	12

2008 年汶川 M8.0 级地震，其震中烈度为 11 度，也大致符合上述关系。

【工程案例】笔者 2009 年主持设计的缅甸某工业矿山工程，这个工程投资额约 6 亿人民币，工程鸟瞰图如图 1-1-20 所示。经过现场踏勘调研，由于当地没有相关地震动参数资料，只从美国相关资料得知，此地 1976 年发生过 6.7 级地震。由于没有抗震设计相关动参数可供施工图参考，于是就咨询国家地震局，国家地震局委托云南地震研究所对本场地进行安全评估，给出本工程地震动参数如表 1-1-5 所示。

图 1-1-20　缅甸某工程鸟瞰图

缅甸冶炼场地“安全评估”设计地震动参数　　　　**表 1-1-5**

设计地震动参数	50 年超越概率		
	63%	10%	2%
A_{max}(m/s^2) 地表峰值加速度	1.1032	3.4829	5.5548
β 放大系数	2.25	2.25	2.25
T_g(s) 特征周期	0.45	0.50	0.55
α_{max} 水平地震影响系数最大值	0.253	0.799	1.274

注：抗震设防烈度：相当于我国 8.55 度。

(2) 既然有震级，为什么还要引入烈度？

一般情况下，地震震级越大，在相同的边界条件下造成的破坏和伤亡也越严重。此外，同等强度的地震，发生在地质构造环境、震源深度、人口密度、建（构）筑物的抗震能力不一样的地区，造成的破坏和伤亡情况也不一样。同一次地震中，距离震中远近不同的地区受到的破坏程度也不同。这就需要引入一种直观表征地震破坏分布情况的标度——烈度。

烈度不仅与震级有关，同时还与震源深度、距离震中的远近、地震波通过的岩层性质以及建筑物的抗震性能等多种因素有关。

一般而言，地震震源深度越深，震中烈度越小；距离震中越远、建筑物抗震性能越好，烈度也越小。当然也有例外，比如 1985 年墨西哥海域发生 8.0 级地震，距震中 400km 外的墨西哥城震害比震中附近还要严重。又如我国 2008 年四川汶川 8.0 级地震中，地处四川盆地边缘的汉源县烈度也高于其周边地区，这些都与盆地造成的地震动放大效应有关。

1564年意大利地震研究者绘制并提出第一个地震烈度表，17世纪和18世纪曾采用四度烈度，19世纪出现十度划分的麦卡利烈度表，1904年德国人在麦卡利烈度表基础上编制成当时最完备的十二度烈度表。此后，除日本外，世界各国多以此为蓝本，结合本国的具体情况编制烈度表。

关于世界一些国家的烈度划分可以参考笔者2009年出版发行的《建筑结构常遇问题及对策》一书。

（3）我国地震烈度编制情况简介

我国亦沿用欧洲的十二度烈度表，以房屋震害、人的感觉、器物反应、生命线工程震害、其他震害现象和仪器地震烈度作为评定指标，编制《中国地震烈度表》。烈度表并非一成不变，而是随着科技进步、人们对地震的研究、建筑物形式和质量的变化，震害经验的积累，以及人们对地震认知的提升而不断修改。用罗马数字Ⅰ～Ⅻ表示烈度值大小。

2020年我国发布了最新版的国家标准《中国地震烈度表》GB/T 17742-2020中，烈度Ⅰ～Ⅴ主要由人的感觉和器物反应结合仪器烈度来评定（表1-1-6）。

从烈度Ⅵ开始，主要依据房屋的平均震害指数、人和器物反应、生命线工程和其他震害现象，结合仪器地震烈度来评定。

以上对烈度的描述均为宏观现象，在烈度调查评估工作中，还需结合仪器测定的地震烈度来综合评定实际烈度值。

目前，中国地震台网中心牵头建设国家地震烈度速报与预警工程项目，未来将实现全国分级地震烈度速报能力。烈度速报基于强震动观测台网提供的数据，给出的值为仪器地震烈度，与仪器设备、数据传输、台站场地条件、环境噪声水平和烈度计算公式等有关。

震级、烈度、人在地面的感觉、房屋震害的大致对应关系　　表1-1-6

震级	烈度	人在地面的感觉	房屋震害
1.9	Ⅰ	无感觉	
2.5	Ⅱ	室内个别静止中人有感觉	
3.1	Ⅲ	室内少数静止中人有感觉	
3.7	Ⅳ	室内多数室外少数有感觉	门窗轻微作响
4.3	Ⅴ	室内人普遍有感室外多数人有感	抹灰出现微细裂缝，个别屋顶烟囱掉砖
4.9	Ⅵ	多数人站立不稳	墙体出现裂缝，少数屋顶烟囱裂缝掉落
5.5	Ⅶ	运动中的有感觉	房屋局部破坏，开裂
6.1	Ⅷ	多数人摇晃颠簸行走困难	房屋结构遭到破坏
6.7	Ⅸ	行动中的人摔倒	房屋结构严重破坏
7.3	Ⅹ	运动中的人有抛起感	大多数房屋倒塌
7.9	Ⅺ		普遍倒塌
8.5	Ⅻ		

（4）“震级”与“烈度”的区别

由于“震级”与“烈度”都是由于地震引起的，所以常有人把8级地震和Ⅷ度烈度搞混，其实二者差别巨大。一方面，震级是定量的，烈度是定性的，二者性质截然不同。

2008年四川汶川“5·12”大地震，面波震级为8.0级，而破坏最严重的汶川县映秀镇和北川县县城烈度达到Ⅺ度，也就是说8级地震的最高烈度远超过Ⅷ度。

另一方面，一次地震只有一个震级，但不同的地区灾害程度不一样，烈度值也不一样。对于中强地震，政府和百姓更加关注破坏和伤亡，所以中国地震局发布的地震烈度图一般是Ⅵ度及以上烈度分布，直观地表示一次地震的破坏分布情况。通过地震烈度图我们能进一步评估地震造成的经济损失，为抗震救灾工作提供参考，同时为灾区的恢复重建工作提供科学依据。对于中小地震，部分省地震局可能绘制并发布Ⅲ度、Ⅳ度，或Ⅴ度及以上烈度图，表征地震的有感范围，也就是受到地震影响但不一定造成破坏的范围。

地震烈度图中的烈度为震区实际遭遇烈度，与开篇所说的抗震设防烈度（或称区划烈度）又不一样。按照《中华人民共和国防震减灾法》要求，一般工程结构的抗震设计必须满足地震区划图的要求。

我国从20世纪50年代开始至今，相继编制了五次地震烈度区划图。通常被称为第一代、第二代、第三代、第四代、第五代地震烈度区划图。由于这五代区划图的编制原则不同，因此各图对基本烈度的定义也不相同。

第一代地震烈度区划图的编制原则：历史地震烈度的重复原则和相同发震构造发生相同地震烈度的类比原则。这一代的基本烈度被定义为：“未来（无时限）可能遭遇历史上曾发生的最大地震烈度，”称为《全国地震区域划分图》（1957年）。

第二代地震烈度区划图中的基本烈度为：未来一百年一般场地条件下可能遭遇的最大地震烈度。第二代地震区划图的编制方法称为确定性方法，图中标示的烈度在对具体建设工程进行抗震设防时需做政策性调整。称为《中国地震烈度区划图》（1977年）。

第三代地震烈度区划图采用了地震危险性分析的概率方法，并直接考虑了一般建设工程应遵循的防震标准，确定以50年超越概率10%的风险水准编制。因此，基本烈度被定义为未来50年，一般场地条件下，超越概率10%的地震烈度。区划图的基本烈度也是一般建设工程的设防烈度，也可以作为一般建设工程的抗震设防要求，称为《中国地震烈度区划图》（1990年）。

20世纪初以地震动参数为指标编制了地震峰值加速度图、反应谱特征周期图，并以国家标准即《中国地震动参数区划图》GB 18306-2001颁布施行（第四代）。至此，在抗震设防中不再直接使用基本烈度一词。但抗震设计仍保留地震烈度的概念作为建筑物抗震措施的等级标准，相应的基本烈度数值可由区划图给定的地震峰值加速度确定，称为《中国地震动参数区划图》GB 18306-2001（第四代）；

前三版用地震烈度表述，从2001版（第四版）起采用地震动参数区划图，给出工程设计所需的地震反应谱相关参数，为国家抗震设防提供强制性标准。

如果实际遭遇烈度小于或等于这个标准值，建筑物基本完好，而高于这个标准值就会产生破坏。最新的区划图中，唐山市位于Ⅷ度设防区，那么实际烈度为Ⅷ度时房屋基本完好（小震不坏），Ⅸ度房屋坏了可修好（中震可修），Ⅹ度房屋不会塌（大震不倒）。

简而言之，震级8级是地震本身的强度；烈度Ⅷ度是地震造成震区某一特定地点破坏的程度；抗震设防烈度是一般工程结构必须满足的抗震设防标准。

地震发生后，指挥决策者可以通过地震烈度图明确地震灾害分布情况，及时有效地指导应急救援；灾后重建时，政府和施工单位可根据区划烈度图进行抗震设防规划建设，实现“小震不坏、中震可修、大震不倒”的设防目标；科学研究中专家、学者可以通过对历史地震烈度图进行规律总结，有针对性地开展地震烈度衰减关系研究。

可以说，地震烈度与震级形影不离，是地震研究和防震减灾工作中的重要角色。

（5）抗震设防烈度

抗震设防烈度，指的是按国家规定的权限批准作为一个地区抗震设防依据的地震烈度。一般情况，取 50 年内超越概率 10%的地震烈度。

建筑的抗震设防烈度，一般情况下不应低于本地区的设防烈度，即根据中国地震动参数区划图确定的地震基本烈度或设计基本地震加速度值所对应的烈度值。

对于采用性能化方法进行抗震设计的建筑来说，其设防烈度可根据预期的性能目标在本地区设防烈度的基础上进行适当调整，比如，对于 7 度地区的某建筑工程，根据功能和性能目标的要求，可以按 8 度的要求进行设防，此时，该建筑的实际设防烈度就是 8 度。

在我国各个发展阶段，房屋建筑与市政工程要不要进行设防，设防到什么程度，从根本上讲，是一个涉及经济承受能力、技术实现能力的政策决策问题。在 20 世纪 50 年代，由于国家的社会经济百废待兴，没有经济能力进行房屋建筑的抗震设防，当时，除了苏联援建的 156 项重点工程按当时苏联规范进行抗震设计外，一般的工程和房屋建筑都是不设防的。

随着我国科技不断进步发展，我国经济实力的不断增强，我们国家也在逐步提高我们国家的抗震设防水准，如 2015 年发布的《中国地震动参数区划图》GB 18306-2015，该标准依托科技进步和资料积累，完善了相关分析计算模型，不仅提高了设防水平，而且取消了不设防区域。该标准的实施将为防控地震风险，保障人民安居乐业、社会安定有序和社会经济安全发展提供强有力的支撑。

1.8 我国建筑抗震设计标准的变化简介

1959 年第一个草案参考了苏联 1957 年规范，随后在 1961 年草案中做出了重大的改变，增加了我国学者的研究成果。其中包括废除场地烈度的方式，采用调整反应谱值而不调烈度来考虑场地条件影响的方式；将设计加速度系数分解为结构系数 C 与峰位加速度系数 K，即 $K_C = C \cdot K$，该结构系数 C 在物理意义上即为地震作用折减系数。

1974 年我国发布第一本全国性的抗震设计规范，即《工业与民用建筑抗震设计规范（试行）》TJ 11-1974，从此开启了我国房屋建筑抗震设防的进程。

由于不同历史时期，国家的经济能力和技术水平的差异，我国不同版本设计规范采用的设防水平也是在不断提升和改进的，以下简要回顾一下几个主要阶段。

（1）《工业与民用建筑抗震设计规范（试行）》TJ 11-1974（简称 1974 版《抗规》）

该规范中采用设计烈度的概念。规范的适用范围为设计烈度 7 度至 9 度的工业与民用建筑物（包括房屋和构筑物），对于有特殊抗震要求的建筑物或设计烈度高于 9 度的建筑物，应进行专门的研究设计。根据建筑物的重要性，在基本烈度的基础上按下列原则调整确定：

1）对于特别重要的建筑物，经过国家批准，设计烈度可比基本烈度提高一度采用。

2）对于重要的建筑物（例如：地震时不能中断使用的建筑物，地震时易产生次生灾害的建筑物，重要企业中的主要生产厂房，极重要的物资贮备仓库，重要的公共建筑，高层建筑等)，设计烈度应按基本烈度采用。

3）对于一般建筑物，设计烈度可比基本烈度降低一度采用，但基本烈度为7度时不降。

4）对于临时性建筑物，可不设防。

(2)《工业与民用建筑抗震设计规范》TJ 11-1978（简称1978版《抗规》）

1976年唐山地震后，我国在总结海城地震和唐山地震宏观经验的基础上，对1974版《抗规》进行了修订，并于1978年发布《工业与民用建筑抗震设计规范》TJ 11-1978。该规范仍然沿用设计烈度的概念，其适用范围为设计烈度7度至9度的工业与民用建筑物(包括房屋和构筑物)；有特殊抗震要求的建筑物或设计烈度高于9度的建筑物，应进行专门研究设计。

建筑物的设计烈度，一般按基本烈度采用；对特别重要的建筑物，如必须提高一度设防时，应按国家规定的批准权限报请批准后，其设计烈度可比基本烈度提高一度采用；次要的建筑物，如一般仓库、人员较少的辅助建筑物等，其设计烈度可比基本烈度降低一度采用，但基本烈度为7度时不应降低。对基本烈度为6度的地区，工业与民用建筑物一般不设防。

(3)《建筑抗震设计规范》GBJ 11-1989（简称1989版《抗规》）

从1989版《抗规》开始采用抗震设防烈度的概念。

抗震设防烈度应按国家规定的权限审批、颁发的文件（图件）确定，一般情况下可采用基本烈度；对做过抗震防灾规划的城市，可按批准的抗震设防区划（设防烈度或设计地震动参数）进行抗震设防。

设防依据上，该规范采用的是双轨制，即一般情况下，采用基本烈度作为设防烈度，对于做过小区划的城市，可以按批准后的小区划确定设防烈度。

(4)《建筑抗震设计规范》GB 50011-2001（简称2001版《抗规》）

该规范沿用了1989版《抗规》的设防烈度概念。在具体的条文规定上，将1989版《抗规》的1.0.3条拆分为两条进行表述，即：

1.0.4 抗震设防烈度必须按国家规定的权限审批、颁发的文件（图件）确定。

1.0.5 一般情况下，抗震设防烈度可采用中国地震动参数区划图的地震基本烈度(或与本规范设计基本地震加速度值对应的烈度值)。对已编制抗震设防区划的城市，可按批准的抗震设防烈度或设计地震动参数进行抗震设防。

2001版《抗规》继续保持了1989版《抗规》规范的双轨制设防，稍有变化的是，为了适应区划图的区划指标烈度转变为参数的要求，设防烈度的取值改为“一般情况下可采用中国地震动参数区划图的地震基本烈度（或与本规范设计基本地震加速度值对应的烈度值)”，明确了基本烈度的来源与确定原则。

(5)《建筑抗震设计规范》GB 50011-2010（简称2010版《抗规》）

2010版《抗规》继续沿用了2001版《抗规》的设防烈度概念。在具体条文规定上，基本保持了2001版《抗规》的表述形式，即：

1.0.4 抗震设防烈度必须按国家规定的权限审批、颁发的文件（图件）确定。

1.0.5 一般情况下，建筑的抗震设防烈度应采用根据中国地震动参数区划图确定的地震基本烈度（本规范设计基本地震加速度值所对应的烈度值)。

鉴于地震小区划工作在实践中已经取消，2010 版《抗规》改变了 1989 版《抗规》和 2001 版《抗规》的双轨制设防，改为单轨制。

但提请读者注意，依据《地震安全性评价管理条例（2019 年修正本）》：

第三条　新建、扩建、改建建设工程，依照《中华人民共和国防震减灾法》和本条例的规定，需要进行地震安全性评价的，必须严格执行国家地震安全性评价的技术规范，确保地震安全性评价的质量。

第八条　下列建设工程必须进行地震安全性评价：

（一）国家重大建设工程；

（二）受地震破坏后可能引发水灾、火灾、爆炸、剧毒或者强腐蚀性物质大量泄露或者其他严重次生灾害的建设工程，包括水库大坝、堤防和贮油、贮气、贮存易燃易爆、剧毒或者强腐蚀性物质的设施以及其他可能发生严重次生灾害的建设工程；

（三）受地震破坏后可能引发放射性污染的核电站和核设施建设工程；

（四）省、自治区、直辖市认为对本行政区域有重大价值或者有重大影响的其他建设工程。

（6）1978 版《抗规》和 1989 版《抗规》。1978 版《抗规》设计反应谱仅与场地土条件有关，阻尼比取 5%，反应谱曲线长周期段有规律下降。为了避免长周期地震作用太小，对反应谱设定了一个下限值为 $\alpha_{min}=0.2\alpha_{max}$ 的水平段，如图 1-1-21（a）所示。该水平段不符合反应谱理论，在震害实践中也并不存在。1989 版《抗规》提供了考虑近、远震和不同场地条件的特征周期 T_g，阻尼比为 5%的标准设计反应谱，其最长周期为 3s。图 1-1-21 为 1978 版《抗规》和 1989 版《抗规》设计反应谱曲线。

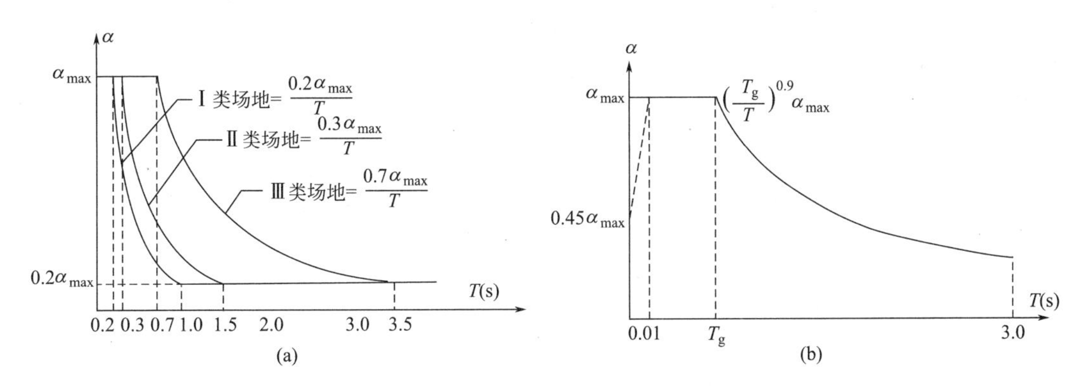

图 1-1-21　1978 版《抗规》和 1989 版《抗规》设计反应谱曲线

1989 版《抗规》制定时已经有了三水准两阶段的设计思想，当时认为小震比中震（设防地震）低 1.55 度左右，相应的地震作用降低至约 1/3。而从 1964 年草案开始对于一般建筑结构的结构系数 C（地震作用力折减系数），规定该系数 $C=1/3$，在 1989 版《抗规》中取消了该系数。设计按中震烈度设防，但地震动参数 α_{max} 为小震水平，即中震地震动参数乘以 1/3。这样的做法在当时结构类型单一的情况下确实能够通过小震下的弹性设计同时实现小震不坏和中震可修。但是取消结构系数 C 忽略了不同结构类型的延性差异带来的地震作用水平变化，使得建筑结构的实际安全度不一致。此外，1978 版《抗规》和 1989 版《抗规》都没有提供不同阻尼比反应谱的调整方法。

（7）2001 版《抗规》对 1989 版《抗规》的设计反应谱做了很大改进：为了适应高层建筑以及大跨度空间结构等基本周期超过 3s 的需要，将设计反应谱曲线的周期延长到 6s；为了满足阻尼比小于 5%的钢结构和组合结构抗震设计，以及阻尼比大于 5%的隔震和消能减震建筑设计的需要，提供了不同阻尼比反应谱曲线的调整方法；采用三个设计地震分组取代远、近震，同时考虑远、近震和震源机制的影响；2001 版《抗规》的标准设计反应谱曲线分为四段：

1）直线上升段，周期小于 0.1s 的区段。

2）水平段，自 0.1s 至特征周期，取最大值 α_{max}。

3）曲线下降段（速度控制段），特征周期至 5 倍特征周期区段，衰减指数 $\gamma=0.9$。

4）直线下降段（位移控制段），自 5 倍特征周期至 6s 区段，下降斜率调整系数 $\eta_1=0.02$。

当阻尼比不等于 0.05 时，采用最大值的阻尼调整系数 η_2 及对标准设计反应谱的形状参数 γ 进行修正。后来的 2010 版《抗规》设计反应谱保持了 2001 版反应谱的基本构架，只对反应谱形状参数和调整系数做了微调。《抗规》2001 版～2010（2016 版）设计反应谱曲线见图 1-1-22。

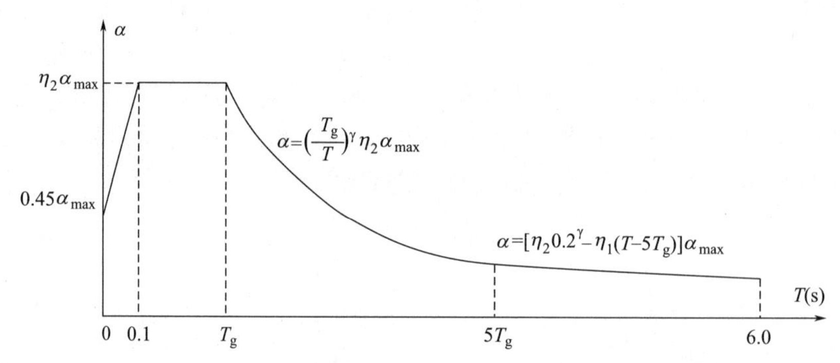

图 1-1-22 《抗规》2001 版～2010（2016 版）设计反应谱曲线

α—地震影响系数；α_{max}—地震影响系数最大值；η_1—直线下降段的斜率调整系数；γ—衰减指数；T_g—特征周期；η_2—阻尼调整系数；T—结构自振周期

（8）上海地标《建筑抗震设计规程》DGJ08-9-2013 给出 6～10s 的设计反应谱曲线，如图 1-1-23 所示。

近年来上海地区出现了一些基本自振周期超过 6s 的超高层建筑，为了计算作用在这些结构上的地震作用大小，有必要提供周期大于 6s 的加速度反应谱，本规程将国标的反应谱从 6s 延伸至 10s。对于长周期结构，地面运动的速度和位移可能比加速度对结构的破坏具有更大的影响。由于长周期地面运动实测资料较少，缺乏足够的依据，为保证安全，将 6～10s 的反应谱取为水平直线的形式，即取为恒定的数值。

（9）现行 2010（2016 版）《抗规》基本的抗震设防目标

当遭受低于本地区抗震设防烈度的多遇地震影响时，主体结构不受损坏或不需修理可继续使用；当遭受相当于本地区抗震设防烈度的设防地震影响时，可能发生损坏，但经一般修理仍可继续使用；当遭受高于本地区抗震设防烈度的罕遇地震影响时，不致倒塌或发生危及生命的严重破坏。使用功能或其他方面有专门要求的建筑，当采用抗震性能化设计

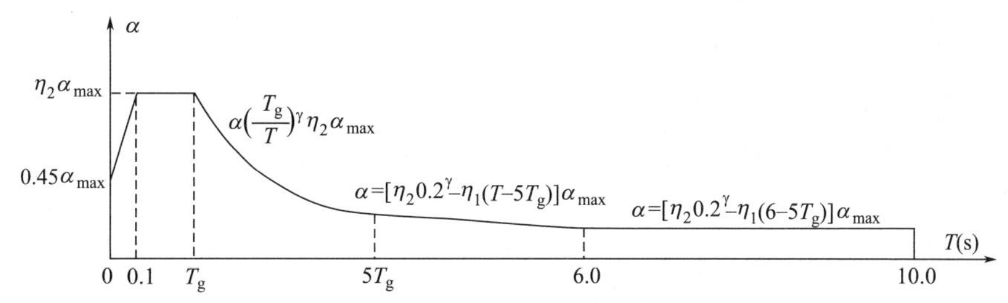

图 1-1-23 上海地标给出设计反应谱曲线

α—地震影响系数；α_{max}—地震影响系数最大值；η_1—直线下降段的下降斜率调整系数；γ—衰减指数；η_2—阻尼调整系数；T_g—设计特征周期；T—结构自振周期

时，具有更具体或更高的抗震设防目标。即通常所说的“小震不坏、中震可修、大震不倒”的三水准设防目标。

1）正确理解三水准设防目标

“三水准”设防目标的由来和含义：

我国 1974 版《抗规》和 1978 版《抗规》曾明确规定，“建筑物遭遇到相当于设计烈度的地震影响时，建筑物允许有一定的损坏，不加修理或稍加修理仍能继续使用”。这一标准表明，当设计地震发生时，建筑物并不是完整无损，而是允许有一定程度的损坏，特别是考虑到强烈地震不是经常发生的，因此遭受强烈地震后，只要不使建筑物受到严重破坏或倒塌，经一般修理可继续使用，基本上可达到抗震的目的。

但是，在 1974 版《抗规》颁布之后的第二年，即 1975 年，在我国重工业区的辽宁海城就发生了 7.3 级大地震，1976 年又在人口密集的唐山地区发生了 7.8 级大地震。这两次大地震的震中烈度都比预估（当地基本烈度）要高，特别是唐山大地震竟比预估高出 5 度。基于这种基本烈度地震具有很大不确定性的事实，1989 版《抗规》在修订过程中提出要对 1978 版《抗规》的设防标准进行适当的调整，显然是非常必要的。

另一方面，在 1989 版《抗规》修订的同期，即 20 世纪 70 年代后期至 80 年代中期，国际上关于建筑抗震设防思想也出现了一些新的趋势，其中最具有代表性的当属美国应用技术委员会（Applied Technology Counil，ATC）研究报告 ATC3-06。在总结 1971 年 San Fernado 地震经验教训，回顾、反思 1976 年以前 UBC 等规范抗震设计方法的基础上，ATC3-06 第一次尝试性地对结构抗震设计的风险水准进行了量化，同时，还明确提出了建筑的三级性能标准：

① 允许建筑抵抗较低水准的地震动而不破坏；

② 在中等水平地震动作用下主体结构不会破坏，但非结构构件会有一些破坏；

③ 在强烈地震作用下，建筑不会倒塌，确保生命安全。另外，对某些重要设备，特别是应急状态下对公众的安全和生命起主要作用的设备，在地震时和地震后要保持正常运行。

基于上述趋势，我国 1989 版《抗规》结合当时我国的经济能力，在 1978 版《抗规》的基础上对抗震设防标准做了如下一些规定：

a. 保持 1978 版《抗规》的基本目标，即在遭受本地区规定的基本烈度地震影响时，建筑（包括结构和非结构部分）可能有损坏，但不致危及人民生命和生产设备的安全，不需要修理或稍加修理即可恢复使用；

b. 根据基于概率设计要求，要求常遇地震下结构保持弹性，即在遭受较常遇到的低于本地区规定的基本烈度的地震影响时，建筑不损坏；

c. 基本烈度地震的不确定性，要求罕遇地震下结构不倒塌，即在遭受预估的、高于基本烈度的地震影响时，建筑不致倒塌或发生危及人民生命财产的严重破坏。上述三点规定可概述为“小震不坏、中震可修、大震不倒”这样一句话，即 1989 版《抗规》至 2010（2016 版）《抗规》，我国建设工程界秉承的抗震设计指导思想。

2）我国 1989 版《抗规》提出并沿用至今的“小震不坏、中震可修、大震不倒”的抗震设计原则与当今世界上抗震设计较先进的国家如美国、日本、欧洲等大致相同。所不同的是，美国、欧洲等是以中震（设防地震）动参数计算构件的承载力，我国则以小震（多遇地震）作为计算依据。前者验算中震作用下结构构件的安全性，同时也就保证了“小震不坏”；后者通过附加各种以小震作用组合及地震作用调整系数计算结构构件的承载力，满足较大安全系数的小震组合的承载力要求，也就保证了“中震可修”，从最终结果看，有安全度的高低，但并无原则性的差别。

3）我国是采用“三水准”“两阶段”的设计思路

2010（2016 版）《抗规》的三个水准设防目标是通过“两阶段设计”来实现的，两阶段设计是我国规范贯彻落实“三水准目标”的具体技术手段，这里的三水准和两阶段是指：

第一水准：当遭受低于本地区抗震设防烈度的多遇地震影响时，主体结构不受损坏或不需进行修理可继续使用，这时结构尚处于弹性状态下的受力阶段，房屋还处在正常使用状态，计算可采用弹性反应谱理论进行弹性分析。此即为“小震不坏”。

第二水准：当遭受相当于本地区抗震设防烈度的地震影响时，可能发生损坏，但经一般性修理仍可继续使用。这时结构已进入非弹性工作阶段，要求这时的结构体系损坏或非弹性变形应控制在可修复的范围内。此即为“中震可修”。

第三水准：当遭受高于本地区抗震设防烈度预估的罕遇地震时，不致倒塌或发生危及生命的严重破坏。这时结构将出现较大的非弹性变形，但要求变形控制在房屋免于倒塌的范围内。这条规定也表明我国的抗震设计要同时达到多层次要求。此即为“大震不倒”。

第一阶段设计：

第一步：采用第一水准烈度的地震动参数，先计算出结构在弹性状态下的地震作用效应，与风、重力等荷载效应组合，并引入承载力抗震调整系数，进行构件截面设计，从而满足第一水准的强度要求。

第二步：采用同一地震动参数计算出结构的弹性层间位移角，使其不超过规定的限值；同时采取相应的抗震构造措施，保证结构具有足够的延性、变形能力和塑性耗能，从而自动满足第二水准的变形要求。

第二阶段设计：

采用第三水准烈度的地震动参数，计算出结构（特别是柔弱楼层和抗震薄弱环节）的弹塑性层间位移角，使之小于《抗规》的限值，并结合必要的抗震构造措施，从而满足第三水准的防倒塌要求。

4）“小震”“中震”“大震”如何界定与取值

① 多遇地震（俗称小震）：指在 50 年期限内，可能遭遇的概率为 63%（重现期为 50

年）的地震作用（也称众值烈度）；

② 设防地震（俗称中震）：指在 50 年期限内，可能遭遇的概率为 10%（重现期为 475 年）的地震作用（也称基本烈度）；

③ 罕遇地震（俗称大震）：指在 50 年期限内，可能遭遇的概率为 2%～3%（重现期为 1641～2477 年）的地震作用；

一般小震（基本烈度）与中震（众值烈度）相差约为 1.55 度，中震（基本烈度）与大震（罕遇烈度）相差约为一度。当基本烈度为 8 度时，其众值烈度（多遇地震、小震）约为 6.45 度，而罕遇烈度（罕遇地震、大震）约为 9 度。如图 1-1-24 所示。

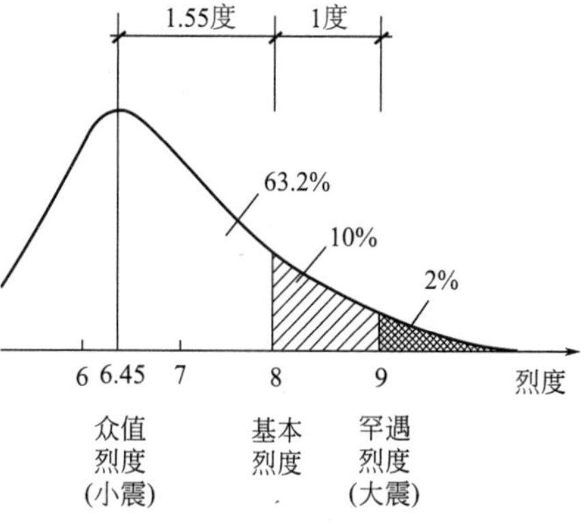

图 1-1-24　三种烈度关系示意图

提醒特别注意：现行《中国地震地震动参数区划图》GB 18306-2015 规定如下：

罕遇地震动：相应于 50 年超越概率为 2%的地震动。

极罕遇地震动：相应于年超越概率为 1×10^{-4} 的地震动。

5）关于“三水准”“两阶段”理解的误区：“小震不坏” = “小震弹性”

当前，在工程实践中比较常见的一个错误现象，就是相当一部分工程技术人员认为“小震不坏”与“小震弹性”等同，认为所有的建筑结构构件在小震作用下都应该保持弹性状态，否则就是违反了“小震不坏”的要求。

其实，从规范的具体规定可以看出：

① 小震不坏是设防目标，小震弹性是实现“小震不坏”的技术手段，二者不能等同。

② 小震弹性中的“弹性”是伪弹性，只是计算假定的弹性。

《抗规》GB 50011-2010（2016 版）3.6.1 条规定“此时，可假定结构与构件处于弹性工作状态”，这里已经表明，这种弹性只是一种人为假定，并非真实。规范在弹性假定的基础上，尚有若干基于宏观经验和概念设计的调整措施，比如连梁刚度折减、框支转换构件的地震内力放大等。

1.9 我国建筑抗震性能化设计简介

抗震性能化设计的内容最早出现在《建筑工程抗震性态设计通则》（试用）CECS 160：2004，以及 2010 版《抗规》和《高层建筑混凝土结构技术规程》JGJ 3-2010（以下简称《高规》）中，距今已十余年。与传统抗震设计法（三水准、两阶段）相比，性能化设计的新概念、新内容较多，计算过程灵活复杂。尽管主要计算可交由计算程序完成，但计算程序也只是计算工具，设计师的概念才是主角，整个设计过程都需要由设计师来引领。从出发点到目的地，路径要清晰，概念要合理，逻辑要严密。性能设计在未来将是抗震设计不可缺少的设计方法之一，下面对性能化设计过程及基本概念进行简单的梳理，以供参考。

（1）基于性能的抗震设计方法

1）抗震性能设计是近年来地震工程的一项重要研究成果，它把以往采用的单一设防目标，改进为多级设防目标，针对各种不同使用性质和重要性的建筑加以区别对待，并根据不同的地震强度，分别规定出不同的性态水平和震害程度，从而使一个地区遭受某一强度地震袭击时，某些使用性质或重要建筑的使用功能得到保障，在地震期间和地震后仍能按照需要继续发挥功能作用。

2）基于性能的抗震设计方法实现的一个重要标志，就是要给出在不同设防目标、不同地震下的地震影响，即地震作用。地震作用的含义是，地震时地面运动使结构产生的动力反应，包括变形和能量反应等，相应结构的抗震能力包括承载能力、变形能力和耗能能力等。

3）基于性能设计的抗震设防目标可以选择（即设防目标可以是多层次的），也就是允许比现行规范最低设防标准更高的标准，可以要求同时给出结构的地震和变形（甚至包括结构的能量响应，即结构抗震性能评价指标是多参数的），以确定结构在不同水准地震作用下性态是否满足预期要求。

4）当建筑结构采用抗震性能设计时，应根据其抗震设防类别、设防烈度、场地条件、结构类型和不规则性，附属设施功能要求、投资大小、震后损失和修复难易程度等，对选定的抗震性能目标提出技术和经济可行性综合分析和论证。

考虑当前技术和经济条件，慎重开展性能化目标设计方法，明确规定进行可行性论证，并要求经过业主认可。

5）性能设计仍然是以现有的抗震科学水平和经济条件为前提的，一般需要综合考虑设防烈度、结构的不规则程度和类型、结构发挥延性变形的能力、造价、震后的各种损失及修复难度等因素。不同的抗震设防类别，其性能设计要求也有所不同。

6）鉴于目前强烈地震下结构非线性分析方法的计算模型及参数的选用尚存在不少经验因素，缺少从强震记录、设计施工资料到实际震害的验证，对结构性能的判断难以十分准确，因此在选择性能目标时宜偏于安全一些。

7）如确实需要在处于发震断裂避让区域建造房屋，也可以采用性能设计方法处理。

（2）传统设计法与性能化设计

1）传统设计法是“低弹性承载力与高延性”的单一解决方案；性能化设计追求承载力和延性的最佳平衡，可提供“低弹性承载力与高延性”或“高弹性承载力与低延性”的多种解决方案。如：对于“性能目标1”，大震下基本处于弹性，则延性仅需满足最低延性要求即可；对于“性能目标2”，大震可能屈服，则需满足低延性要求……对于“性能目标4”，大震接近严重破坏，需满足高延性要求。

2）传统设计法没有直接验算中震（设防地震），而性能化设计的主要内容之一就是对中震的验算。基于当初计算机发展水平不方便进行弹塑性分析，传统设计将设防烈度降低1.55度以后进行弹性承载力和弹性变形验算。加上用“规则性控制＋弹性计算＋内力调整＋抗震措施等”，间接实现中震可修、大震不倒的目标。对于绝大多数结构只需做“两水准一阶段”（小震、中震的弹性承载力和变形验算）设计即可，仅对少数复杂建筑结构要求进行弹塑性验算。

3）传统设计法对同类构件采用统一调整系数、抗震措施及抗震构造措施，不分主次，不分构件应力大小，显然不尽合理；性能化设计立足于承载力和延性、变形能力的综合考虑，具有很强的针对性和灵活。

4）传统设计法的着重点是大震不倒的目标，不适用于要求震后连续使用的生命线工程；对复杂超限工程也没有具体设计方法。尽管根据建筑重要性分为甲、乙、丙、丁类，但小震弹性设计的本质没变。传统设计法是高延性大变形，尽管避免倒塌保护了主体结构，但非受力构件及附属设施破坏严重，对于使用功能不能中断的建筑是不合适的。性能化设计可根据使用功能和震后使用功能需要，通过承载力、延性、变形和经济的综合权衡，刚柔相济，可实现不同的预期性能目标。

5）相对于钢筋混凝土结构，性能化对于钢结构更有“用武之地”。钢筋混凝土结构一般由地震设计状况控制，所以性能化设计主要用于“超限”和更高抗震设计标准。而钢结构由非地震设计状况控制的工程很多，可以实现更好的经济性和合理性。

6）传统设计法是久经考验的安全可靠的主流方法。性能化设计是有适用范围的，要谨慎使用。在强震作用下，结构不存在承载力储备；而且，提高承载力，往往地震作用相应增大，水涨船高。而高延性意味着结构具有较高的变形能力，也就是消耗地震能量的能力，是抗震设计的主流方向。

（3）抗震性能化设计方法流程图

如图 1-1-25 所示。

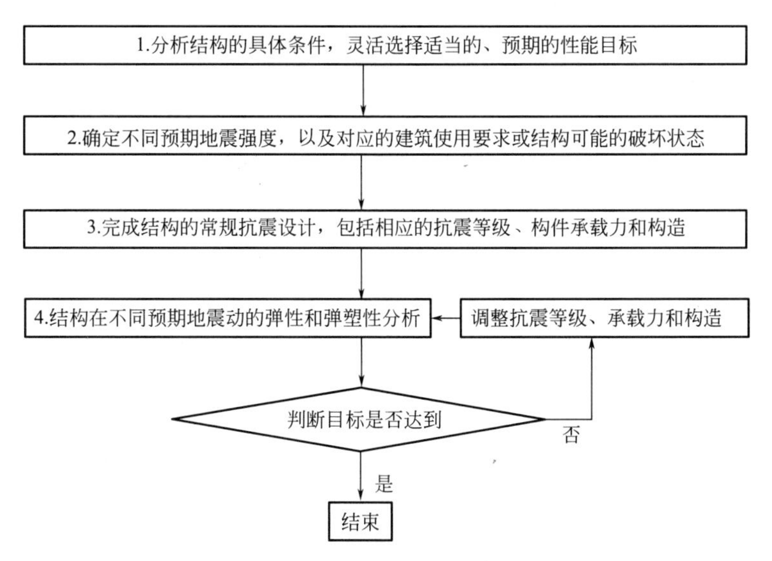

图 1-1-25　抗震性能设计框图

目前我国已经在超限高层建筑及复杂建筑中的某些构件及一些重要构件中采用了基于抗震性能的设计方法。笔者认为随着研究及工程不断实践，抗震性能设计将是未来抗震设计的重要手段。

（4）为什么对超限高层建筑结构提倡基于性能的抗震设计？

基于性能的抗震设计是建筑结构抗震设计的一个新的重要发展，它的特点是：使抗震设计从宏观定性的目标向具体量化的多目标过渡，业主（设计者）可依据建筑及构件的重要性选择所需的性能目标；抗震设计中更强调实施性能目标的深入分析和论证，有利于建筑结构的创新，经过论证（包括试验）可以采用现行规范、规程中还未规定的结构体系、新技术、新材料；有利于针对不同设防烈度、场地条件及建筑的重要性、构件的重要性等采取不同的性能目标和抗震构造措施。

超高层建筑工程在房屋高度、规则性等方面都不同程度地超过现行规范标准的适用范围，抗震设计时缺少明确的目标、依据和手段。按照《超限高层建筑工程抗震设防管理规定》（建设部令第 111 号）的要求，设计者需要根据具体工程实际的超限情况，进行仔细的分析、专门的研究和论证，必要时还要进行模型试验，从而切实采取比现行规范标准规定更加有效、具体的抗震计算分析及抗震措施。

近 20 年以来，我国高层建筑工程抗震专项审查的实践表明，不少工程的设计和专项审查已经涉及基于性能的抗震设计的理念和方法，目前在超限高层及复杂建筑结构设计中的应用是可行的。笔者预测，在不久的未来，性能化设计会在建筑与市政工程中普遍采用。

（5）性能设计工程案例

【工程案例 1】笔者 2011 年主持设计的宁夏万豪大厦超限高层建筑，抗震设防烈度 8 度（0.20g），设计地震分组二组。地上 50 层，H=216m。矩形钢管混凝土柱+钢梁+钢筋混凝土核心筒体系，在 21 层外框设 6 处斜柱转换。具体要求如下：

性能设计目标“C”。

小震下满足：结构完好、无损伤，一般不需要修理即可继续使用，人们不会因为结构损伤造成伤害，可以安全出入和使用。

中震下满足：结构发生中等程度的破坏，多数构件轻微损坏，部分构件中等损坏，进入屈服，有明显的裂缝，需要采取安全措施，人们不能安全出入和使用，经过修理、适当加固后可以继续使用。

大震下满足：震后结构发生明显损坏，多数构件发生中等损坏，进入屈服，有明显裂缝，部分构件严重破坏，但整个结构不倒塌，也不发生局部倒塌，人员会受到伤害，但不危及生命安全。

具体构件及关键部位为：转换斜柱、拉梁、裙房越层柱按中震弹性设计；底部加强部位核心筒墙按中震不屈服设计。图 1-1-26 为工程效果图及“转换斜柱”应力分析模型。

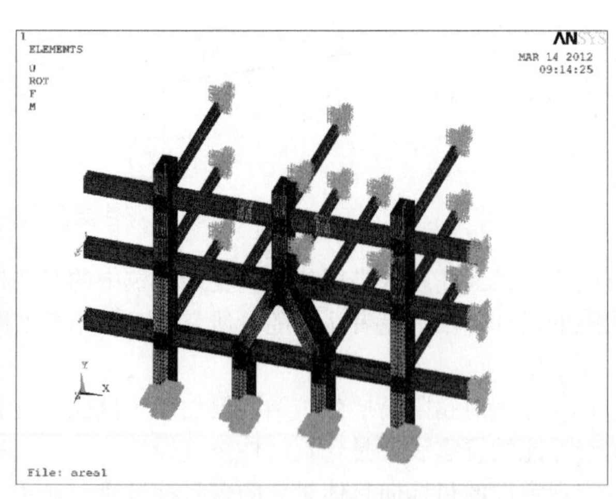

图 1-1-26 工程效果图及“转换斜柱”应力分析模型

【工程案例 2】笔者 2014 年主持设计的首开万科中心超限高层结构抗震设计，抗震设防烈度8度（0.20g），设计地震分组为第一组，钢筋混凝土框架-核心筒结构，H=116.8m，如图1-1-27所示。

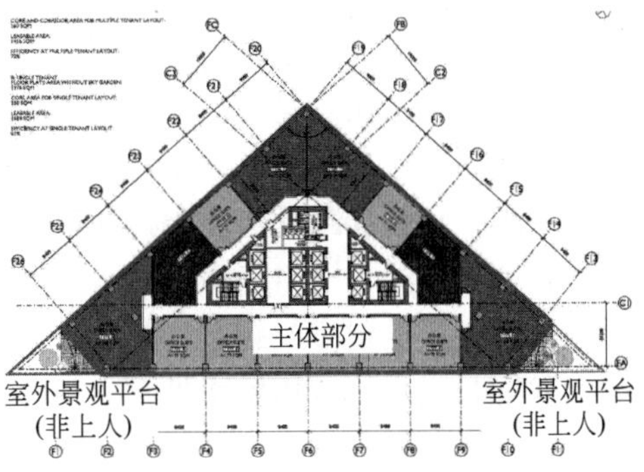

图1-1-27 工程效果图及标准层平面图

工程抗震性能设计目标如表1-1-7所示。

性能设计目标 表1-1-7

多遇地震	设防地震	罕遇地震
安评谱与规范谱较大值	加强区墙肢受弯中震不屈服	加强区大震下主要墙肢（$t \geqslant 400$mm）抗剪截面：$V/f_{ck}A<0.15$ 悬挂结构按大震不屈服复核
按0°、41°分别计算包络设计	加强区墙肢受剪中震弹性	
穿层柱要按照非穿层柱的剪力考虑计算长度复核柱端弯矩	中震不屈服下墙肢拉应力不大于$2f_{tk}$	
弹性时程分析，层剪力取时程分析结果与谱分析结果的包络	中震不屈服下墙肢拉应力大于f_{tk}的楼层数不超过总楼层数的25%	
	墙肢拉应力大于f_{tk}时，拉应力全部由内置型钢承担	
框架部分承担的地震剪力标准值占比大于0.16时，框架部分的剪力按$0.25Q_0$及$1.5V_{max}$的较小值调整	悬挑锚固段水平及竖向构件按中震弹性设计	

1.10 抗震设计中概念设计的重要性

（1）为什么抗震设计要重视概念设计呢？

所谓“概念设计”，是根据历次地震灾害和工程经验等所形成的基本设计原则和设计思路，就是立足于抗震基本理论及长期抗震经验总结的工程抗震基本概念的抗震设计；正确地解决总体方案、结构布置、材料使用和细部构造等，以便达到合理进行抗震设计的目的。因为现有的各种计算理论、计算假定、计算模型、计算方法还不够完善，都是近似的。程序不是万能的，程序是有使用条件和适用范围的，程序也都会有缺陷，程序计算出来的结果不一定完全准确，不一定都与事实相符，程序计算通过了并非就可以高枕无忧了。对程序计算结果，设计师应根据力学概念和工程经验进行判断，确认合理有效后再实施。不掌握概念设计的精髓，不理解规范的意图，不知道从宏观上控制结构安全，那么很可能出现设计出来的结构在6度时计算可以通过，烈度增大到7度，结构马上就倒塌了，那是不行的。因为实际地震发生时，它的烈度是不确定的，很有可能大于设防烈度，如果你只能满足设防烈度的要求，说明你的设计不是好设计。真正好的设计，应该是在设防烈度（弹性）下不坏，大于设防烈度（进入弹塑性）情况下也能最大程度地减小震害。

结构的抗震设计实际是一门“艺术”，概念设计必须建立在扎实的理论基础、丰富的实践经验以及不断创新的思维之上。概念设计应遵循从点到线、从线到面、从面到空间体的整体性思维，加强局部，更应强调整体。有些设计人员过分依赖计算机分析程序，把计算结果当真理是不对的。不可否认，程序是人们不断对经验的总结，是解决问题、简化问题的手段，但还存在很多问题有待深化，尤其是抗震验算，其结果与实际出入很大，抗震问题很大程度是通过构造措施来处理，更多地强调了概念设计的重要性。

概念设计在设计人员中提到比较多，但往往被人们片面地理解，认为其主要是用于一些大的原则，如确定结构方案、结构布置等。其实，在设计中任何地方都离不开科学的概念作指导。计算机技术的迅猛发展，为结构设计提供了快速计算工具，但不可完全盲目地依赖计算机程序，应做程序的主人。而依靠人的设计，就是概念设计。有很多设计存在诸多缺陷，主要原因就是在总体方案和构造措施上未采用正确的构思，即未进行概念设计所致。

概念设计之所以重要，是因为在方案设计阶段，初步设计过程是无法立刻借助计算机来实现的。这就需要结构工程师能综合运用其掌握的结构概念，选择安全可靠、经济合理的结构方案，为此，需要工程师不断地丰富自己的结构概念，深入、深刻了解各类结构的性能，并能有意识地、灵活地运用它们。

【工程案例】以“强柱弱梁”为例，说明现在设计中普遍易犯的错误

“强柱弱梁”的实现一定要保证柱的实际抗弯能力大于梁的实际抗弯能力，实际抗弯能力应用实际配筋计算（梁的实配钢筋包括梁的钢筋和相关范围内楼板的钢筋）。这里特别强调“实际”二字，因为现实中设计人员往往喜欢放大梁端配筋（有的放大达2倍），实配钢筋远远大于计算配筋，设计师认为这样更安全，实际情况恰恰相反。由于梁配筋增加幅度远大于柱配筋增大幅度，使得梁的实际抗弯能力大大高于柱的抗弯能力，这样在中震情况下，首先是柱而不是梁出现塑性铰，造成结构开裂乃至垮塌。

在汶川地震震害调查时，因“强梁弱柱”而引起结构破坏的情况比比皆是，这充分说明目前设计人员对于规范的理解不够透彻，对延性设计的概念不够清晰，迷信程序，盲目放大配筋，造成了严重的后果。这都是血的教训！图1-1-28所示是典型的未能实现强柱弱梁的破坏模式，而图1-1-29所示是我们抗震设计预期的破坏模式。

（2）为什么结构抗震设计要重视结构延性设计呢？

我们知道延性设计是抗震概念设计中非常重要的一部分，可保证结构在超过设防烈度的地震作用下仍旧有良好的变形能力，通过耗能，减少地震作用的破坏，最大限度地保护人们生命安全、财产安全。延性设计的目的是控制结构的破坏形态，规范中有很多属于概念设计的延性措施，如：“强柱弱梁、强剪弱弯、强节点弱构件”。“强柱弱梁”目的就是希望梁先坏来保证柱不坏以防止结构发生整体垮塌。如果设计者不理解规范的意图，通过盲目加大材料用量来解决安全问题，以为结构更安全，实际上起了反作用，使结构变得更不安全。

图 1-1-28 典型的非“强柱弱梁”破坏

图 1-1-29 实现了“强柱弱梁”破坏模式

延性包括两个层面：构件延性和结构整体延性。构件延性是结构整体延性的前提，但只满足构件延性是不够的，满足后者更重要。延性设计的本质是通过构造措施提高结构整体变形能力，通过变形耗能，延长抵抗地震的时间，实现大震不倒的目的。延性设计的关键是通过控制构件破坏顺序（次要构件先坏，弯曲先于剪切破坏）实现控制结构整体破坏形态的目的。因此构件过分强大不一定有益，延性好才更安全。

大震是不可硬抗的，大震时地震作用可能是设计值的几十倍甚至上百倍，在大震下不需要有安全储备，一切构件都是可能破坏的，但我们仍然可以通过控制构件破坏的顺序和结构整体破坏形态达到减少地震伤害的目的，即以柔克刚。这才是延性设计的精髓。

所谓构件延性，就是构件破坏时变形与屈服时变形的比值。延性系数 μ 越大，结构在强震作用下可以忍受更大的塑性变形而不破坏倒塌，可以使地震作用更多地降下来。因此高层建筑结构的设计和配筋构造都要保证它具有足够的延性。通常，为了保证结构有良好的抗震性能，一般要求 $\mu>3$。构件的延性由以下因素来保证：合适的截面尺寸、适宜的配筋、可靠的构造措施；此外，还需要考虑整个结构的抗震性能。结构整体的抗震性能取决于以下因素：各构件的承载力和变形能力、构件之间连接构造的合理性、结构的稳定性、结构的整体性和空间工作能力、多道抗震设防体系、非主要构件的抗震能力。

（3）建筑结构延性控制的一些基本原则有哪些？

1）在结构的竖向，应该重点提高建筑中可能出现塑性变形集中的相对柔弱楼层的构件延性，如图 1-1-30 所示。

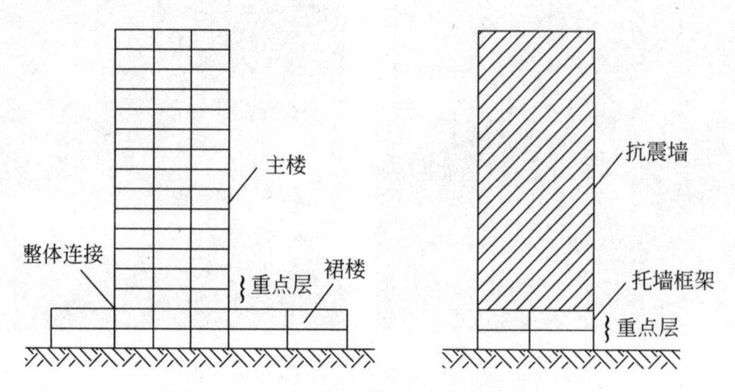

图 1-1-30　竖向提高延性的重点部位

2）在平面位置上，应该着重提高房屋周边转角处、平面突变处以及复杂平面各翼相接处的构件延性。

3）对于具有多道抗震防线的抗侧力体系，应着重提高第一道防线中构件的延性。比如剪力墙结构中连梁的延性，框架-剪力墙结构中剪力墙的延性。

4）在同一构件中，应着重提高关键杆件的延性，比如转换柱构件。

5）在同一杆件中，重点提高延性的部位应该是预期该构件地震时首先屈服的部位。比如剪力墙底部加强部位，框架柱嵌固端部位等。

（4）建筑结构设计改善构件延性的途径有哪些？

1）首先需要有意识地控制构件的破坏形态：弯曲破坏构件的延性远远大于剪切破坏构件的延性。构件弯曲屈服直至破坏所消耗的地震输入能量，也远远高于构件剪切破坏所消耗的能量。应力争避免构件的剪切破坏，争取更多的构件实现弯曲破坏，即所谓“强剪弱弯”。

2）其次减小构件轴压比：试验研究结果表明，柱的侧移延性比随着轴压比的增大而急剧下降；而且在高轴压比的情况下，增加箍筋用量对提高柱的延性比不再发挥作用，所以应控制轴压比。

3）高强混凝土的应用：当高层建筑超过 40 层时，为了保证框架柱具有良好延性，降低轴压比，宜采用高强混凝土。不过设计中应注意，采用高强混凝土时，还应适当降低剪压比。

4）钢纤维混凝土的应用：钢纤维混凝土是在普通混凝土中掺入少量（体积掺率为 1%～2%）乱向短钢纤维形成的一种复合材料。钢纤维混凝土具有较高的抗拉、抗裂和抗剪强度，以及良好的抗冲击韧性和抗地震延性。

5）型钢钢筋混凝土的应用：型钢钢筋混凝土（SRC）结构是把型钢（S）置入钢筋混凝土（RC）中，使型钢、钢筋（纵筋和箍筋）、混凝土三种材料元件协同工作，以抵抗各种外部作用效应的一种结构。

6）控制框架梁受压区高度，最大、最小配筋率及箍筋加密等措施：框架梁需要严格控制受压区高度、梁端底面和顶面纵向钢筋的比值及加密梁端箍筋。其目的是增加梁端的塑性转动量，从而提高梁的变形能力。当梁的纵向受拉钢筋配筋率超过 2%时，为使混凝土压溃前受压钢筋不致压屈，箍筋的要求应相应提高。

由于梁端区域能通过采取相对简单的抗震构造措施而具有相对高的延性，故常通过“强柱弱梁”措施引导框架中的塑性铰首先在梁端形成。设计框架梁时，控制梁端截面混凝土受压区高度（主要是控制负弯矩下截面下部的混凝土受压区高度）的目的是控制梁端塑性铰区具有较强的塑性转动能力，以保证框架梁端截面具有足够的曲率延性。根据国内的试验结果和参考国外经验，当相对受压区高度控制在 0.25～0.35 时，梁的位移延性可达到 3.0～4.0。

梁的纵向钢筋最小配筋率要求实行双控，增加了与配筋特征值（f_t/f_y）相关的表达形式，即最小配筋率与混凝土抗拉强度设计值和钢筋抗拉强度设计值挂钩，随混凝土强度等级提高而增大，随钢筋强度提高而降低，这与推广应用 400MPa 和 500MPa 级钢筋的要求相一致，也更加合理。最小配筋率是混凝土构件成为钢筋混凝土构件的必要条件，可使构件具有一定延性，避免截面一旦出现裂缝，因受拉钢筋过少而迅速屈服，造成脆性破坏。抗震设计时，梁端具有更高的延性要求，因此，梁截面的纵向钢筋最小配筋率应随抗震等级提高而适当增大。

限制梁的纵向受拉钢筋最大配筋率可保证钢筋混凝土梁具有必要的延性，避免发生受压区混凝土压碎而受拉区钢筋尚未屈服的“超筋破坏”，同时也是为了使梁端混凝土的浇筑质量得到保证。

7）控制框架柱的最大、最小配筋率及箍筋加密等措施：框架柱需要严格控制最小纵向钢筋配筋率、加密区箍筋直径和间距。其目的是适当提高柱正截面承载力并加强柱的约束，从而提高框架柱的变形能力。

框架柱纵向钢筋最小配筋率是抗震设计中的一项较重要的构造措施。其主要作用是：考虑到实际地震作用在大小及作用方式上的随机性，经计算确定的配筋数量仍可能在结构中造成某些估计不到的薄弱构件或薄弱截面；通过纵向钢筋最小配筋率规定可以对这些薄弱部位进行补救，以提高结构整体对地震作用效应的可靠性；此外，与非抗震情况相同，纵向钢筋最小配筋率同样可以保证柱截面开裂后抗弯刚度不致削弱过多；另外，最小配筋率还可以使设防烈度不高的地区一部分框架柱的抗弯能力在“强柱弱梁”措施基础上有进一步提高，这也相当于对“强柱弱梁”措施的某种补充。

第2章 《中国地震动参数区划图》与《建筑抗震设计规范》

2.1 地震动参数区划图与抗震规范的历史渊源

纵观我国几十年的抗震防灾研究与实践的历程可以发现，《中国地震动参数区划图》（以下简称“区划图”）与《建筑抗震设计规范》（以下简称“抗规”）是为了一个共同的目标而存在，即为生命安全保驾、为财产安全护航，但又各有侧重，各司其职。

如表1-2-1所示为20世纪50年代以来《抗规》与《区划图》的发展历程简表。

我国《抗规》与《区划图》发展历程简表 **表1-2-1**

项目	主要内容
第一代区划图	**1956年**提出“地震基本烈度”的概念，并以**历史地震重现的原则**编制了500万分之一的《地震烈度区划图》（称为“第一代区划图”），未正式批准发布
1974版《抗规》	**1974年**，在原国家建委组织下，由国家建委建筑科学研究院和四川省建筑工程局建筑科学研究所会同有关设计、施工、科研单位和高等院校共同组成规范编制组，完成并批准发布了全国第一本建筑抗震设计规范，即《工业与民用建筑抗震设计规范（试行）》TJ 11-1974。**采用设计烈度概念，7度开始设防**
第二代区划图	**1977年**，由原国家地震局组织所属有关单位编制了300万分之一的《中国地震烈度区划图》（1977）（通常称为“第二代区划图”），并经国家有关主管部门批准，是1978版《抗规》修订的基础资料之一。这个区划图的编制，采用了我国自己的方法，建立在地震中、长期预报的基础上，**采用今后100年内一个地区在平均场地条件下可能发生的地震最大烈度作为基本烈度**
1978版《抗规》	**1978年**，在对唐山大地震震害经验总结的基础上，对1974版《抗规》进行了修改，颁发了《工业与民用建筑抗震设计规范》TJ 11-1978。**采用设计烈度概念，7度开始设防**
1989版《抗规》	**1989年**，在唐山地震后，在国家抗震办公室的组织和领导下，开展了大量的、深入的抗震科研工作，分析总结了唐山地震的经验，积累了抗震设计的实践经验，对1978版《抗规》进行修订，完成并发布了《建筑抗震设计规范》GBJ 11-1989。**1989版《抗规》取消了1969版、1974版以及1978版《抗规》中设计烈度的概念，取而代之的是抗震设防烈度概念，设防范围也由以前的设计烈度7度扩展到设防烈度6度，1989版规范的这个理念一直沿用至今**
第三代区划图	**1992年**，由国家地震局和建设部联合发布了400万分之一的《中国地震烈度区划图》（1990）（称为“第三代区划图”），**采用基于概率预测的地震危险性分析方法，明确提供了50年超越概率10%的地震基本烈度区划**。全国约79%的面积属于6度及以上的抗震设防区
2001版《抗规》	**2001年**，建设部正式批准并与国家质量监督检验检疫总局联合发布了《建筑抗震设计规范》GB 50011-2001。2001版《抗规》的主要改进之处在于：**在抗震设防依据上取消了设计近震、远震的概念，代之以设计地震分组概念；提出了长周期和不同阻尼比的设计反应谱；增加了结构规则性定义，并提出了相应的抗震概念设计；新增加了若干类型结构的抗震设计原则**

续表

项目	主要内容
第四代区划图	**2001 年**，在充分吸取国内外有关地震区划的最新科研成果的基础上，中国地震局组织有关单位完成了 400 万分之一的国家标准《中国地震动参数区划图》GB 18306-2001（称为“第四代区划图”），提供了**50 年超越概率 10%的地震动峰值加速度和反应谱特征周期**。这是与 2001 版《抗规》配套的地震基本区划，抗震设防区有所扩大
2010 版《抗规》	**2010 年**，住房和城乡建设部正式批准并与国家质量监督检验检疫总局联合发布了《建筑抗震设计规范》GB 50011-2010。2010 版《抗规》的主要修订内容是：补充了关于 7 度（0.15g）和 8 度（0.30g）设防的抗震措施规定，按《中国地震动参数区划图》调整了设计地震分组；改进了土壤液化判别公式，调整了地震影响系数曲线的阻尼调整参数、钢结构的阻尼比和承载力抗震调整系数、隔震结构的水平向减震系数的计算，并补充了大跨屋盖建筑水平和竖向地震作用的计算方法；提高了对混凝土框架结构房屋、底部框架砌体房屋的抗震设计要求；提出了钢结构房屋抗震等级并相应调整了抗震措施的规定；改进了多层砌体房屋、混凝土抗震墙房屋、配筋砌体房屋的抗震措施；扩大了隔震和消能减震房屋的适用范围，新增建筑抗震性能化设计原则以及有关大跨屋盖建筑、地下建筑、框排架厂房、钢支撑—混凝土框架和钢框架—钢筋混凝土核心筒结构的抗震设计规定。取消了内框架砖房的内容
第五代区划图	**2015 年**，中国地震局组织有关单位完成了 400 万分之一的国家标准《中国地震动参数区划图》GB 18306-2015（称为“第五代区划图”），**引入抗倒塌理念，以 50 年超越概率 10%的地震动峰值加速度与 50 年超越概率 2%地震动峰值加速度除以 1.9 所得商值的较大值作为编图指标，提供了Ⅱ类场地的地震动峰值加速度和反应谱特征周期**

从表 1-2-1 中可以看出：

（1）《区划图》与《抗规》需密切配合使用，才是逻辑完整、科学合理的抗震防灾技术对策。

（2）《区划图》之于工程抗震，类似于使用荷载条件之于常规的结构设计，其根本目的在于为工程抗震设防提供必要的基础技术条件，即提供抗震设防所需要的烈度、地震动参数等基本参数。

（3）《抗规》则在《区划图》的基础上，根据当时的社会经济承受能力、科学技术水平，以及建筑或工程的重要性程度乃至各地区的特殊条件等各种因素，经综合分析决策，给出合适、可行的抗震防灾技术措施，包括什么时候开始（几度）设防，设防到什么程度（标准），以及怎样设防、如何设防等具体的技术问题。

（4）《区划图》的关键词是“地震”和“区划”，表现形式是“图件及附录”，其目的在于“把地下（即地震）搞清楚”。

（5）《抗规》的关键词为“建筑及市政（或工程）”和“抗震”，表现形式为“具有技术法规性质的技术条文”，其目的在于“把地上（即建筑或工程）搞结实”。

2.2 我国地震动参数区划图编制的历史

随着我国经济社会不断发展，地震动参数区划图也经历了由 1～5 代不断完善，抗震设防能力逐渐稳步提升，由最早的科研成果逐渐变为国家的强制性标准（图 1-2-1）。

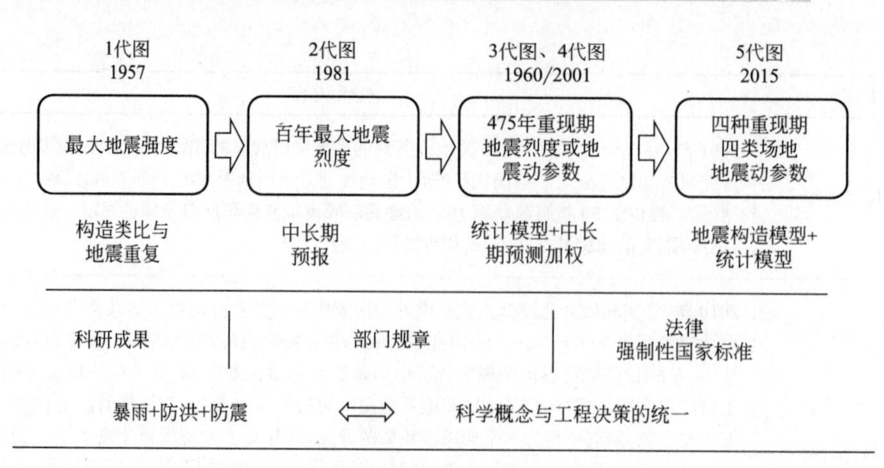

图 1-2-1 我国地震动区划图编制历史框图

2.3 地震动参数区划图防控风险的作用

地震动参数区划图防控风险的作用如图 1-2-2 所示。

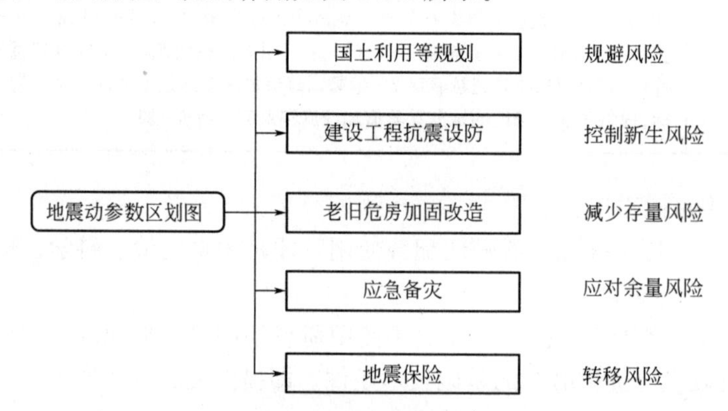

图 1-2-2 地震动参数区划图防控风险的作用

2.4 《中国地震动参数区划图》2015 版实施的重大意义

《区划图》2015 版实施的重大意义如图 1-2-3 所示。

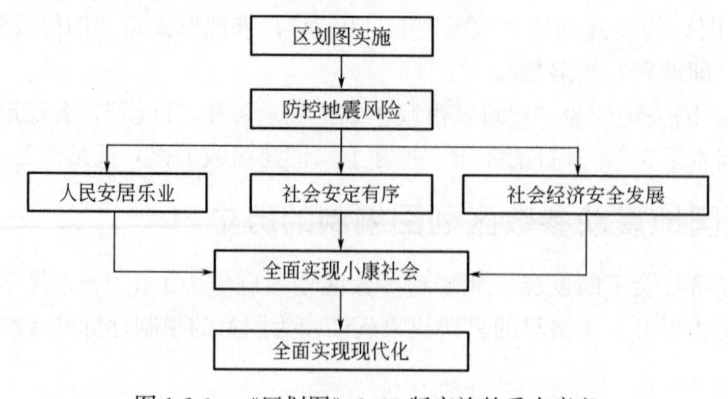

图 1-2-3 《区划图》2015 版实施的重大意义

2.5 《中国地震动参数区划图》2015 版的几个新亮点

（1）将抗倒塌作为编图的基本准则，以 50 年超越概率 10%地震动峰值加速度与 50 年超越概率 2%地震动峰值加速度除以 1.9 所得商值的较大值作为编图指标。

（2）全国设防参数整体上有了适当提高，基本地震动峰值加速度均在 0.05g 及以上，0.10g 及以上地区面积从 49%上升到 51%，其中Ⅷ度及以上地区的面积从 12%增加到 18%。

（3）城市抗震设防水平有所提高。全国县级以上城市中设防水平变化较大的约占 12.5%，其中 6.9%的城市的基本地震动峰值加速度分区从 0.05g 提高至 0.10g 或 0.15g，4.6%的城市从 0.10g 或 0.15g 提高至 0.20g，1%的城市从 0.20g 提高至 0.30g。

（4）基本地震加速度反应谱特征周期 0.40s 及以上地区面积有所增加，从 55%上升到 59%，其中，0.40s 地区的面积从 24%增加到 27%，0.45s 地区的面积从 31%增加到 32%。

（5）城市抗震设防水平有所提高。全国县级以上城市中有 14.8%的城市基本地震加速度反应谱特征周期分区值有提高，只有 1.8%的城市略有降低（但这些城市基本峰值加速度提高了），其余 83.4%的城市不变。提高的城市中，9.2%的城市的基本地震加速度反应谱特征周期分区从 0.35s 提高到 0.40s，5.4%的城市的基本地震加速度反应谱特征周期分区从 0.30s 提高到 0.45s。

（6）不再有烈度低于最低设防烈度为 6 度地区；提高部分地区地震加速度、部分地区调整特征周期等，如图 1-2-4 所示。

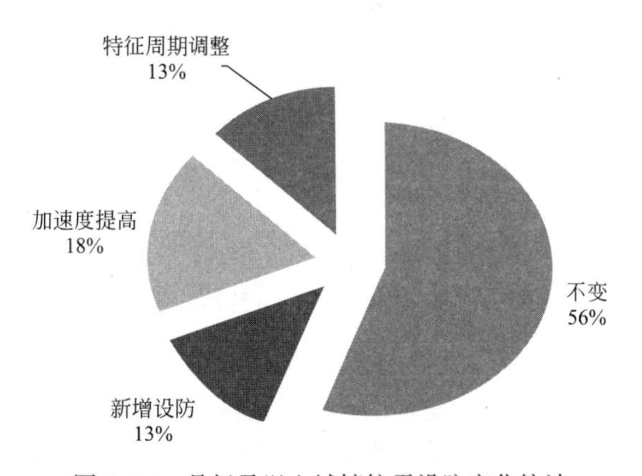

图 1-2-4　县级及以上城镇抗震设防变化统计

（7）新增加极罕遇地震动的要求

新增加极罕遇地震动的要求如图 1-2-5 所示。

1）多遇地震动：相应于 50 年超越概率 63%的地震动。

2）基本地震动：相应于 50 年超越概率 10%的地震动。

3）罕遇地震动：相应于 50 年超越概率 2%的地震动。

4）极罕遇地震动：相应于年超越概率 1×10^{-4} 的地震动。

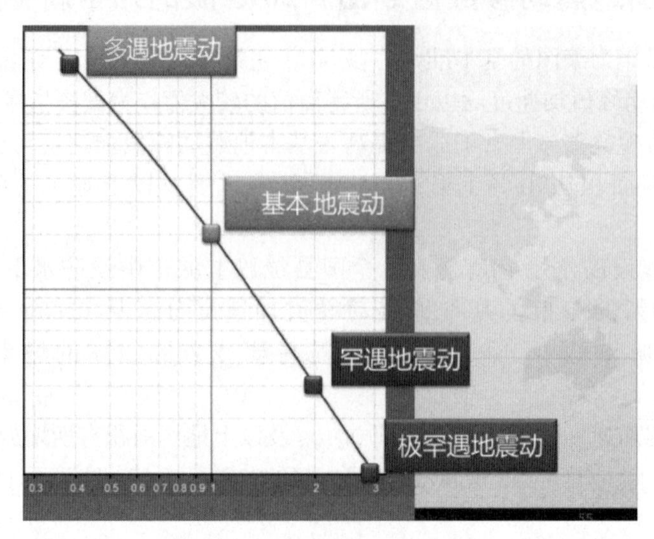

图 1-2-5　多遇地震动、基本地震动、罕遇地震动、极罕遇地震动

（8）明确了多遇地震动、罕遇地震动、极罕遇地震动峰值加速度

多遇地震动峰值加速度宜按不低于基本地震加速度峰值加速度 1/3 倍确定。

罕遇地震动峰值加速度宜按不低于基本地震加速度峰值加速度 1.6～2.3 倍确定。

极罕遇地震动峰值加速度宜按不低于基本地震加速度峰值加速度 2.7～3.2 倍确定。

（9）放大系数（β_m）的变化

第五代区划图将放大系数反应谱平台值（β_m）调整为 2.5，而第四代区划图的反应谱平台值（β_m）为 2.25，但要注意目前《建筑与市政工程抗震通用规范》GB 55002-2021 依然采用 $\beta_m=2.25$。

（10）区划图强制调整为条文强制

5.1、5.2、6.1、7.1、8.2、附录 A、附录 B、附录 C 为强制性，其余为推荐性。即：附录 A、B、C 均为强制性，附录 D、E、F 均为资料性；附录 G 为规范性。

2.6　《中国地震动参数区划图》2015 版北京地区主要变化

■ 北京市行政区划范围

□ Ms=6.0～6.9：6次

□ Ms=5.0～5.9：4次

□ Ms=4.7～4.9：3次

■ 北京市外围(100km)

□ Ms=8.0～8.9：1次

□ Ms=6.0～6.9：2次

■ 最大地震影响烈度

□ 三河-平谷8级地震：9度

□ 大兴6 ¾级地震：8度

图 1-2-6　北京地区历史地震情况

（1）北京地区地震构造位置

北京位于三条地震带交汇部位（汾渭地震带、华北平原地震带、张家口-渤海地震带），活动断裂发育，属于中强地震多发、易发地带，也是中国大陆唯一发生过 8 级地震的大城市，与日本东京、墨西哥并列为世界上仅有的三个Ⅷ度设防的超大型首都城市。

（2）北京地区历史地震情况如图 1-2-6 所示。

（3）2015 版区划图北京地区主要变化如图 1-2-7 所示。

特别注意：北京首次出现 0.30g 区（Ⅷ度半），《区划图》给出了平谷区街道、乡镇动参数见表 1-2-2。

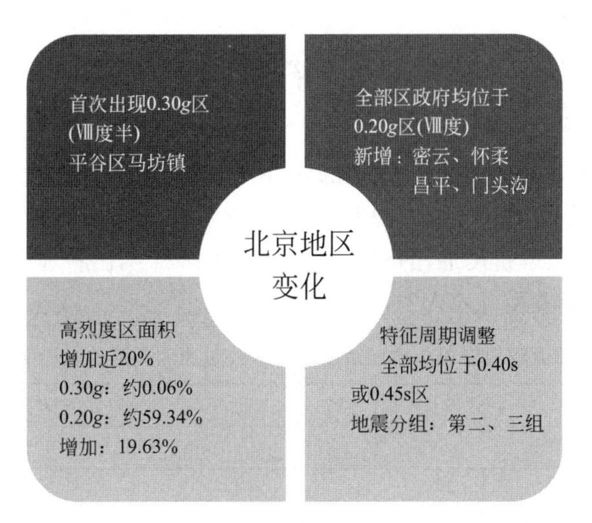

图 1-2-7 2015 版区划图北京地区主要变化图

北京平谷区街道、乡镇动参数 **表 1-2-2**

行政区划名称	峰值加速度（g）	反应谱特征周期（s）	行政区划名称	峰值加速度（g）	反应谱特征周期（s）
平谷区（2 街道，16 乡镇）			平谷区（2 街道，16 乡镇）		
滨河街道	0.20	0.40	大兴庄镇	0.20	0.40
兴谷街道	0.20	0.40	刘家店镇	0.20	0.40
东高村镇	0.20	0.40	镇罗营镇	0.20	0.45
山东庄镇	0.20	0.40	平谷（渔阳地区）镇	0.20	0.40
南独乐河镇	0.20	0.40	峪口（地区）镇	0.20	0.40
大华山镇	0.20	0.40	马坊（地区）镇	0.30	0.40
夏各庄镇	0.20	0.40	金海湖（地区）镇	0.20	0.40
马昌营镇	0.20	0.40	黄松峪乡	0.20	0.45
王辛庄镇	0.20	0.40	熊儿寨乡	0.20	0.40

2.7 《中国地震动参数区划图》2015 版不同场地类别特征周期的选取问题

$Ⅰ_0$、$Ⅰ_1$、Ⅲ、Ⅳ类场地基本地震动加速度反应谱特征周期应根据Ⅱ类场地地震动加速度反应谱特征周期调整（表 1-2-3）。

场地基本地震动加速度反应谱特征周期调整表 **表 1-2-3**

Ⅱ类场地基本地震动加速度反应谱特征周期分区值	场地类别				
	$Ⅰ_0$	$Ⅰ_1$	Ⅱ	Ⅲ	Ⅳ
0.35	0.20	0.25	0.35	0.45	0.65
0.40	0.25	0.30	0.40	0.55	0.75
0.45	0.30	0.35	0.45	0.65	0.90

2.8 《中国地震动参数区划图》与《建筑与市政工程抗震通用规范》的对应关系

(1)《中国地震动参数区划图》GB 18306-2015 明确给出附录 A（全国各地地震加速度值）及附录 B（加速度反应谱特征周期值）。

(2)《建筑与市政工程抗震通用规范》GB 55002-2021 给出各地区设防烈度与设计基本地震加速度取值的对应关系（表 1-2-4）。

抗震设防烈度和Ⅱ类场地设计基本地震加速度值的对应关系　　表 1-2-4

抗震设防烈度	6 度	7 度		8 度		9 度
Ⅱ类场地设计基本地震加速度值	0.05g	0.10g	0.15g	0.20g	0.30g	0.40g

(3)《建筑与市政抗震通用规范》GB 55002-2021 给出设计地震分组应根据《区划图》2015 版Ⅱ类场地条件下的基本地震动加速度反应谱周期值，按表 1-2-5 的规定对应选取。

设计地震分组与Ⅱ类场地基本地震加速度反应谱特征周期的对应关系　　表 1-2-5

设计地震分组	第一组	第二组	第三组
Ⅱ类场地基本地震加速度反应谱特征周期	0.35	0.40	0.45

特别说明：表中的Ⅱ类场地实际就是指一般场地，不是仅仅针对Ⅱ类场地。

2.9 今后结构设计时是否需要考虑场地类别对地震动参数进行调整

《中国地震动参数区划图》GB 18306-2015 附录 E（资料性附录）给出各类场地地震动峰值加速度调整，如表 1-2-6 所示。

场地地震动峰值加速度调整系数　　表 1-2-6

Ⅱ类场地地震动峰值加速度值	场地类别				
	I_0	I_1	Ⅱ	Ⅲ	Ⅳ
≤0.05g	0.72	0.80	1.00	1.30	1.25
0.10g	0.74	0.82	1.00	1.25	1.20
0.15g	0.75	0.83	1.00	1.15	1.10
0.20g	0.76	0.85	1.00	1.00	1.00
0.30g	0.85	0.95	1.00	1.00	0.95
≥0.40g	0.90	1.00	1.00	1.00	0.90

笔者对此问题的观点是不需要，理由如下：

(1) 附录 E 是资料性附录。在《区划图》前言中也明确：附录 A、附录 B、附录 C 为强制性的，其余为推荐性的。

(2)《建筑市政抗震通用规范》主编关于场地对加速度峰值调整的统一回复：

1) 定性上是正确的，但调整系数大小存在很大争议。世界各国的调整系数均为特征周期调整系数的 1/3～1/2，故Ⅲ、Ⅳ类场地最大不超过 15%，欧规类比的Ⅲ类场地甚至比Ⅱ类小。

2）因争议大，故放在资料性附录，作为背景资料，不视同规范要求。

3）《抗规》采用Ⅰ类减小、Ⅲ、Ⅳ类提高抗震措施的方法予以考虑了，如果调整系数，无依据地重复提高，这不是科学的态度。

2021 年 12 月本规范主编在解读时再次重申：

《抗规》2010（2016 版）中目前还没有要求按《区划图》附录 E 中与场地相关的加速度进行设计。专家虽然都比较认可场地对加速度有影响，且需要进行调整，但对定量指标仍存在一定分歧，因此《区划图》附录 E 仅作为参考资料，不作为规范条文要求。

目前《抗规》是通过抗震措施的方式进行调整，并未要求按场地对地震作用调整。例如，建筑场地为Ⅰ类，对丙类的建筑应允许按本地区抗震设防烈度降低一度的要求采取抗震构造措施；建筑场地为Ⅲ、Ⅳ类时，对设计基本地震加速度为 0.15g 和 0.30g 的地区，宜分别按抗震设防烈度 8 度（0.20g）和 9 度（0.40g）时各抗震设防类别建筑的要求采取抗震构造措施。

注意：调整地震作用和调整抗震措施均为考虑场地对加速度的影响。在没有充分依据的情况下，不能随意进行叠加调整，在进行调整时要保持调整思路的一致性。

【工程案例】2020 年顾问咨询的武汉某工程

（1）本工程地勘报告提供的地震动参数：根据《中国地震动参数区划图》GB 18306-2015，Ⅱ类场地基本地震加速度为 0.15g，反应谱特征周期为 0.45s，经调整后，Ⅲ类场地基本地震加速度为 0.1725g，反应谱特征周期为 0.65s。

笔者解读说明：其实地勘就是执行《区划图》附录 E，对Ⅲ类场地进行了提高，即 0.15g×1.15=0.1725g。

（2）设计院依据地勘报告建议，计算时直接按 7 度（0.1725g）地震影响系数为 0.138 进行地震作用计算。

（3）我们建议设计院与当地审图部门进一步沟通，表明这个地震区划图附录 E 在工程界是不执行的，后来一致认为可以不考虑按地勘单位的建议放大 1.15 倍（即认为可以不执行区划图附录 E）。仅这个系数就为甲方节约近 100 万元投资（图 1-2-8）。

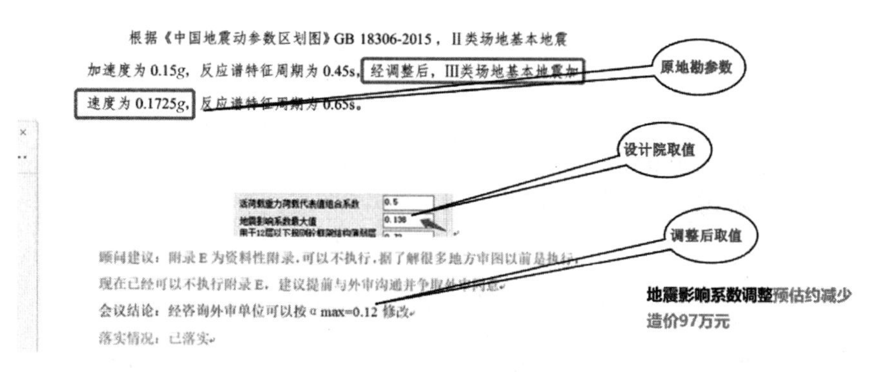

图 1-2-8 对设计标准与设计参数提出建议

2.10 《中国地震动参数区划图》2015 版附录 A 与附录 C 规定不一致时，如何选取

【工程案例 1】2019 年山东省临沭县某工程

2019 年，有位审图者咨询笔者这样一个问题：项目位于山东省临沭县郑山街道，峰值加速度和特征周期如果按坐标查询《区划图》附录 A 与《区划图》表 C 查询的结果不一致时，需要执行坐标查询结果吗？

即：按坐标定位《区划图》附录 A 查得是 8 度（0.30g），如图 1-2-9 所示，但由《区划图》附录 C 表上查是 8 度（0.20g），如图 1-2-10 所示。

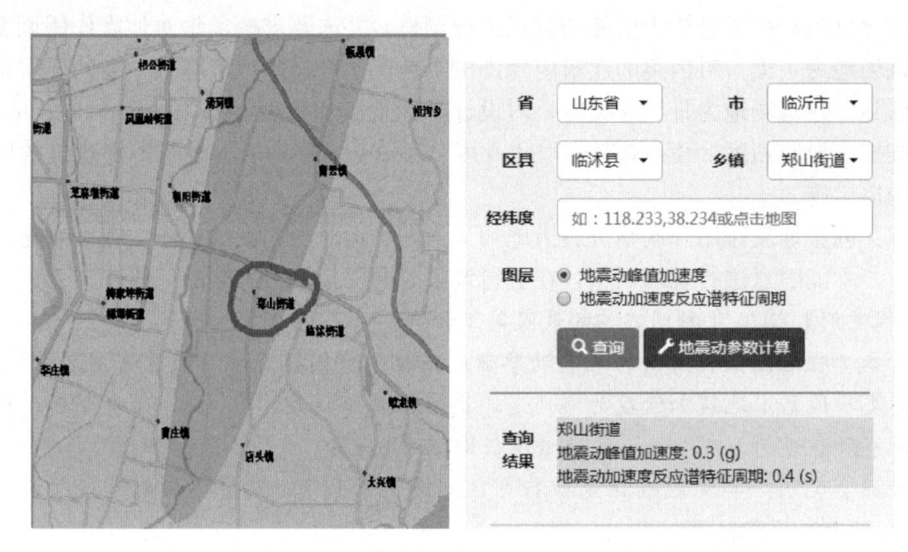

图 1-2-9 按《地震动参数区划图》附录 A 坐标定位查询结果

临沂市 （28 街道，128 乡镇）
兰山区（4 街道，8 镇）

临沭县（2 街道，7 镇）		
临沭街道	0.20	0.40
郑山街道	0.20	0.40
蛟龙镇	0.20	0.45
大兴镇	0.20	0.45
石门镇	0.20	0.45
曹庄镇	0.20	0.40
青云镇	0.30	0.40
玉山镇	0.20	0.45
店头镇	0.20	0.40

图 1-2-10 坐标定位与区划图附录 C

笔者的解答：附录 C 列出了全国各省（自治区、直辖市）乡镇政府所在地、县级以上城市的Ⅱ类场地基本地震动峰值加速度和基本地震动加速度反应谱特征周期。既然已经详细到乡镇、街道，应该说很准确了。再加上实际工程中设计师通常也只看《区划图》附录

C（没有人要求设计师去坐标定位查询），基于此，笔者认为可以按照附录C，但考虑到毕竟是实际工程，建议他们咨询一下《抗规》编委。

经过电话咨询《抗规》编委，得到的答复是：按就高不就低的原则选。笔者认为这样答复肯定安全，但不一定合理。

【工程案例 2】2020 年河北唐山某工程

概况：2020 年 12 月有位唐山审图者咨询笔者这样一个问题：

唐山市丰南区振兴街道按《区划图》附录C及坐标定位查《区划图》附录A发现不一致，审图如何把控？

即：按坐标定位《区划图》附录A查得是 8 度（0.20g），如图 1-2-11 所示，但由《区划图》附录C表上查是 8 度（0.30g），如图 1-2-12 所示。

这个案例正好与【工程案例 1】相反。

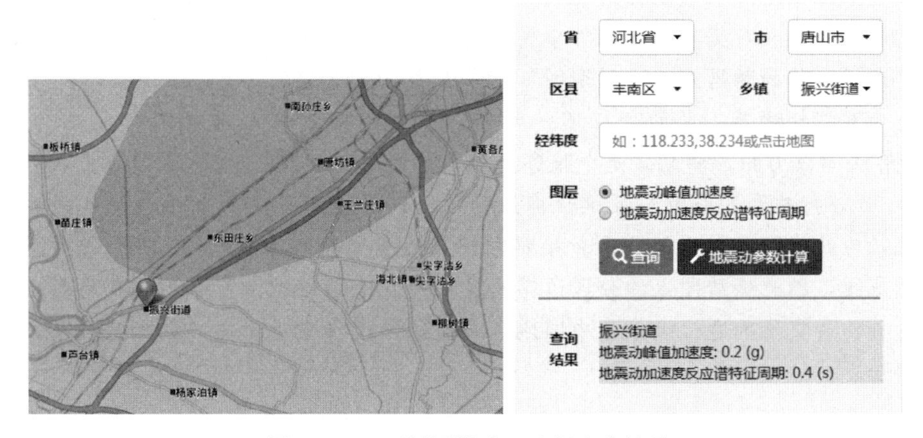

图 1-2-11 区划图附录A坐标定位结果

唐山市（50 街道，179 乡镇）
路南区（9 街道，1 乡）

丰南区（3 街道，17 乡镇）		
胥各庄街道	0.30	0.40
丰南镇	0.30	0.40
稻地镇	0.30	0.40
小集镇	0.20	0.40
黄各庄镇	0.20	0.40
西葛镇	0.20	0.40
大新庄镇	0.20	0.45
钱营镇	0.20	0.40
唐坊镇	0.30	0.40
王兰庄镇	0.30	0.40
柳树鄌镇	0.20	0.40
黑沿子镇	0.20	0.45
大齐各庄镇	0.20	0.40
南孙庄乡	0.30	0.40
东田庄乡	0.30	0.40
尖字沽乡	0.20	0.40
新华路街道	0.30	0.40
海北镇	0.30	0.40
振兴街道	0.30	0.40
汉丰镇	0.20	0.40

图 1-2-12 坐标定位及区划图附录C

这次笔者的答复自然也是：按区划图附录C，建议咨询《抗规》编委，咨询结论是

"就高不就低"。

结语及建议：

(1) 通过以上两个工程案例，可以发现今后仅按《区划图》附录C查找工程所在区域的地震动参数是不合适的。

(2) 笔者建议设计师采用《区划图》附录A与附录C双查，取其大值为妥。

特别提醒注意：2022年2月9日，有位朋友又咨询笔者类似问题，即《区划图》附录C与按坐标定位查阅不一致，笔者就这个问题又一次与《区划图》的几位编委专家进行沟通交流，这次专家们给出的建议是：应以《区划图》附录C为准（其实这个一直是笔者的想法，原因很简单，设计师不可能人人都去按坐标定位查询）。

编委专家这样解答：导致不一致的因素有很多，最大的可能是由于数据来源的问题，我国乡镇行政区划目录由民政部门管理，但民政部门没有提供具体的坐标位置，网站上的具体位置是依据测绘部门的数据，这两个数据来源有很多对不上的地方，另外在出版环节又有一些制图偏差和数据在不同软件中转换时出现问题。

笔者追问：您的意思是以《区划图》附录C给出的为准？

编委专家这样解答：是的，在不一致时，原则上应该以纸质的国标文本为准，GB 18306是有法律效力的，网站只是个服务产品，只能作为参考。最早在接触出版社时发现当时1∶400万行政区划图中县级单位标注的位置，存在为了图面表达和美观原因而做微调的情况，为此专门要求出版社重新按照准确位置重新制作了1∶400万的行政区划图作为区划图底图，因此纸质图上的分区边界和县城所在地的相对位置都是没有问题的。

注：与作者交流的这位编委是中国地震局地球物理研究所防灾减灾工程技术研究院院长吴健博士。

第3章 《建筑与市政工程抗震通用规范》GB 55002编制简介

3.1 编制工作背景与任务来源

2015年3月11日，国务院发布了《国务院关于印发深化标准化工作改革方案的通知》（国发［2015］13号），对全面深化标准化工作改革的必要性和紧迫性作出了全面、深刻的论述，并对改革的总体要求、改革措施、组织实施方案等作出了明确的规定。

为落实国发［2015］13号文件要求，住房和城乡建设部于2016年8月9日发布了《关于深化工程建设标准化工作改革的意见》（建标［2016］166号），对工程建设领域的标准化工作改革作了统筹安排，并对改革的总体要求、任务、保障措施等作出规定。按照住房和城乡建设部有关标准化改革工作的安排，城乡建设部分拟设强制性标准37项，以替代目前散落在各本标准中的强制性条文，其中，《建筑与市政工程抗震通用规范》属于通用技术类强制性标准之一。

根据《住房和城乡建设部关于印发2017年工程建设标准规范制修订及相关工作计划的通知》（建标［2016］248号）以及《住房和城乡建设部关于印发2019年工程建设规范和标准编制及相关工作计划的通知》（建标函［2019］8号）的要求，中国建筑科学研究院为第一起草单位，会同有关单位开展了《建筑与市政工程抗震通用规范》（以下简称“本规范”）研编与编制工作。参加此次编制工作的单位有中国建筑科学研究院有限公司、北京市建筑设计研究院有限公司、同济大学、清华大学等20家单位，编制组成员共42人。

3.2 编制工作的基本过程

根据国家标准化工作改革方案以及住房和城乡建设部的相关工作部署，这一轮编制的强制性国家标准，明确是属于技术法规范畴，社会各阶层、单位与个人均需遵守。为了保证技术法规的编制在程序上合法合规、在技术上合理先进，在正式进行编制之前，先进行了为期约2年的研编过程（2016年12月～2018年11月），主要就本规范编制的若干基本问题进行专题研究，并对本规范的文本进行了研究性编制。

2018年12月，根据建标函［2019］8号文件要求，本规范正式进入编制阶段。由住房和城乡建设部办公厅组织，先后两次对全社会征求意见：第一次征求意见的时间为2019年2月2日～3月15日，相关函件为《住房和城乡建设部办公厅关于征求〈城乡给水工程项目规范〉等38项住房和城乡建设领域全文强制性工程建设规范意见的函》（建办标函［2019］96号）；第二次征求意见的时间为2019年8月30日～10月15日，相关函件为《住房和城乡建设部办公厅关于再次征求〈城乡给水工程项目规范〉等住房和城乡建设领域全文强制性工程建设规范意见的函》（建办标函［2019］492号）。两次征求意见共计收集到反馈意见170条，经编制组逐条分析、研究，采纳76条，部分采纳40条，不采纳54条，其中，未进行采纳的意见，主要为“将条文中的技术措施进一步细化”等具体的技术规定细化建议，与此次本规范编制的总体原则和要求不符。

为进一步征求、落实各方面专家的意见和建议，2020年7月6日编制组召开了“《建筑与市政工程抗震通用规范》（送审稿初稿）视频研讨会”。与会专家学者对本规范的编制原则、架构体系，以及具体条款规定内容等进行了充分、详细的讨论，共收集到反馈意见和建议178条，经编制组逐条分析、研究，采纳115条，部分采纳19条，不采纳44条。根据反馈意见，编制组对《建筑与市政工程抗震通用规范（送审稿初稿）》进行了修改和完善，形成了《建筑与市政工程抗震通用规范（送审稿修改稿）》。为了进一步完善本规范（送审稿），2020年8月17日召开了全体编制组的视频工作会议，按照“原则性要求宜粗不宜细、底线控制松紧适度”的原则，对《建筑与市政工程抗震通用规范（送审稿修改稿）》进行逐条研究和深入讨论，并提出了针对性修改方案。会后，统稿组进行进一步的修改和完善，形成了《建筑与市政工程抗震通用规范（送审稿）》。

2020年8月28日～9月3日，《建筑与市政工程抗震通用规范（送审稿）》审查会以函审和会审相结合的方式召开。审查专家组认真听取了编制组对规范编制的介绍及函审意见的处理情况，对规范内容进行了全面审查。会后，编制组对本规范（送审稿）进行了进一步的修改和完善，形成了《建筑与市政工程抗震通用规范（报批稿）》，并于2020年11月完成报批工作。

3.3 原则性要求和底线控制

按照《工程建设规范研编工作指南》要求，本规范的条文属性是保障人身健康和生命财产安全、国家安全、生态安全以及满足社会经济管理基本需要的技术要求。本规范的具体条文均是由以下两个基本类型条款或其组合构成：其一是原则性要求类条款，即有关建筑与市政工程抗震设防基本原则和功能性要求的条款；其二是底线控制类条款，即涉及工程抗震质量安全底线的控制性条款。

3.4 现行规范、规程、标准强条全覆盖

按照国务院标准化工作改革方案、新《标准化法》修订方案的原则要求以及住房和城乡建设部相关文件精神，本规范（草案）的编制是在梳理和整合现有相关强制性标准的基础上进行的，要求本规范（草案）应能对现行强制性条文全覆盖。

3.5 避免交叉与重复

为了避免与相关工程建设规范之间的交叉与重复，经分工协调，本规范主要以抗震共性规定、结构体系以及构件构造原则性要求为主，构件层面的细部构造要求由相关专业规范具体规定。

以下举例说明几本常用规范强条不协调之处：

【举例说明1】重复交叉且矛盾

关于抗震等级一、二、三级的框架和斜撑构件的三项要求

(1)《抗规》GB 50011-2010（2016版）第3.9.2条（强条）

3.9.2-2-2）抗震等级为一、二、三级的框架和斜撑构件（含梯段），其纵向受力钢筋采用普通钢筋时，钢筋的抗拉强度实测值与屈服强度实测值的比值不应小于1.25；钢筋的

屈服强度实测值与屈服强度标准值的比值不应大于1.3，且钢筋在最大拉力下的总伸长率实测值不应小于9%。

(2)《混凝土结构设计规范》GB 50010-2010（2015版）第11.2.3条（强条）也有同样的要求：

11.2.3 按一、二、三级抗震等级的框架和斜撑构件，其纵向受力普通钢筋采用应符合下列要求：

1 钢筋的抗拉强度实测值与屈服强度实测值的比值不应小于1.25；

2 钢筋的屈服强度实测值与屈服强度标准值的比值不应大于1.3；

3 钢筋在最大拉力下的总伸长率实测值不应小于9%。

(3)《高层建筑混凝土结构技术规程》JGJ 3-2010第3.2.3条（非强条）

3.2.3 高层建筑混凝土结构的受力钢筋及其性能应符合现行国家标准《混凝土结构设计规范》GB 50010的有关规定。按一、二、三级抗震等级设计的框架和斜撑构件，其纵向受力钢筋尚应符合下列规定：

1 钢筋的抗拉强度实测值与屈服强度实测值的比值不应小于1.25；

2 钢筋的屈服强度实测值与屈服强度标准值的比值不应大于1.30；

3 钢筋最大拉力下的总伸长率实测值不应小于9%。

【举例说明2】重复交叉且矛盾“钢筋代换要求不统一”

(1)《抗规》GB 50011-2010（2016版）

3.9.4 （强条）在施工中，当需要以强度等级较高的钢筋替代原设计中的纵向受力钢筋时，应按照钢筋受拉承载力设计值相等的原则换算，并应满足最小配筋率要求。

(2)《混凝土结构设计规范》GB 50010-2010（2015版）第4.2.8条（非强条）

4.2.8 当进行钢筋代换时，除应符合设计要求的构件承载力、最大力下的总伸长率、裂缝宽度验算以及抗震规定以外，尚应满足最小配筋率、钢筋间距、保护层厚度、钢筋锚固长度、接头面积百分率及搭接长度等构造要求。

强制性条文形成机制不能完全适应发展需要。强制性条文在不断充实的过程中，也存在强制性条文确定原则和方式、审查规则等方面不够完善的问题。由于强制性条文与非强制性条文界限不清，致使强制性条文的确定并不能完全遵循统一的、明确的、一贯的规则，也会造成强制性条文之间重复、交叉甚至矛盾。同时，由于标准制修订不同步和审查时限要求等因素，住房和城乡建设部强制性条文协调委员会有时也无法从总体上平衡，只能“被动”接受。这些都不能完全适应当前工程建设标准和经济社会发展的需求。

【举例说明3】重复交叉矛盾“如对于框架柱箍筋加密要求”

(1)《抗规》GB 50011-2010（2016版）第6.3.7-2-3条（强条）

框支柱和剪跨比不大于2的框架柱，箍筋间距不应大于100mm。

(2)《混凝土结构设计规范》GB 50010-2010（2015版）第11.4.12-3条（强条）

框支柱和剪跨比不大于2的框架柱在柱全高范围内加密箍筋，且箍筋间距应符合本条第2款一级抗震等级的要求。

也就是说无论此时框架柱抗震等级是几级均应满足一级的要求，显然比《抗规》要求的严格很多。

3.6 主要编制内容

为落实《国务院关于印发深化标准化工作改革方案的通知》（国发［2015］13 号），按照保障人民生命财产安全、人身健康、工程质量安全、生态环境安全、公众权益和公共利益，以及促进能源资源利用、满足社会经济管理基本需求的总体要求，住房和城乡建设部组织编制了国家工程规范体系框架。《建筑与市政工程抗震通用规范》属于上述体系框架中的通用技术类规范，主要对建筑与市政工程抗震的功能、性能要求，以及满足抗震功能和性能要求的通用技术措施进行规定；在内容上，需要覆盖工程选址、岩土勘察、场地地基基础抗震、地震作用效应计算与抗震验算、各类建筑与市政工程抗震专门要求以及建筑材料与施工的抗震特殊要求等，基本涵盖了建筑与市政抗御地震灾害的各环节。

尽管现行抗震相关强制性条文的覆盖面比较齐全，涉及了抗震设计的各环节，初步具备了系统性特征，但仍然是比较分散的，而且多数强制性条文过于强调数值上的可执行性，反而忽略了对抗震防灾至关重要的一些抗震概念和原则。鉴于此，本规范编制时采取了如下对策：在全面覆盖现有抗震防灾相关技术标准的强制性条文的基础上，紧紧围绕“抗御地震灾害、减轻灾害损失”这一根本目的，根据地震灾害流程化管理的各环节需求，按照原则性要求与安全底线控制相结合的编制模式，改编并纳入了部分现行技术标准的非强制性条文，进而形成了一套体系完整的抗震技术规定。

本规范规定 6 度及以上地区各类新建、改建、扩建建筑与市政工程抗震设防的基本要求，是建筑与市政工程抗震防灾的通用技术规范，也是全社会必须遵守的强制性技术规定，共 6 章，105 条，其中 40 条由现行抗震标准中 83 条强制条文融合而成，另外 65 条是根据满足功能性能要求等情况新增的强制性规定。

3.7 本规范的主要特点

本规范贯彻落实了国家防灾减灾的法律法规，符合改革和完善工程建设标准体系精神，是我国进行建设工程抗震防灾监督与管理工作的重要技术支撑，也是各类建筑与市政工程地震安全的基本技术保障。

（1）本规范内容覆盖工程建设全寿命周期

本规范以减少经济损失、避免人员伤亡为根本目标，适用于房屋建筑与市政工程领域，明确工程建设各阶段的抗震要求和结构的抗震措施。其中，工程选址与勘察方面，规定工程抗震勘察、地段划分与避让、场地类别划分的基本要求；地震作用和结构抗震验算方面，明确地震作用计算与抗震验算的原则与方法，规定地震作用的底线控制指标；抗震措施方面，规定混凝土结构、钢结构等各种结构的抗震措施。

（2）本规范架构、要素和技术措施与欧美规范基本一致

本规范在抗震设防目标、地震作用计算、抗震验算、各类结构的抗震技术措施等要素构成上与欧洲《结构抗震设计规范》EN1998 保持一致。在设防目标上，美国《国际建筑规范》IBC 是大震不倒的单一设防目标，欧洲《结构抗震设计规范》EN1998 是小震限制性破坏和中震不倒塌的两级设防目标、日本《建筑基准法》是小震不坏和大震不倒的两级设防目标，我国规范根据多年实践经验，仍坚持“小震不坏、中震可修、大震不倒”的三级抗震设防目标。

在技术指标上，我国8度区小震和大震的地震影响系数，与日本规范中一级和二级设计的地震系数基本相当。在地震作用取值方面，对于低延性结构，如普通砌体房屋，我国的要求略低于欧美规范；对于中等延性结构，如普通的RC框架结构。我国的地震作用与欧美规范基本相当；而对于高延性结构，如钢框架-偏心支撑结构，我国的取值略高于欧美规范。

（3）提升了我国现行强制性条文的技术水平

本规范在编制过程中，除了全面纳入了现行相关标准的主要技术规定外，同时，为加速结构体系技术进步、促进国家经济转型和推进绿色化发展，对现行标准的部分规定进行了适当调整。

1）将我国城镇桥梁抗震设防目标由两级调整为三级，与房屋建筑保持一致。现行相关抗震技术标准中，建筑工程的抗震设防目标基本采用《抗规》GB 50011-2010的三水准设防，城镇桥梁采用两阶段设防，城镇给水排水等市政设施工程则普遍高于民用建筑工程。为便于管理和操作，本规范编修时将各类工程的抗震设防目标统一为三水准设防，同时，为了兼顾各类工程本身的设防需求，给出了不同工程的三级地震动的概率水准。

2）适度提升建设工程结构抗震安全度。现行的《建筑结构可靠性设计统一标准》GB 50068-2018对可靠度水平进行了适当提高，相应的荷载分项系数分别由1.2、1.4提高为1.3和1.5。这一规定业已纳入正在同步制定的《工程结构通用规范》中。根据上级主管部门提高结构安全度的指示，经与《工程结构通用规范》协调，本规范中的地震作用的分项系数由1.3改为1.4。

3）适度放松现行强制性条文中有关隔震建筑的竖向地震作用、嵌固刚度、近场放大系数等限制性要求，以利于减隔震技术应用。

4）新增钢-混凝土组合结构、现代木结构等新型结构体系，有利于促进新技术发展。

3.8 与本规范有关规范标准中废止的条款

2022年1月1日本规范实施之后，以下现行工程建设标准相关强制性条文全部废止。

（1）《抗规》GB 50011-2010（2016年版）第1.0.2、1.0.4、3.1.1、3.3.1、3.3.2、3.4.1、3.5.2、3.7.1、3.7.4、3.9.1、3.9.2、3.9.4、3.9.6、4.1.6、4.1.8、4.1.9、4.2.2、4.3.2、4.4.5、5.1.1、5.1.3、5.1.4、5.1.6、5.2.5、5.4.1、5.4.2、5.4.3、6.1.2、6.3.3、6.3.7、6.4.3、7.1.2、7.1.5、7.1.8、7.2.4、7.2.6、7.3.1、7.3.3、7.3.5、7.3.6、7.3.8、7.4.1、7.4.4、7.5.7、7.5.8、8.1.3、8.3.1、8.3.6、8.4.1、8.5.1、10.1.3、10.1.12、10.1.15、12.1.5、12.2.1、12.2.9条。

（2）《建筑工程抗震设防分类标准》GB 50223-2008第1.0.3、3.0.2、3.0.3条。

（3）《室外给水排水和燃气热力工程抗震设计规范》GB 50032-2003第1.0.3、3.4.4、3.4.5、3.6.2、3.6.3、4.1.1、4.1.4、4.2.2、4.2.5、5.1.1、5.1.4、5.1.10、5.1.11、5.4.1、5.4.2、5.5.2、5.5.3、5.5.4、6.1.2、6.1.5、7.2.8、9.1.5、10.1.2条。

（4）《建筑机电工程抗震设计规范》GB 50981-2014第1.0.4、5.1.4、7.4.6条。

（5）《城市桥梁抗震设计规范》CJJ 166-2011第3.1.3、3.1.4、4.2.1、6.3.2、6.4.2、8.1.1、9.1.3条。

（6）《镇（乡）村建筑抗震技术规程》JGJ 161-2008第1.0.4、1.0.5条。

(7)《非结构构件抗震设计规范》JGJ 339-2015 第 3.3.1、3.3.2 条。

(8)《建筑消能减震技术规程》JGJ 297-2013 第 4.1.1、7.1.6 条。

(9)《底部框架-抗震墙砌体房屋抗震技术规程》JGJ 248-2012 第 3.0.2、3.0.6、3.0.9、5.1.15、5.5.28、6.2.1、6.2.3、6.2.5、6.2.8、6.2.13、6.2.15 条。

3.9 如何理解被本规范废止的强条

本规范发布以来，不少读者不理解为何要废止这些条款，也有读者说是否这些条款将来在原标准中以非强条出现？

笔者认为原因有以下几点：

(1) 由于这些规范标准中的强条已经移到本规范中，且不是简单的移位，主要是有些强条的说法做了相应整合。

(2) 由于目前与本规范配套的相关推荐性标准还没有进行修订或正在修订中，这样如果不在这里废止这些强制条文，在 2022 年 1 月 1 日执行后，就会出现通用规范与现行规范标准之间的不协调等。

3.10 为何《建筑抗震设计规范》的某些强条在本规范中找不到

本规范发布以来，有人提出为何废止的强条有些在本规范中找不到了呢？

笔者经过研读，发现通用规范进行了比较大的整合，如原《抗规》中的强制性条文，有一部分直接放入其他规范，如《混凝土结构通用规范》等其他通用规范中。

【举例说明】《抗规》GB 50011-2011（2016 版）第 3.9.2 条（强条）结构材料性能要求。

《抗规》第 3.9.2 条结构材料性能指标的规定如下：

(1) 砌体结构材料应符合下列规定：

1) 普通砖和多孔砖的强度等级不应低于 MU10，其砌筑砂浆强度等级不应低于 M5；

2) 混凝土小型空心砌块的强度等级不应低于 MU7.5，其砌筑砂浆强度等级不应低于 Mb7.5。

《抗规》第 3.9.2-1 条对砌体结构材料要求整合移到《砌体结构通用规范》GB 55007-2021 之中。

(2) 混凝土结构材料应符合下列规定：

1) 混凝土的强度等级，框支梁、框支柱及抗震等级为一级的框架梁、柱、节点核芯区，不应低于 C30；构造柱、芯柱、圈梁及其他各类构件不应低于 C20；

2) 抗震等级为一、二、三级的框架和斜撑构件（含梯段），其纵向受力钢筋采用普通钢筋时，钢筋的抗拉强度实测值与屈服强度实测值的比值不应小于 1.25；钢筋的屈服强度实测值与屈服强度标准值的比值不应大于 1.3，且钢筋在最大拉力下的总伸长率实测值不应小于 9%。

《抗规》第 3.9.2-2 条对混凝土结构材料要求整合后移到《混凝土结构通用规范》GB 55008-2021 之中。

(3) 钢结构的钢材应符合下列规定：

1) 钢材的屈服强度实测值与抗拉强度实测值的比值不应大于 0.85；

2）钢材应有明显的屈服台阶，且伸长率不应小于20%；

3）钢材应有良好的焊接性和合格的冲击韧性。

《抗规》第3.9.2-3条对钢结构采用要求整合后移到《钢结构通用规范》GB 55006-2021之中。

废止的现行规范标准强制性条文的去向问题：

现在发布的通用规范系列可能由于篇幅和统一性原因没有全覆盖原有规范中的强条，这时候原来的强条的技术约束依然有效，只是不再作为强制性条文要求，但技术性要求依然有效，如果废止，则不能支撑规范的完整性、逻辑性和系统性。

【举例说明】《高层建筑混凝土结构技术规程》JGJ 3-2010第9.2.3条（强条）框架-核心筒结构的周边柱间必须设置框架梁。本次通用规范没有采纳，但今后依然会出现在现行标准中作为一般性条文。

第二篇 《建设工程抗震管理条例》部分条款解读

2021年9月1日，《建设工程抗震管理条例》（以下简称《条例》）正式施行。我国建设工程抗震工作将进入目标更清晰、标准更严格、责任更明确的发展新局面，《条例》的实施为提高我国建设工程抗震能力、减轻地震灾害风险、保障人民生命财产提供了法律依据。

第1章 总则

第一条 为了提高建设工程抗震防灾能力，降低地震灾害风险，保障人民生命财产安全，根据《中华人民共和国建筑法》《中华人民共和国防震减灾法》等法律，制定本条例。

我国历史上地震频发、分布范围广、灾害重、未来地震风险形势严峻。我国是世界上自然灾害最为严重的国家之一，灾害种类多、分布地域广、发生频率高、造成损失重，这是一个基本国情。党的十八大以来，以习近平总书记为核心的党中央将防灾减灾救灾摆在更加突出的位置。习近平总书记对防灾减灾救灾发表了系列重要论述，作出了系列重要指示批示。特别是唐山大地震40周年，习近平总书记赴唐山调研考察，发表重要讲话，提出“两个坚持”“三个转变”的工作方针，坚持以防为主、防抗救相结合，坚持常态减灾和非常态救灾相统一，努力实现从注重灾后救助向注重灾前预防转变，从应对单一灾种向综合减灾转变，从减少灾害损失向减轻灾害风险转变，全面提升全社会抵御自然灾害的综合防范能力。习近平总书记防灾减灾救灾新理念新思想新战略，揭开了我国防灾减灾救灾的新篇章，为新时期防震减灾工作指明了发展方向、提供了重要遵循。

地震灾害是自然灾害中最为严重的灾害之一。地震多、强度大、分布广、灾害重是我国地震活动的基本特点，2008年发生的汶川特大地震、2010年发生的玉树强烈地震造成了巨大人员伤亡和财产损失。2008年修订的《中华人民共和国防震减灾法》（以下简称《防震减灾法》），明确要求地震部门根据地震活动趋势和震害预测结果，提出确定地震重点监视防御区的意见，作为地震灾害综合防御工作的重要基础。

《条例》作为建设工程抗震管理领域的专门行政法规，对建筑法、防震减灾法所确立的基本法律制度作了进一步的细化，增强了现有制度的可操作性，完善了相关制度之间的衔接与协调，形成了以法律、行政法规为基础，配套性地方性法规、规章和相关技术标准为补充的建设工程抗震管理制度体系。

第二条　在中华人民共和国境内从事建设工程抗震的勘察、设计、施工、鉴定、加固、维护等活动及其监督管理，适用本条例。

阅读与理解

建设工程抗震安全是一个系统工程，需要建设单位、勘察、设计、施工、鉴定、加固、维护等全面配合。我们知道地震灾害的元凶是不合格的土木工程，不合格的土木工程包含：选址不当，材料选择不当，设计失误，施工错误，运维不当，加固不当等全生命周期的每个环节。

第三条　建设工程抗震应当坚持以人为本、全面设防、突出重点的原则。

阅读与理解

2016 年 6 月 1 日实施的《中国地震动参数区划图》GB 18306-2015 已把我国所有地域全面提升为抗震设防区。

2022 年 1 月 1 日实施的《建筑与市政工程抗震通用规范》GB 55002-2021 再次明确：抗震设防烈度 6 度及以上地区的各类新建、扩建、改建建筑与市政工程必须进行抗震设防。

所谓突出重点的原则就是要针对不同的抗震设防类别的建筑采取不同的抗震设计措施。

第五条　从事建设工程抗震相关活动的单位和人员，应当依法对建设工程抗震负责。

阅读与理解

所有参与建设工程活动有关的单位及个人，都应该对自己从事的与建设工程抗震有关的问题承担各自的责任。

第六条　国家鼓励和支持建设工程抗震技术的研究、开发和应用。各级人民政府应当组织开展建设工程抗震知识宣传普及，提高社会公众抗震防灾意识。

阅读与理解

《条例》积极引导各方主体参与建设工程抗震设防工作，充分保障社会公众在建设工程抗震管理过程中的知情权和监督权，有效化解由于对抗震知识和建设工程抗震性能不了解，地震来临时无法做出科学、合理应对的困惑。比如，《条例》明确了各级政府组织开展建设工程抗震知识宣传普及的责任，旨在提高社会公众抗震防灾意识，完善多元主体参与机制，这不仅有利于提高社会公众对建设工程抗震管理制度知悉程度，还有助于促进相关法律制度的落实。又如，《条例》明确了抗震性能公示制度，意在通过社会公众参与相关制度设计，不仅有利于提高社会公众抗震设防的安全意识，还进一步强化了社会监督责任。

【工程案例 1】2022 年 1 月 18 日，某地产公司给笔者提供了这样一个信息：

我们公司有一个样板间是三层装配式结构，这个样板间早在 7 年前就达到了装配率 93%，预制率 60%以上的水平。现在这个样板间要拆除了，公司想做一些结构、建筑方面的试验，可以是破坏性的。笔者建议该公司可以找一个研究单位合作，这是很好的研究。

【工程案例 2】2022 年 1 月 25 日又有一位朋友告诉笔者有个展览馆地下 1 层，地上 2 层（层高 11.8m，总高控制 23.8m），长 303m，宽 89m。中部最大跨度 63m。结构体系为钢结构+支撑体系（含减震），8 度区，屋顶大跨部分采用立体管桁架。所在单位想出几百万元的研究经费，找个课题研究一下。

笔者相信类似需求还有很多，可以看出，在国家提出高质量发展、“双碳”目标的指引下，土木工程领域都在利用各种机会积极参与土木工程高质量发展的研究。笔者认为土木工程高质量发展，建设单位是核心。

第八条　建设工程应当避开抗震防灾专项规划确定的危险地段。确实无法避开的，应当采取符合建设工程使用功能要求和适应地震效应的抗震设防措施。

这要求建设工程选址前，要对场地地震灾害情况进行分析评估，如场地内存在发震断裂带时，应对断裂带的工程影响进行评价。

《建筑与市政工程抗震通用规范》GB 55002-2021 再次明确：对不利地段，应尽量避开；当无法避开时应采取有效的抗震措施。对危险地段，严禁建造甲、乙、丙类建筑。具体如何避让可参考相关技术标准。

第 2 章 勘察、设计和施工

第九条 新建、扩建、改建建设工程，应当符合抗震设防强制性标准。

国务院有关部门和国务院标准化行政主管部门依据职责依法制定和发布抗震设防强制性标准。

这是指 2022 年实施的土木领域的 40 本强制性国家通用规范及项目规范。如《建筑与市政工程抗震通用规范》GB 55002-2021，此标准 2022 年 1 月 1 日已经全面实施。

第十条 建设单位应当对建设工程勘察、设计和施工全过程负责，在勘察、设计和施工合同中明确拟采用的抗震设防强制性标准，按照合同要求对勘察设计成果文件进行核验，组织工程验收，确保建设工程符合抗震设防强制性标准。

建设单位不得明示或者暗示勘察、设计、施工等单位和从业人员违反抗震设防强制性标准，降低工程抗震性能。

这条强调建设单位对工程全过程负责，且特别明确建设单位不得明示或暗示勘察、设计、施工等单位和从业人员违反抗震设防强制性标准、降低工程抗震性能。勘察、设计和施工等单位对任何工程都必须严格按相关强制标准进行抗震设计，特别强调建设单位不得以任何理由降低抗震设防强制标准的要求。

（1）建筑工程五方责任主体具体指哪些？

依据《建筑工程五方责任主体项目负责人质量终身责任追究暂行办法》规定：建筑工程五方责任主体是指承担建筑工程项目建设的建设单位项目负责人、勘察单位项目负责人、设计单位项目负责人、施工单位项目经理、监理单位总监理工程师。

（2）建筑工程五方主体的具体责任有哪些？

1）建设单位项目负责人对工程质量承担全面责任，不得违法发包、肢解发包，不得以任何理由要求勘察、设计、施工、监理单位违反法律法规和工程建设标准，降低工程质量，其违法违规或不当行为造成工程质量事故或质量问题应当承担责任。

2）勘察、设计单位项目负责人应当保证勘察设计文件符合法律法规和工程建设强制性标准的要求，对因勘察、设计导致的工程质量事故或质量问题承担责任。

3）施工单位项目经理应当按照经审查合格的施工图设计文件和施工技术标准进行施工，对因施工导致的工程质量事故或质量问题承担责任。

4）监理单位总监理工程师应当按照法律法规、有关技术标准、设计文件和工程承包合同进行监理，对施工质量承担监理责任。

第十一条　建设工程勘察文件中应当说明抗震场地类别，对场地地震效应进行分析，并提出工程选址、不良地质处置等建议。

建设工程设计文件中应当说明抗震设防烈度、抗震设防类别以及拟采用的抗震设防措施。采用隔震减震技术的建设工程，设计文件中应当对隔震减震装置技术性能、检验检测、施工安装和使用维护等提出明确要求。

阅读与理解

（1）要求工程勘察文件中应当明确抗震场地类别，对场地地震效应进行分析，并提出工程选址、不良地质处置等建议。这条明确责任问题属于地勘部门的责任。

（2）结构设计文件必须明确工程抗震设防烈度、抗震设防类别以及拟采用的抗震设防措施。

（3）采用隔震减震技术的建设工程，设计文件中应当对隔震减震装置技术性能、检验检测、施工安装和使用维护等提出明确要求。这条以往工程重视度不够，特别是对隔震减震设备维护要求等。

第十二条　对位于高烈度设防地区、地震重点监视防御区的下列建设工程，设计单位应当在初步设计阶段按照国家有关规定编制建设工程抗震设防专篇，并作为设计文件组成部分：

（一）重大建设工程；

（二）地震时可能发生严重次生灾害的建设工程；

（三）地震时使用功能不能中断或者需要尽快恢复的建设工程。

阅读与理解

（1）所谓高烈度区是指抗震设防烈度为 8 度（0.20g）及以上的地区。

（2）重大工程，应为使用上有特殊要求的设施、涉及国家公共安全的重大建筑与市政工程，是指对社会有重大价值或者有重大影响的工程。

（3）地震时可能发生严重次生灾害的建设工程：是指受地震破坏后可能引发水灾、火灾、爆炸，或者剧毒、强腐蚀性、放射性物质大量泄漏，以及其他严重次生灾害的建设工程包括水库大坝和贮油、贮气设施、贮存易燃易爆或剧毒、强腐蚀性、放射性物质的设施等。

（4）地震时使用功能不能中断或者需要尽快恢复的建设工程。

如防灾救灾建筑主要指地震时应急的医疗、消防设施和防灾应急指挥中心。与防灾救灾相关的供电、供水、供气、供热、广播、通信和交通系统的建筑；防灾应急指挥中心具有必需的信息、控制、调度系统和相应的动力系统，当一个建筑只在某个区段具有防灾应急指挥中心的功能的建筑等。建筑属于研究、中试、存放具有剧毒性质的高危险传染病病毒的建筑及地震等突发灾害的应急避难场地建筑等。

(5) 对按规定需编制抗震设防专篇的建筑，其抗震设防专篇应包括工程基本情况、设防依据和标准、场地与地基基础的地震影响评价、建筑方案和构配件的设防对策与措施、结构抗震设计概要、附属机电工程的设防对策与措施、施工与安装的特殊要求、使用与维护的专门要求等基本内容。

第十三条 对超限高层建筑工程，设计单位应当在设计文件中予以说明，建设单位应当在初步设计阶段将设计文件等材料报送省、自治区、直辖市人民政府住房和城乡建设主管部门进行抗震设防审批。住房和城乡建设主管部门应当组织专家审查，对采取的抗震设防措施合理可行的，予以批准。超限高层建筑工程抗震设防审批意见应当作为施工图设计和审查的依据。

前款所称超限高层建筑工程，是指超出国家现行标准所规定的适用高度和适用结构类型的高层建筑工程以及体型特别不规则的高层建筑工程。

阅读与理解

本条明确超限高层建筑工程的审查阶段及相关审查要求，超限高层建筑工程应依据《超限高层建筑工程抗震设防管理规定》（中华人民共和国建设部令第 111 号）、《超限高层建筑工程抗震设防专项审查技术要点》（建质［2015］67 号）等文件规定在初步设计阶段进行抗震设防专项审查。

笔者 2015 年出版发行的《建筑结构设计规范疑难问题热点及对策》及 2021 年出版发行的《结构工程师综合能力提升及工程案例分析》对此均有案例分析，可供参考。

第十五条 建设单位应当将建筑的设计使用年限、结构体系、抗震设防烈度、抗震设防类别等具体情况和使用维护要求记入使用说明书，并将使用说明书交付使用人或者买受人。

阅读与理解

(1) 进一步明确建设单位需要明确告知使用人或者买受人的知情权。

(2) 注意这里的设计使用年限应该调整为“设计工作年限”，见《工程结构通用规范》GB 55001-2021。

比如：日本人的防震意识非常强，日本所有的建筑物都要定期接受抗震评估，检查其房顶和地基是否能承受强烈晃动。如果不能通过评估，建筑物就必须进行改造，甚至推倒重建。日本人在买房或租房时非常注意房屋的年限，在购买房屋前，买主往往会主动要求开发商出示建筑抗震评估表。这样的防震意识反过来又促使开发商为使房屋顺利卖出而不得不对建筑的抗震更加重视。

第十六条　建筑工程根据使用功能以及在抗震救灾中的作用等因素，分为特殊设防类、重点设防类、标准设防类和适度设防类。学校、幼儿园、医院、养老机构、儿童福利机构、应急指挥中心、应急避难场所、广播电视等建筑，应当按照不低于重点设防类的要求采取抗震设防措施。

位于高烈度设防地区、地震重点监视防御区的新建学校、幼儿园、医院、养老机构、儿童福利机构、应急指挥中心、应急避难场所、广播电视等建筑应当按照国家有关规定采用隔震减震等技术，保证发生本区域设防地震时能够满足正常使用要求。

国家鼓励在除前款规定以外的建设工程中采用隔震减震等技术，提高抗震性能。

抗震设防分类是根据建筑遭遇地震破坏后，可能造成人员伤亡、直接和间接经济损失、社会影响的程度及其在抗震救灾中的作用等因素，对各类建筑所做的设防类别进行划分。

目前，我国的抗震设防分为四类：特殊设防类、重点设防类、标准设防类、适度设防类。其中，特殊设防类，是针对特殊建筑，例如核电站这种灾难后果极其严重的建筑，要进行专门的设防；重点设防类，是指地震时使用功能不能中断或需要尽快恢复的与生命线相关的建筑，以及地震时可能导致大量人员伤亡等重大灾害后果的建筑。

（1）本条隐含三个方面的内容

1）特别强调的保护对象：密集人群场所应急救灾机构——学校、幼儿园、医院、养老机构、儿童福利机构、应急指挥中心、应急避难场所、广播电视等建筑。

这些建筑都属于我国及世界各国影响直接伤亡、次生灾害严重的建筑，应该按不低于重点设防类（乙类）的要求进行抗震设防。具体措施：提高一度采用抗震措施，采取隔震减震技术。

2）特别要求的地区范围：

“位于高烈度设防地区、地震重点监视防御区……应当根据国家有关规定采用隔震减震技术等”。

这里的“高烈度设防地区”（发震概率）是指：8度及以上地区。

全国地震重点监视防御区（风险概率）是指：未来5至10年内存在破坏性地震危险或受破坏性地震影响可能造成严重的地震灾害损失的地区或城市。包含24个地区和11个城市，面积占全国陆地面积的11%，所控制地震风险占全国地震风险的60%（含高烈度区及重点监视防御区）。其中大城市占41%，地级市占33%，县级市占30%。

特别提醒注意“重点监视防御区”，它与抗震设防烈度没有直接关系，主要考虑人口密度及经济损失。

【举例说明】比如黑龙江省人民政府令（第17号）《黑龙江省地震重点监视防御区管理办法》业经2001年12月26日省人民政府第76次常务会议讨论通过，现予发布，自2002年3月1日起施行。现摘录相关内容如下：

第一条　为加强地震重点监视防御区的防震减灾工作，减轻地震灾害，保障人民生命财产安全，根据《中华人民共和国防震减灾法》《黑龙江省防震减灾条例》等规定，结合本省实际制定本办法。

第二条 本办法所称地震重点监视防御区，是指在未来较长时间内，存在发生破坏性地震危险或者受破坏性地震影响，可能造成严重地震灾害损失的由国务院和省政府确定的城市和地区。

国家级重点监视防御区为哈尔滨地区，国家级重点监视防御城市为大庆市。

省级重点监视防御区为：

（一）双城—哈尔滨—绥化地区；

（二）大庆—安达地区；

（三）依兰—佳木斯—鹤岗—萝北地区；

（四）齐齐哈尔—讷河地区；

（五）牡丹江—鸡西地区；

（六）北安—五大连池—黑河地区。

我们知道黑龙江省基本都处在6度或7度的低烈度区，所以说地震重点监视防御区与设防烈度高低没有直接关系。

3）设防目标：

① 结构完好，基本弹性（一般用层间变形衡量）。

② 建筑非结构构件及装修无损坏（如吊顶、玻璃门窗等）（用层间变形楼层加速度衡量）；

③ 建筑内部、仪器设备、附加设备（医院手术设备仪器等）无损坏（用楼层加速度衡量）。

满足上述要求的防震技术：

抗震：不易做到——结构地震反应放大系数大于2；

减震：部分可做到——结构地震反应放大系数大于1（1.2～1.8）；

隔震：全部可做到——结构地震反应放大系数小于1（0.2～0.5）。

（2）对于做隔震的建筑层间位移角可按《建筑隔震设计标准》GB/T 51408-2021控制。

4.5.1 上部结构在设防地震作用下，结构楼层内最大的弹性层间位移应符合下式规定：

$$\Delta u_e < [\theta_e] h \tag{4.5.1}$$

式中：Δu_e——设防地震作用标准值产生的楼层内最大的弹性层间位移（mm）；

$[\theta_e]$——弹性层间位移角限值，应符合表4.5.1的规定；

h——计算楼层层高（mm）。

表4.5.1 上部结构设防地震作用下弹性层间位移角限值

上部结构类型	$[\theta_e]$
钢筋混凝土框架结构	1/400
底部框架砌体房屋中的框架-抗震墙、钢筋混凝土框架-抗震墙、框架-核心筒	1/500
钢筋混凝土抗震墙、板柱-抗震墙结构	1/600
钢结构	1/250

(3) 对于减震结构设防地震作用下层间位移角如何控制，截至 2021 年底还没有合适的国家标准。对于如何控制设防地震时层间位移要求、楼层加速度等目前还没有标准可以采用。

笔者建议以下几个问题还需要进一步明确：

1)"学校"范围比较广泛，需要相关标准进一步明确

按笔者理解主要是指中、小学（包括普通中小学和有未成年人的各类初级、中级学校以及老年大学等）的教学用房（包括教室、实验室、图书室、微机室、语音室、体育馆、礼堂）、学生的宿舍和学生食堂等人员比较密集的建筑。一般不包括单独建设的门房、传达室、厕所和建筑间的行人通廊等建筑。

2021 年 12 月 31 日住房和城乡建设部官网发布了《建筑工程抗震设防分类标准》GB 50223-2008 局部修订稿征求意见稿，现将主要条款及说明摘录如下：

修订说明：本次局部修订是根据住房和城乡建设部标准定额司《关于同意开展〈建筑工程抗震设防分类标准〉等 2 项国家标准局部修订工作的函》(2021-36) 的要求，由中国建筑科学研究院有限公司会同有关单位对《建筑工程抗震设防分类标准》GB 50223-2008（以下简称《设防分类标准》）进行局部修订。

本次修订的主要内容是：

根据《建设工程抗震管理条例》的相关规定，对学校、医院、养老机构等建筑工程的设防分类进一步明确和界定；

根据《建筑工程抗震设防分类标准》GB 50223-2008 实施以来各方反馈意见和建议，对部分条款进行文字性调整。

此次局部修订，共涉及 2 条条文的修改，分别是第 6.0.8 条、第 6.0.13 条。

本规范中下划线表示修改的内容；用黑体字标志的条文为强制性条文，必须严格执行。

公共建筑和居住建筑原标准"6.0.8 教育建筑中，幼儿园、小学、中学的教学用房以及学生宿舍和食堂，抗震设防类别应不低于重点设防类。"拟修改为"6.0.8 教育建筑中，幼儿园、小学、中学（含中等职业学校）、特殊教育学校的教学用房以及学生宿舍和食堂，抗震设防类别应不低于重点设防类。"

条文说明 6.0.8 对于中、小学生和幼儿等未成年人在突发地震时的保护措施，国际上随着经济、技术发展的情况呈日益增加的趋势。2004 年版《设防分类标准》中，明确规定了人数较多的幼儿园、小学教学用房提高抗震设防类别的要求。2008 年修订时，为在发生地震灾害时特别加强对未成年人的保护，在我国经济有较大发展的条件下，对 2004 年版"人数较多"的规定予以修改，所有幼儿园、小学和中学（包括普通中小学和有未成年人的各类初级、中级学校）的教学用房（包括教室、实验室、图书室、微机室、语音室、体育馆、礼堂）的设防类别均予以提高。鉴于学生的宿舍和学生食堂的人员比较密集，也考虑提高其设抗震设防类别。

2008 年版《设防分类标准》扩大了教育建筑中提高设防标准的范围。

此次局部修订，在文字上明确了中学包含中等职业学校，并补充了特殊教育学校校舍建筑的设防分类规定。对于高等教育学校建筑，考虑到其人员密集特点，一旦发生地震灾害，后果和社会影响会比较严重，按照《防震减灾法》《建设工程抗震管理条例》等法律法规，需要划为重点设防类。同时考虑到，各地方政府财力状况不平衡，有些地方用于高

等学校校舍建设的财政性资金较为有限，在目前高等教育事业规模稳步增长的形势下，需综合考虑高等教育学校的办学条件保障。此次局部修订，暂不予以明确。

增加6.0.13 “儿童福利机构建筑、独立建造的养老机构建筑，其抗震设防类别不应低于重点设防类。”

笔者理解：

① 这样写是否又给人以遐想的空间，比如原则上大学还是要按重点设防考虑的，但是有些情况下也是可以不按重点设防考虑的。那么这个决定权应该由谁确定？

② 6.0.13条为此次局部修订新增条文。将儿童福利机构建筑和“独立建造的养老机构建筑”纳入重点保护范围，明确其抗震设防类别不应低于重点设防类。

2）这里的“养老机构”范围更是广泛，需要进一步明确。

按笔者理解主要是：养老建筑指为老年人提供住养、生活护理等综合性服务的机构，包含福利院、敬（养）老院、老年护理院、老年公寓等建筑。

笔者观点：如果养老建筑不区分新建、改建（利用原有其他功能建筑改造）等或社区后期改变功能的建筑，均要求按重点设防考虑，这样未必有利于养老建筑的发展需要，建议应区别对待。这里重申一下，笔者绝不是反对把养老设施抗震设防标准提高。目前我国养老形势非常严重，报道如下：

2020年第七次人口普查数据显示，我国当前60岁及以上人口达2.64亿（另据央视新闻联播为2.67亿），占总人口的18.7%。而在2.64亿老年人中，有将近40%过着子女不在身边的“独居生活”，未来这个数字还会不断攀升。

到2050年，60岁及以上人口将超过4亿，我国渐渐成为高度老龄化国家，日益增长的养老护理服务需求与有限的养老护理服务资源供给之间矛盾突出。

笔者有以下几点理解：

① 这里所说的独立建造的养老机构建筑，对于新建建筑不必说，自然是需要按重点设防考虑。

② 如果一个建筑仅底部几层是社区养老机构，上部是住宅，按笔者理解应该是底部养老机构部分按重点，上面按标准，这个也是合情合理的。

③ 对于今后量大面广的利用现有非乙类建筑改造为养老机构的建筑，如果都必须按重点设防考虑，恐怕其代价会非常大（当然也不排除无法实现），这样也自然会影响民间投资的取向（这样的案例也不少）。

为此笔者建议，应该区分一下新建与改造的建筑。

笔者认为只要结合国情及符合现状及未来工程实际的教研建筑，无论如何确定都是没有问题的。只是希望尽量明确再明确，不应给具体执行人有过多遐想空间。

笔者呼吁关注“9073”这组数字背后的深刻意义。2021年4月8日国家卫生健康委员会召开新闻发布会，介绍医养结合工作进展情况。国家卫生健康老龄健康司司长王海东介绍，我国老年人大多数都在居家和社区养老，形成“9073”的格局，就是90%左右的老年人都在居家养老，7%左右的老年人依托社区支持养老，3%左右的老年人入住机构养老。所以我们提供医养结合的重点还是放在居家和社区。

按照以上情况来看，也就仅有3%的老人能够住进重点设防建筑，绝大多数老人依然只能居住在标准设防分类的建筑之中。这样显然不符合国家大政方针。

考虑到养老建筑的特殊性，国家鼓励支持将闲置的旧厂房、办公用房和转型后的公办培训中心、利用现有住宅社区养老（实际已经有很多工程案例），但如果均要求按重点设防，改造加固代价很大。我国经济正在转型发展，城市进入更新与建筑改造时代，大量既有建筑需要进行改造继续使用。这些建筑如必须按重点设防考虑，无疑将制约城市更新与养老事业的发展，有的甚至无法实现，更不利于吸收民间投资进入，这势必制约我国养老事业的发展。

【工程案例】2019 年 3 月 2 日北京某地产公司组织业内知名专家在北京召开改造工程项目论证会。该项目原设计功能为文化艺术展览设施，总建筑面积为 14474m^2。其中，地上共 4 层，建筑面积为 8205m^2；地下共 2 层，建筑面积为 6269m^2，结构形式采用框架结构。该项目建筑设计于 2016 年 5 月 17 日取得施工图外审合格证书，同年开工。2018 年完成土建施工图（2019 年即完成了结构验收），但未投入使用。改造前项目外立面如图 2-2-1 所示。

图 2-2-1　改造前项目外立面图

为改变日益严重的老龄化社会面临的老人照料设施极度匮乏的社会现状，本着为周边社区提供优质老人照料服务公寓、为社会做贡献的目的，建设方提出将原文化艺术中心改成老人照料服务公寓。经与相关规划主管部门商讨，获得大力支持，于 2018 年 12 月 20 日，取得将现状绿色产业用房改造建设养老设施的函。主要改造内容如下：

① 养老照料服务公寓的使用对象为有行为能力的老人。

② 考虑项目已建成，只进行部分房间分隔调整以及相关的水电调整，以满足《老年人照料设施建筑设计标准》JGJ 450-2018 的要求。

③ 本次改造结构墙、柱、梁未改动。项目由办公属性改为公寓属性，活荷载未变化。

④ 经改造设计单位计算，改造后建筑的重力荷载代表值为 532683kN。改造前原结构重力荷载代表值为 536217kN，变化幅度为−0.7%。在项目开展过程中遇到了一个关键问题——应该采取什么抗震设防标准？对于新建建筑这可能不是问题，但对于既有建筑改造来说，这就是个大问题。因为既有建筑物采用的抗震设防标准准，一定是不高于现行标准的，如果要采用现行高标准，正如之前的分析结果，大量的结构构件都需要进行加固改造，而且有些构件的加固是很难实施的。这样一来，项目增加了很大的改造加固难度和投资，直接影响了建设单位的决策和国有资金的有效使用。类似该项目这样的情况，实际是响应现实的社会要求，解决日益凸显的老龄化问题的，是应该鼓励支持的。该项目的实际

情况，是完全满足建设时期的法规及规范要求的，建筑使用功能实际并没有发生改变，使用年限也没有变化，如果这样的项目因为建筑不能达到更高的抗震设防标准而无法实施，是非常遗憾的。如此提高标准是利是弊，还有待商榷。

综上所述，专家们建议，从让建筑的社会效益最大化的原则出发，针对本项目的实际情况，确定适合的抗震设防标准，有利于项目实施，同时也可为国家的养老事业做出贡献。

2019 年 3 月 2 日开发商在北京邀请了 5 位业界知名专家进行了专家论证，与会专家听取了设计单位关于本项目的结构抗震设计汇报，经质询及充分讨论后，形成专家意见如下：

① 鉴于使用功能改变，按现行抗震规范进行计算复核。

② 通过复核，现结构强度有较大余量，本项目可按标准设防类（丙类）进行设计。

③ 建议补充大震弹塑性分析资料。

国家大的政策是希望利用现有存量商品房发展养老建筑，如果标准偏高，投资增大，不适合社会机构利用现有房屋办养老机构。所以应从实际出发，积极推进养老服务的发展。

基于以上分析，笔者的观点和建议如下：

① 对于新建敬老院、福利院、残疾人院应按重点设防；

② 对于新建独立养老设施宜按“重点设防”考虑；

③ 对于老旧建筑改造可按“标准设防”考虑；

④ 对于仅局部为老年设施的建筑可仅这一部分抗震构造措施提高一级。

当然国家标准都是最低要求，可以依据业主需要结合工程情况提高设防分类。

3）这里的“医院”范围比较广，需要相关标准进一步明确。

按笔者理解主要是指：

① 三级医院中承担特别重要医疗任务的门诊、医技、住院用房；

② 二、三级医院的门诊、医技、住院用房，具有外科手术室或急诊科的乡镇卫生院的医疗用房，县级及以上急救中心的指挥、通信、运输系统的重要建筑，县级及以上的独立采供血机构的建筑；

③ 工矿企业的医疗建筑，可比照城市的医疗建筑示例确定其抗震设防类别。

4）关于广播电视等建筑包含哪些建筑，这里也没有明确。

笔者建议在没有其他规定时，可以参考《广播电影电视建筑工程抗震设防分类标准》GY 5060-2008。现将相关条款摘录如下：

4.0.2 广播电影电视建筑工程抗震设防类别划分，应符合表 4.0.2 的规定：

表 4.0.2 广播电影电视建筑工程抗震设防类别

类别	建筑工程名称
特殊设防类	国家级广播电视卫星地球站的上行站
重点设防类	国家级、省级、省会城市的广播电台、电视台的主体建筑
	发射总功率≥200kW 的中、短波广播发射台的机房建筑及其天线支持物
	国家级、省级、省会城市的电视、调频广播发射台机房建筑
	国家级、省级的广播电视监测台机房建筑及其天线支持物
	国家级广播电视卫星地球站的单收站、省级广播电视卫星地球站及其天线基础
	国家级、省级的有线广播电视网络管理中心、传输中心、音像资料馆

4.0.3 电视、调频广播发射塔抗震设防类别划分：

1. 国家级、省级的电视、调频广播发射塔，当混凝土结构塔的高度大于250m或钢结构塔的高度大于300m时，抗震设防类别应划分为特殊设防类；国家级、省级的其余发射塔，抗震设防类别应划分为重点设防类。

2. 地级、地级市及其以下的电视、调频广播发射塔，当混凝土结构塔的高度大于250m或钢结构塔的高度大于300m时，抗震设防类别应划为重点设防类；地级、地级市及其以下的其余发射塔，抗震设防类别宜划为标准设防类。

5）关于学校、医院地震作计算到底是否需要提高一度要求的讨论

其实这个问题笔者在2015年出版发行的《建筑结构设计规范疑难热点问题及对策》一书中谈论过这个问题，笔者观点很明确："对于学校、医院重点设防类建筑，只需要按提高一度采取其抗震措施，可以不进行地震作用的提高"。但在工程设计实践中依然遇到有些地方甚至明文规定要求"学校、医院重点设防分类建筑，地震作用需要按本地区设防烈度提高一度进行地震作用计算"。

以下举例说明：

【举例1】安徽省七部委联发的"皖震发防［2021］34号"文件：明确中小学、幼儿园、医院等人员密集场所的建筑工程应按重点设防类别（乙类）考虑，且按地震动参数提高一档相应取值进行抗震计算，按《抗规》规定采取抗震措施。摘录如下：

中小学、幼儿园、医院等人员密集场所的建设工程，应当按照高于当地房屋建筑的抗震设防要求进行设计和施工。其中，重点设防类工程（乙类），按地震动参数提高一档相应取值进行抗震计算，按《建筑抗震设计规范》GB 50011采取抗震措施；其他人员密集场所的建设工程，可以选择采取地震动参数提高一档进行抗震计算，或者按照地震基本烈度提高一度采取抗震措施，或者采取双提高的方式。

【举例2】：2021广东省地震局也发布"粤震［2021］1号"文件作了规定，摘录如下：

中国地震局下发《关于学校、医院等人员密集场所建设工程抗震设防要求确定原则的通知》（中震防发［2009］49号）规定，学校、医院等人员密集场所建设工程按照地震动参数提高一档进行抗震计算。《建筑工程抗震设防分类标准》GB 50223-2008要求重点设防类建设工程按照地震基本烈度提高一度采取抗震措施。

笔者解读：这个文件说明以下三种取法"均可"。

① 按国家地震局中震防发［2009］49号文按提高一个档次进行地震作用计算；

② 按照《抗规》基本烈度提高一度采取抗震措施也可；

③ 可既按提高一个档次计算地震作用，同时再按提高一度采用抗震措施。

【举例3】2017年山东省发布《山东省建设工程抗震设防条例》，第二章第十四条摘录如下：

《山东省建设工程抗震设防条例》已于2017年9月30日经山东省第十二届人民代表大会常务委员会第三十二次会议通过，现予公布，自2017年12月1日起施行。第二章第十四条明确了"新建、改建或者扩建学校、幼儿园、医院、养老院等建设工程，其抗震设防要求应当在国家地震动参数区划图、地震小区划图、地震安全性评价结果的基础上提高一档确定，具体办法由省人民政府制定。"

笔者解读：① 这个文件说得比较含糊，只是说在国家地震区划图、地震小区划图、

地震安全性评价结果的基础上提高一档确定。

② 范围扩大到“养老建筑”，笔者认为不尽合理。

以下再次汇总一下近几年这方面相关文件对这些问题的说法，供各位参考。

【举例4】学校、医院、养老院、福利院、残疾人的房屋建筑抗震设防分类及设防标准等有关问题。

《抗规》第3.1.1条明确要求：抗震设防的所有建筑应按现行国家标准《建筑工程抗震设防分类标准》GB 50223确定其抗震设防类别及其抗震设防标准。

《设防标准》第6.0.8条：教育建筑中，幼儿园、小学、中学的教学用房以及学生宿舍和食堂，抗震设防类别应不低于重点设防类。

《设防标准》第4.0.3条医疗建筑的抗震设防类别应符合下列规定：

(1) 三级医院中承担特别重要医疗任务的门诊、医技、住院用房，抗震设防类别应划为特殊设防类。

(2) 二、三级医院的门诊、医技、住院用房，具有外科手术室或急诊科的乡镇卫生院的医疗用房，县级及以上急救中心的指挥、通信、运输系统的重要建筑，县级及以上的独立采供血机构的建筑，设防类别应划为重点设防类。

《设防标准》第3.0.3-2条重点设防类，简称“乙”类：应按高于本地区抗震设防烈度一度的要求加强其抗震措施；但抗震设防烈度为9度时应按比9度更高的要求采取抗震措施；地基基础的抗震措施，应符合有关规定。同时应按本地区抗震设防烈度确定其地震作用。

笔者解读：这一条已经非常明确了：应按本地区抗震设防烈度确定其地震作用。《高规》4.3.1-2：乙、丙类建筑应按本地区抗震设防烈度计算（强条）。

但在2008年汶川5·12大地震后，中国地震局中震防发［2009］49号文，即“关于学校，医院等人员密集场所工程抗震设防要求确定原则的通知”，摘录如下：

二、学校、医院等人员密集场所建设工程抗震设防要求的确定原则：为了保证学校、医院等人员密集场所建设工程具备足够的抗御地震灾害的能力，按照《防震减灾法》防御和减轻地震灾害，保护人民生命和财产安全，促进经济社会可持续发展的总体要求，综合考虑我国地震灾害背景、国家经济承受能力和要达到的安全目标等因素，参照国内外相关标准，以国家标准《中国地震动参数区划图》为基础，适当提高地震动峰值加速度取值，特征周期分区值不作调整，作为此类建设工程的抗震设防要求。

学校、医院等人员密集场所建设工程的主要建筑应按上述原则提高地震动峰值加速度取值。其中，学校主要建筑包括幼儿园、小学、中学的教学用房以及学生宿舍和食堂，医院主要建筑包括门诊、医技、住院等用房。

提高地震动峰值加速度取值应按照以下要求：

位于地震动峰值加速度小于0.05g分区的，地震动峰值加速度提高至0.05g；

位于地震动峰值加速度0.05g分区的，地震动峰值加速度提高至0.10g；

位于地震动峰值加速度0.10g分区的，地震动峰值加速度提高至0.15g；

位于地震动峰值加速度0.15g分区的，地震动峰值加速度提高至0.20g；

位于地震动峰值加速度0.20g分区的，地震动峰值加速度提高至0.30g；

位于地震动峰值加速度0.30g分区的，地震动峰值加速度提高至0.40g；

位于地震动峰值加速度大于等于 0.40g 分区的地震动峰值加速度不作调整。

笔者解读：中国地震局中震防发［2009］49 号文件，不少地方解读为对于“重点设防类”建筑，不仅要提高一度采取抗震措施加强，同时还需要按提高后的地震峰值加速度进行地震作用计算。笔者认为这个理解是没有问题的。

实际上针对地震局中震防发［2009］49 号文件，住房和城乡建设部建标标函［2009］50 号文“关于学校，医院等人员密集场所工程抗震设防要求的复函”，摘录如下：

二、现行的《建筑工程抗震设防分类标准》《建筑抗震设计规范》贯彻了《防震减灾法》第三十五条的规定，要求“学校、医院等人员密集场所的建设工程”应按“高于当地房屋建筑的抗震设防要求进行设计和施工”，即抗震设防要求不低于重点设防类，并给出了相应的定量要求，以及如何达到这些要求的措施，是学校、医院等人员密集场所建设工程实现抗震设防目标的技术依据。

笔者解读：《高规》第 4.3.1-2 条乙、丙类建筑，应按本地区抗震设防烈度计算（强条），《抗规》规定：乙类建筑需要提高一度采取抗震措施。增加关键部位的投资即可达到提高结构安全性的目的。

依据这个文件，说明乙类设防标准仅提高一度采取抗震措施即可，但这些年全国各地由于对这两个文件的理解不统一（很多地方并没有看到住房和城乡建设部发的这个文件，只看到地震局发的文件），就要求严格按照地震局文件，即不仅提高一档计算，同时也需要提高一度采取抗震措施。

由笔者接触的地区来看，目前北京、上海、江苏、广东、辽宁、新疆未执行中国地震局中震防发［2009］49 号文，而天津、河北、山东、安徽、贵州等省执行了中国地震局中震防发［2009］49 号文。

特别注意：住房和城乡建设部在 2016 年清理失效文件时，把这个建标建函［2009］50 号文“作废了”，不过笔者认为这个应该是误清理。

下面再转载一篇《抗规》主编黄世敏 2018 年 9 月 3 日在《民主与科学》发表的一篇文章供各位参考。黄世敏是中国建筑科学研究院副总工程师、工程抗震研究所所长、建研科技股份有限公司副总裁，《抗规》2010（2016 版）及《建筑与市政工程抗震通用规范》主编。

关于学校、医院地震作用提高 1 度要求的探讨：

目前，我国的抗震设防分四类：标准设防类、适度设防类、特殊设防类、重点设防类。其中，特殊设防类，是针对特殊建筑，例如核电站这种灾难后果极其严重的建筑，要进行专门的设防；重点设防类，是指地震时使用功能不能中断或需要尽快恢复的与生命线相关建筑，以及地震时可能导致大量人员伤亡等重大灾害后果的建筑，在标准设防类的基础上，采取提高一度的抗震措施，这个抗震措施既包括地震作用效用的调整系数，还包括抗震构造措施的调整。建筑设计、建筑物的抗震安全、建筑的抗震设计标准相互配套使用，目前主要采用《建筑抗震设计规范》《建筑工程抗震设防分类标准》。《建筑工程抗震设防分类标准》明确规定，对于学校、医院、重大交通枢纽等建筑，要按照重点设防类进行设防。

我们注意到，相关部门的一些文件要求学校、医院设计时地震作用提高一度计算，这给很多设计单位、设计人员造成了困惑，原来我们的重点设防是不是不足够，为什么在这个基础上还要再提高一度？

世界上其他国家的建筑设计，没有直接提高地震作用的先例，是通过对建筑物的安全系数、重要性系数，对地震效应如弯力、剪力等地震作用效应进行调整。理论上在同一地区建造的建筑物，遭遇的地震作用相同，所以直接调整地震作用，从理论上来讲并不科学。

实际上，房屋建筑的抗震设防要求包括：抗震概念设计、抗震措施（包括抗震构造措施）、地震动参数、施工质量等，需要多方面共同协调保证，远不是简单的设计地震作用大小能保证的。工程界的共识是，对于建筑物的抗震安全性，通过灾害调查和总结形成的抗震概念设计包括抗震措施，远比数值计算要重要得多。之所以这样讲，还有一个原因，从我国和全世界的地震情况来看，基于不成熟的地震预报技术的基本烈度地震都存在非常大的不确定性，这是由地震的原理导致的，而且预计在短时间内不会取得突破性的进展。

正是基于这种基本烈度地震设防烈度的不确定性，我国的建筑抗震设计规范才提出"三水准，两阶段"的抗震设计方法，以设防烈度地震为基准，在超出设防烈度地震一定范围内，预估的罕遇地震作用下，建筑物不倒塌，这是"三水准"设定的基本原则。美国则采用中震折减的设计方法。2014 年的"洛杉矶高规"明确提出多级水准设防要求，小震弹性设计，大震控制房屋建筑倒塌概率，可以理解为基于倒塌概率的房屋抗震设计方法。

我们发现一个问题，我们的设计人员，包括一些相关的技术人员，过于强调数值计算的精确性。雷诺曾经说：要求构件计算精准到小数两位，而外荷载的误差达到 25%以上，这是非常愚昧和荒谬的。所谓的精确解也只能精确到地震作用和荷载取值的精确值。目前来讲，已经统计出荷载的误差在 25%以上，地震作用误差就更不用说了。我们再三强调基本烈度地震的不确定性，再精确的计算也只能精确到地震作用和荷载取值的精确程度。

抗震措施是抗震设防的重要内容，在地震动参数区划图确定的地震动参数不准确的情况下，具有更为重要的防倒塌作用，国外如此，国内亦如此。在汶川地震、庐山地震后，我们做了一些统计，汶川地震以后，都江堰和汉旺两个城镇的房屋倒塌率统计结果表明，在地震作用下，严格按照抗震设计规范的抗震设防建筑物，倒塌的比例不超过 1%。这里有两点需要强调：第一，汶川地震遭遇烈度比我们预估的罕遇地震高 3～4 度，也就是比预估的罕遇地震作用强十几倍、几十倍的情况下，仍然保持很低的倒塌率；第二，倒塌的房屋中，有相当比例的建筑存在设计和施工上的明显缺陷，同时还包括一些未经抗震设防的农民自建房。所以，我们的抗震设计规范，虽然讲"小震不坏、中震可修、大震不倒"，但是超大震的时候，只要采用合理的抗震措施，建筑物就会有足够的安全性，而不是一定要倒塌的。合理设计、正规施工、正常使用的建筑物在遭遇远超出预估的罕遇地震作用的情况下，建筑物的倒塌率也可以控制在非常低的范围内。

其实，我们重点设防类建筑不仅仅是针对学校和医院，也不是所有的学校和医院都是重点设防类，这是有区别的。在实际执行中，征求了教育部和卫生部的意见。二、三级医院及具有外科手术和急诊的乡镇医院列入重点设防，其他的医院不列入重点设防。之所以这样做是有充分考虑的，我们重点设防类和特殊设防类的设定，主要是从人的行为能力、建筑物的重要程度以及灾害后果三个方面考量、综合决定的。对于没有外科手术、没有急诊的乡镇卫生院，比如说中医医院、皮肤病医院、牙科诊所等，在地震灾害发生的时候，人是有完全行为能力人，而且灾害以后，它不能作为防灾、救灾的据点，也不能发挥应急救援的作用，所以这部分建筑没有必要作为重点设防类建筑。如果不加区分，将所有学校、医院提高标准，显然是不合适的，也是不必要的。分析表明，重点设防类建筑抗震设计中要求按提高一度采取抗震措施，其效果已高于单一提高地震加速度的效果。

抗震设计规范也好，所有的规范也好，都是底线标准，在最低标准的前提下，可以提高，但是不能降低，这是基本原则。但是，在缺乏充分依据的情况下，随意重复提高或者降低标准，这是不科学的。

1966年，位于6度区不设防的邢台发生震中烈度10度的地震，倒塌房屋近120万间；1976年，位于6度区不设防的唐山发生震中烈度11度的大地震，倒塌房屋320万间；2008年，位于7度区设防的汶川发生震中烈度10～11度的地震，倒塌房屋796.7万间，这一次次证实我国基本烈度地震有很大的不确定性。在此借用谢礼立院士的一句话作为结束语："将不成熟的地震预报技术作为防震减灾的主要手段，必然使防震减灾工作缺乏坚实的基础。因此，减轻地震灾害的根本对策是提高各类建设工程的抗震能力。中外地震经验无不表明，土木工程方法必然是防震减灾最有效的方法。"

基于以上资料笔者的建议是：

① 笔者认为采用仅提高一个档次计算地震作用的方法不尽合理。这是因为我国89规范就提出并沿用至今的"小震不坏、中震可修、大震不倒"的抗震设计原则与当今世界上抗震设计较先进的国家如美国、日本、欧洲等大致相同。所不同的是，美国、欧洲等是以中震（设防地震）动参数计算构件的承载力，我国则以小震（多遇地震）作为计算依据。前者验算中震作用下结构构件的安全性，同时也就保证了"小震不坏"；我国则通过附加各种以小震作用组合及地震作用调整系数（抗震措施）计算结构构件的承载力，满足较大安全系数的小震组合的承载力要求，也就保证了"中震可修"，从最终结果看，有安全度的高低，但并无原则性的差别。

② 我们国家抗震理念认为"抗震措施更加重要"：工程建设标准通过抗震设防分类、抗震措施和抗震计算配套使用，共同保证建筑物抗震安全。在基本烈度地震预估不准确的情况下，抗震措施将起到更加重要的作用。

③《建设工程抗震管理条例》第十六条明确"学校、幼儿园、医院、养老机构、儿童福利机构、应急指挥中心、应急避难场所、广播电视等建筑，应当按照不低于重点设防类的要求采取抗震设防措施。"

④ 当然地方标准要求比国家法规要求高也是无可厚非的，只是是否真正理解国家法规、经过深思熟虑后制定的？

基于此笔者建议读者参考以下建议执行：

① 如果地方有明确规定就应按地方规定执行（无论你认为是否合理）；

② 如果地方没有具体规定，仅是施工图审查人员要求的，则提前与审图单位沟通（如果审图单位有明文规定，就按规定执行，如果没有具体规定可以协商解决）；

③ 如果没有审图问题，设计院完全可以只执行《建设工程抗震管理条例》的规定，只提高一度采用抗震措施即可。

6）设计时是选择隔震还是减震问题的讨论

隔震及减震（消能减震）一直作为一个专业词汇在建筑行业中被统称"减隔震"，实际它包含了两项技术：隔震和消能减震。隔震就是采用隔震支座将建筑和下部结构隔离，降低地震输入；消能减震就是采用消能减震装置来消减地震作用，降低地震反应。二者在技术路线上具有较大的差异，对整个建筑的效果和使用上都有较大影响。

从防震效果上分析，隔震是目前最有效的防震手段，没有之一。一般隔震技术能够降低地震作用60%以上，在罕遇地震水准甚至能到70%～90%，不仅对主体结构，它也能对内部的设备设置进行保护，国内外均有大量的案例。我国2013年庐山7.0级地震，表现优异的庐山县人民医院就是最典型的经过大震考验的隔震建筑之一，图2-2-2为四川雅安芦山县7.0级地震中芦山县人民医院隔震结构与抗震结构震害对比。

(a) 抗震结构

(b) 隔震结构

图2-2-2 抗震医院与隔震医院震害对比

消能减震的效果一般很难超过30%，而对于建筑物本身的加速度响应来说，因为目前我国所应用的减震装置无一例外都会增加主体结构的刚度，所以很多减震结构的加速响应反而要大于不设置减震装置的原结构。而加速度响应的增加，将给非结构构件和设施的破坏带来不利的影响，使得“满足正常使用要求”的规定很难实现。当然，减震装置通过在主体结构未进入大幅塑性的变形阶段就先行开始发挥作用，也同样可以对主体结构有较好的地震保护作用。从建筑效果上分析，隔震技术能够减少上部结构构件截面，更有利于上部建筑的设计和使用，而减震技术需要占据上部建筑空间，需要与建筑的外立面及内部墙体设计相协调。从经济上分析，隔震工程的造价增量主要来源于单独设置的隔震层、隔震装置和地下部分，同时上部结构的工程造价会相应降低；而减震技术的造价增量一般仅来源于减震装置的使用。隔震技术的工程造价增量一般会略高于减震。

虽然减隔震两种技术都可以保护主体结构，但隔震的效果更加显著；此外，采用隔震技术后，上部结构的地震响应为整体平动，大幅降低了各个楼层的楼面加速度和层间位移角，有效保护了建筑内的非结构构件、设备和管线，保证了发生本区域设防地震时能够满足正常使用要求。

那么隔震和减震该如何选择呢？笔者建议可以从以下方面来考虑。

首先依据建筑结构的变形特性确定，一般对于以剪切变形为主的结构，应优先考虑隔震方案，对于以弯曲变形为主的结构应优先考虑减震方案。

【工程案例】某住宅减震工程

项目概况：地上26～28层不等，剪力墙结构设计使用年限50年，项目地点为河北大厂县夏垫镇，2016年设计，设防烈度8度（0.30g）第二组，场地类别为Ⅲ类。

业主诉求：原设计地震设防烈度为8度（0.20g），地震分组为第一组。因地震区划图调整（2015版），此地调整为8度（0.30g），地震分组为第二组。设计院已按原设防烈度完成全部设计，调整设防要求后墙体厚度不能改变。

解决方案：采用粘滞阻尼墙减震方案。

X向附加阻尼比1.09%，Y向附加阻尼比3.1%，地震作用约降低5%～20%，墙体基本维持原设计厚度，并适当调整墙肢长度。

7）对于采用减震在设防地震作用下层间位移角如何控制合适呢？

① 问题由来：2021年9月有位业内人士咨询笔者这样一个问题：新的隔震标准和抗震条例要求幼儿园中震弹性，隔震中震位移角是1/400。如果做减震中震弹性，位移角要满足多少呢？

② 对于这个问题，笔者首先查阅现行《建筑消能减震技术规程》JGJ 297-2013。其中6.4.3条提到抗震变形验算。现将主要条款相关内容摘录如下：

消能减震结构的抗震变形验算应符合下列规定：

1 消能减震结构的弹性层间位移角限值应按现行国家标准《建筑抗震设计规范》GB 50011取值。

2 消能减震结构的弹塑性层间位移角限值不应大于现行国家标准《建筑抗震设计规范》GB 50011规定的限值要求。

笔者解读：这里明确位移角应满足现行《建筑抗震设计规范》GB 50011要求，也就是说满足多遇地震作用下的层间位移角，并没有提及设防地震作用下的弹性层间位移角问题。显然这个规定无法满足《管理条例》对设防地震位移的要求。

③ 没有国标或国标不明确时，笔者一般是参考地标，于是笔者找到上海地标《建筑消能减震及隔震技术标准》DG/TJ 08-2326-2020，第3.5.3条相关内容摘录如下：

消能减震结构和隔震结构隔震层的上部结构设防地震下最大弹性层间位移角限值按表3.5.3采用。

表3.5.3 设防地震下层间位移角限值

结构类型	[θ_p]	[θ_c]
	消能减震结构	隔震层上部结构
钢筋混凝土框架	1/250	1/400
钢筋混凝土框架-抗震墙、板-柱-抗震墙、框架-核心筒	1/300	1/500
钢筋混凝土抗震墙、筒中筒、钢筋混凝土框支层	1/400	1/600
多、高层钢结构	1/150	1/250

说明：上海地标明确是设防地震，且表中具体限值与《建筑隔震设计标准》（以下简称《隔标》）GB/T 51408-2021对隔震建筑的规定是完全一致的。

④ 至于减震结构到底取值多少方可达到《管理条例》所规定的设防地震作用下正常使用要求的问题，笔者认为需要进行必要的试验及分析研究，才能给出相关标准。

⑤ 2022年3月4日看到住房与城乡建设部网站发布《基于保持建筑正常使用功能的抗震技术导则》(报批稿)，现将相关条款摘录如下：

为进一步贯彻落实《建设工程抗震管理条例》，提高建设工程抗震防灾能力，降低地震灾害风险，保障人民生命财产安全，更好地鼓励和支持建设工程抗震新技术的研究、开发和应用，在总结国内外建设工程相关科研和实践经验的基础上，组织编制本导则。

《建设工程抗震管理条例》第十六条明确提出“位于高烈度设防地区、地震重点监视防御区的新建学校、幼儿园、医院、养老机构、儿童福利机构、应急指挥中心、应急避难场所、广播电视等建筑应当按照国家有关规定采用隔震减震等技术，保证发生本区域设防地震时能够满足正常使用要求。”本导则的编制旨在明确具体要求、落实控制技术指标，对于贯彻执行《建设工程抗震管理条例》具有重要的工程意义。

3.1.1 地震时正常使用建筑分为Ⅰ类建筑和Ⅱ类建筑，其分类应按照表3.1.1进行。

表3.1.1 地震时正常使用建筑分类

	建筑
Ⅰ类	应急指挥中心；医院的主要建筑；应急避难场所建筑；广播电视建筑
Ⅱ类	学校建筑；幼儿园建筑；医院附属用房；养老机构建筑；儿童福利机构建筑

【3.1.1解析】考虑到Ⅰ类建筑的使用功能，地震时建筑损坏将产生严重次生灾害或严重影响震后救灾，因此Ⅰ类建筑的性能目标高于Ⅱ类建筑。除特殊要求外，地震时正常使用建筑不考虑食堂、餐厅、库房等附属建筑。

3.1.2 地震时正常使用建筑的性能目标应不低于表3.1.2的规定。

表3.1.2-1 Ⅰ类建筑正常使用的性能目标

构件类型	设防地震	罕遇地震
结构构件	完好或基本完好	轻微或轻度损坏
减震部件	正常工作	正常工作
隔震部件	正常工作	正常工作
建筑非结构构件	基本完好	轻度损坏
建筑附属机电设备	正常工作	轻度损坏
仪器设备	正常工作	轻度损坏
继续使用的要求	无需修理可继续使用	简单修理可继续使用

表3.1.2-2 Ⅱ类建筑正常使用的性能目标

构件类型	设防地震	罕遇地震
结构构件	基本完好或轻微损坏	轻度或中度损坏
减震部件	正常工作	正常工作
隔震部件	正常工作	正常工作
建筑非结构构件	基本完好	中度损坏

续表

构件类型	设防地震	罕遇地震
建筑附属机电设备	正常工作	中度损坏
仪器设备	正常工作	中度损坏
继续使用的要求	无需修理可继续使用	适度修理可继续使用

【3.1.2解析】结构构件根据功能、作用、位置及重要性等可分为关键构件、普通竖向构件、重要水平构件和普通水平构件。关键构件是指构件的失效可能引起结构的连续破坏或危及生命安全的严重破坏，可由结构工程师根据工程实际情况分析确定。普通竖向构件是指关键构件之外的竖向构件；重要水平构件是指关键构件之外不宜提早屈服的水平构件，包括对结构整体性有较大影响的水平构件、承受较大集中荷载的楼面梁（框架梁、抗震墙连梁）、承受竖向地震的悬臂梁，以及消能减震结构中消能子结构的框架梁等。普通水平构件包括一般的框架梁、抗震墙连梁。

4.3 层间变形

4.3.1 地震时正常使用Ⅰ类建筑的最大层间位移角限值应符合表4.3.1的规定。

表4.3.1 Ⅰ类建筑在设防地震和罕遇地震下的弹塑性层间位移角限值

地震水平	设防地震	罕遇地震
钢筋混凝土框架	1/400	1/150
底部框架砌体房屋中的框架-抗震墙、钢筋混凝土框架-抗震墙、框架-核心筒结构	1/500	1/200
钢筋混凝土抗震墙、板-柱抗震墙、筒中筒、钢筋混凝土框支层结构	1/600	1/250
多、高层钢结构	1/250	1/100

4.3.2 地震时正常使用Ⅱ类建筑的最大层间位移角值是符合表4.3.2的规定。

表4.3.2 Ⅱ类建筑在设防地震和罕遇地震下的弹塑性层间位移角限值

地震水平	设防地震	罕遇地震
钢筋混凝土框架	1/300	1/100
底部框架砌体房屋中的框架-抗震墙、钢筋混凝土框架-抗震墙、框架-核心筒结构	1/400	1/150
钢筋混凝土抗震墙、板-柱抗震墙、筒中筒、钢筋混凝土框支层结构	1/500	1/200
多、高层钢结构	1/200	1/80

4.4 楼面水平加速度

4.4.1 地震时正常使用建筑的最大楼面水平加速度限值宜符合表4.4.1的规定。

表 4.4.1 地震时正常使用建筑的最大楼面水平加速度限值（g）

地震水平	设防地震	罕遇地震
Ⅰ类建筑性能目标	0.25	0.45
Ⅱ类建筑性能目标	0.45	—

【4.4.1 解析】地震时正常使用建筑的最大楼面水平加速度限值为客观值，基于国内多次地震的地震烈度划分标准，0.10g：地震烈度Ⅶ度标准，人皆惊惶从室内逃出，驾驶汽车的人也有感觉，轻家具移动，书物用具掉落；0.20g：地震烈度Ⅷ度标准，人感到走路困难，家具移动，部分翻倒。进一步结合中国地震局工程力学研究所对医疗建筑及设备的试验结果，楼面加速度为 0.25g 基本能保证建筑内设备和药品柜，以及内部药品的安全，因此规定Ⅰ类建筑设防地震时最大楼面水平加速度限值为 0.25g。根据抗震性能良好的常用附属机电设备抗震能力，规定Ⅱ类建筑设防地震时最大楼面水平加速度限值为 0.45g。

特别说明：以上仅是该导则的部分内容（报批稿），本书出版时可能会有正式版，各位设计师应依据正式发布的版本作为依据进行设计。

第3章　鉴定、加固和维护

第十九条　国家实行建设工程抗震性能鉴定制度。

按照《中华人民共和国防震减灾法》第三十九条规定应当进行抗震性能鉴定的建设工程，由所有权人委托具有相应技术条件和技术能力的机构进行鉴定。

国家鼓励对除前款规定以外的未采取抗震设防措施或者未达到抗震设防强制性标准的已经建成的建设工程进行抗震性能鉴定。

(1)《条例》规定，国家实行建设工程抗震性能鉴定制度，依法应当进行抗震性能鉴定的建设工程，由所有权人委托具有相应技术条件和技术能力的机构进行鉴定。该处的“依法”是指依据《防震减灾法》规定的重大建设工程；可能发生严重次生灾害的建设工程；具有重大历史、科学、艺术价值或者重要纪念意义的建设工程；学校、医院等人员密集场所的建设工程；地震重点监视防御区内的建设工程。这五类既有建筑的所有权人应当委托相应机构进行抗震鉴定并依据鉴定结论采用有针对性的处理措施。

(2) 除应“依法”进行抗震鉴定的建筑外，对于更多的一般既有建筑，也可依据抗震设防强制性国家标准《建筑抗震鉴定标准》GB 50023 的相关规定来确定是否需进行抗震加固。

(3) 当然一般建筑都只能是在城市更新改造涉及建筑本身时，开发者不得不委托相关单位对其进行检测、鉴定加固等。

第二十条　抗震性能鉴定结果应当对建设工程是否存在严重抗震安全隐患以及是否需要进行抗震加固作出判定。

抗震性能鉴定结果应当真实、客观、准确。

这条特别强调检测鉴定结果的真实、客观、准备性，这就需要委托专业机构和具有诚信的单位进行。

第二十一条　建设工程所有权人应当对存在严重抗震安全隐患的建设工程进行安全监测，并在加固前采取停止或者限制使用等措施。

对抗震性能鉴定结果判定需要进行抗震加固且具备加固价值的已经建成的建设工程，所有权人应当进行抗震加固。

位于高烈度设防地区、地震重点监视防御区的学校、幼儿园、医院、养老机构、儿童福利机构、应急指挥中心、应急避难场所、广播电视等已经建成的建筑进行抗震加固时，应当经充分论证后采用隔震减震等技术，保证其抗震性能符合抗震设防强制性标准。

《条例》规定，位于高烈度设防地区、地震重点监视防御区的学校、幼儿园、医院、养老机构、儿童福利机构、应急指挥中心、应急避难场所、广播电视等已经建成的建筑进行抗震加固时，应当经充分论证后采用隔震减震等技术。近年来的震害表明，采用隔震减震技术的建筑在地震中表现良好。该条款也体现了国家鼓励和支持建设工程抗震技术的研究、开发和应用。

第二十二条　抗震加固应当依照《建设工程质量管理条例》等规定执行，并符合抗震设防强制性标准。

竣工验收合格后，应当通过信息化手段或者在建设工程显著部位设置永久性标牌等方式，公示抗震加固时间、后续使用年限等信息。

明确了所有权人的责任。《条例》进一步明确所有权人对既有建筑抗震安全的责任，包括依法进行抗震鉴定的责任，根据抗震鉴定结论及时采取相应措施的责任，对需进行抗震加固的应当加固的责任，对既有建筑的抗震构件、减隔震设施等进行检修维护的责任等。

明确了抗震鉴定机构的责任。《条例》规定依法应当进行抗震性能鉴定的建设工程，由所有权人委托具有相应技术条件和技术能力的机构进行鉴定。虽然国家没有对抗震鉴定机构设定统一的资质，但鉴定机构应具备“相应的技术条件和技术能力”，还应恪守职业道德，严禁徇私舞弊、弄虚作假。《条例》同时规定了相应的法律责任，鉴定机构受处罚的，其责任人员也相应受处罚。

明确了抗震加固设计单位和施工单位的责任。关于抗震加固设计施工，《条例》规定，抗震加固应当依照《建设工程质量管理条例》等规定执行，并符合抗震设防强制性标准要求。《条例》同时规定了相应的法律责任。设计单位受处罚的，其责任人员也相应受处罚。

第二十三条　建设工程所有权人应当按照规定对建设工程抗震构件、隔震沟、隔震缝、隔震减震装置及隔震标识进行检查、修缮和维护，及时排除安全隐患。

任何单位和个人不得擅自变动、损坏或者拆除建设工程抗震构件、隔震沟、隔震缝、隔震减震装置及隔震标识。

任何单位和个人发现擅自变动、损坏或者拆除建设工程抗震构件、隔震沟、隔震缝、隔震减震装置及隔震标识的行为，有权予以制止，并向住房和城乡建设主管部门或者其他有关监督管理部门报告。

《条例》明确了政府在既有建筑抗震加固方面的政策支持。各地相关部门可以依据政策采取适用于本地的抗震加固模式。《条例》也提出既有建筑的抗震加固可以有多种融资渠道，除了各级政府的补助资金支持以外，需要多种投资主体及方式参与实施，发挥社会共建共治共享作用。

《条例》规定了县级以上人民政府住房和城乡建设主管部门或者其他有关监督管理部门有权进行监督检查、抽样检测、查封涉嫌违反抗震设防强制性标准的施工现场等，并应建立建设工程抗震责任企业及从业人员信用记录制度，将相关信用记录纳入全国信用信息共享平台，提升相关责任主体对既有建筑抗震安全的重视程度。

《条例》的颁布，将使既有建筑的抗震鉴定和加固有法可依，抗震性能进一步得到提升，促进提高城乡综合防灾能力。

随着大家对防震减灾工作的重视，越来越多的人关注到更好更安全的抗震新技术——“减隔震技术”。百姓问得最多的就是：“怎么知道自己住的楼房有没有使用减隔震？”笔者告诉大家一个简单的辨别方法。

比如：某隔震建筑外墙上有标识提示牌（图 2-3-1）。

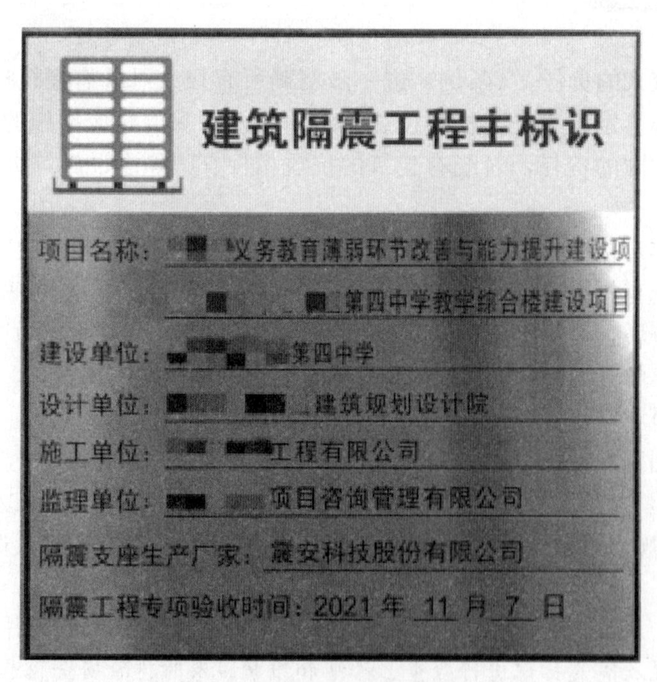

图 2-3-1　建筑隔震标识提示牌

明示出减隔震标识牌的作用是更好地发挥减隔震建筑的正常使用功能，比如提示大家不要把生活垃圾、装修施工垃圾等填埋到隔震沟，以免影响建筑抗震性能，或者提示大家地震中这个建筑是安全的，可以作为应急避难场所或者紧急救援中心使用。

第4章 农村建设工程抗震设防

第二十四条 各级人民政府和有关部门应当加强对农村建设工程抗震设防的管理，提高农村建设工程抗震性能。

我国是世界上地震灾害多发频发的国家之一。自1949年新中国成立至今，我国发生了多次破坏性地震（如唐山大地震、汶川大地震等），造成了巨大的人员伤亡和经济损失。这些地震大部分发生在村镇地区，特别是西南、西北和华北地区，发震频率高，房屋破坏普遍，其中村镇住宅的破坏和倒塌是造成历次地震人员伤亡的主要原因。东部地区虽然是地震少发地区，但群众的抗震意识更为薄弱，多数村镇住宅基本不考虑抗震，一旦发生地震，即使强度不大，大批村镇住宅也会遭受破坏，造成人员伤亡和经济损失。

“中震大灾、小震成灾”是村镇地区的震害特点。历次震害现场调查表明，在遭受同等震级地震作用的条件下，村镇建筑的破坏程度和倒塌比例远高于城市，主要原因是农村群众的抗震意识不强，经济条件有限，以及传统建造习惯有不足之处等。总体来说，地震对我国村镇地区的破坏还较为严重，如何提高村镇住宅的抗震能力，减少人员伤亡和经济损失，是摆在我们面前的一个严峻问题。《条例》的发布实施，补齐了农村建设工程抗震管理短板，有利于全面提升我国农村建设工程抗震设防能力。

第二十五条 县级以上人民政府对经抗震性能鉴定未达到抗震设防强制性标准的农村村民住宅和乡村公共设施建设工程抗震加固给予必要的政策支持。

实施农村危房改造、移民搬迁、灾后恢复重建等，应当保证建设工程达到抗震设防强制性标准。

在农村房屋灾后重建中，一些地方政府采用“统筹规划”“统规联建”“统规自建”等方式进行建设，不断加强管理、指导和服务。比如，免费给农民提供由专门的设计院、专家设计的施工图集，供农民建房时选用；帮助农民做好房屋建设选址，做到“三避让”，避开危险地段和不利地段；组织成立质量监督管理委员会进行安全巡查，确保质量安全；加强对农村建筑工匠的培训，提高工匠的技术水平等。这些措施有效提高了农村建设工程的建筑质量。特别是随着全国农村危房改造工作、农村民居地震安全工程等工作的大力推进，村镇建设的总体防灾水准有所提高。

第二十六条 县级以上地方人民政府应当编制、发放适合农村的实用抗震技术图集。

农村村民住宅建设可以选用抗震技术图集，也可以委托设计单位进行设计，并根据图集或者设计的要求进行施工。

近几年国家也先后委托相关科研单位组织编制了针对农村建筑特点的设计及加固改造、减隔震的相关标准及构造图集等。

第二十七条　县级以上地方人民政府应当加强对农村村民住宅和乡村公共设施建设工程抗震的指导和服务，加强技术培训，组织建设抗震示范住房，推广应用抗震性能好的结构形式及建造方法。

《条例》对农村建设工程抗震设防做了专章规定，特别是针对农村地区的特殊性，强化了政府和部门责任，明确各级人民政府和有关部门应当加强对农村建设工程抗震设防的管理，这也是《条例》的一大亮点。一是县级以上人民政府对经抗震性能鉴定未达到抗震设防强制性标准的农村村民住宅和乡村公共设施建设工程抗震加固给予必要的政策支持。实施农村危房改造、移民搬迁、灾后恢复重建等，应当保障建设工程达到抗震设防强制性标准。二是县级以上地方人民政府应当编制、发放适合农村的实用抗震技术图集，农村村民住宅建设可以选用抗震技术图集，也可以委托设计单位进行设计，并根据图集或者设计的要求进行施工。三是县级以上地方人民政府应当加强对农村村民住宅和乡村公共设施建设工程抗震的指导和服务，加强技术培训，组织建设抗震示范住房，推广应用抗震性能好的结构形式及建造方法。

第三篇 《建筑与市政工程抗震通用规范》解读

为适应国际技术法规与技术标准通行规则，2016年以来，住房和城乡建设部陆续印发《深化工程建设标准化工作改革的意见》等文件，提出政府制定强制性标准、社会团体制定自愿采用性标准的长远目标，明确了逐步用全文强制性工程建设规范取代现行标准中分散的强制性条文的改革任务，逐步形成由法律、行政法规、部门规章中的技术规定与全文强制性工程建设规范构成的“技术法规”体系。

关于规范种类。强制性工程建设规范体系覆盖工程建设领域各类建设工程项目，分为工程项目类（简称项目）和通用技术类规范（简称通用规范）两种类型。项目规范以工程建设项目整体为对象，以项目规模、布局、功能、性能和关键技术措施五大要素为主要内容。通用规范以实现工程建设项目功能性能要求的各专业通用技术为对象，以勘察、设计、施工、维修、养护等通用技术为主要内容。在全文强制性工程建设规范体系中，项目规范为主干，通用规范是对各类项目共性的、通用的专业性关键技术措施的规定。

关于五大要素指标。强制性工程建设规范中各项要素是保障城乡基础设施建设体系化和效率提升的基本规定，是支撑城乡建设高质量发展的基本要求。项目的规模要求主要规定了建设工程项目应具备完整的生产或服务能力，应与经济社会发展水平相适应。项目的布局要求主要规定了产业布局、建设工程项目选址、总体设计、总平面的布局以及与规模协调的统筹性技术要求，应考虑供给力合理分布，提高相关设施建设的整体水平。项目的功能要求主要规定项目构成和用途，明确项目的基本组成单元，是项目发挥预期作用的保障。项目的性能要求主要规定建设工程项目建设水平或技术水平的高低程度，体现建设工程项目的适用性，明确项目质量、安全、节能、环保、宜居环境和可持续发展等方面应达到的基本水平。关键技术措施是实现建设项目功能、性能要求的基本技术规定，是落实城乡建设安全、绿色、韧性、智慧、宜居、公平、有效率等发展目标的基本保障。

关于规范实施。强制性工程建设规范具有强制约束力，是保障人民生命财产安全、人身健康、工程安全、生态环境安全、公众权益和公众利益，以及促进能源资源节约利用、满足经济社会管理等方面的控制性底线要求，工程建设项目的勘察、设计、施工、验收、维修、养护、拆除等建设活动全过程中必须严格执行，其中，对于既有建筑改造项目（指不改变现有使用功能），当条件不具备、执行现行规范确有困难时，应不低于原建造时的标准。与强制性工程建设规范配套的推荐性工程建设标准是经过实践检验的、保障达到强制性规范要求的成熟技术措施，一般情况下也应当执行。在满足强制性工程建设规范规定的项目功能、性能要求和关键技术措施的前提下，可合理选用相关团体标准、企业标准，使项目功能、性能更加优化或达到更高水平。推荐性工程建设标准、团体标准、企业标准要与强制性工程建设规范协调配套，各项技术要求不得低于强制性工程建设规范的相关技术水平。

强制性工程建设规范实施后，现行相关工程建设国家标准、行业标准中的强制性条文同时废止。现行工程建设地方标准中的强制性条文应及时修订，且不得低于强制性工程建设规范的规定。现行工程建设标准（包括强制性标准和推荐性标准）中有关规定与强制性工程建设规范的规定不一致的，以强制性工程建设规范的规定为准。

第1章　总则

1.0.1　为贯彻执行国家有关建筑和市政工程防震减灾的法律法规，落实预防为主的方针，使建筑与市政工程经抗震设防后达到减轻地震破坏、避免人员伤亡、减少经济损失的目的，制定本规范。

延伸阅读与深度理解

（1）本条明确本规范的编制目的和编制依据。

我国地处环太平洋地震带和喜马拉雅-地中海地震带上，地震频发，且多属于典型的内陆地震，强度大、灾害重，是世界上地震导致人员伤亡最为严重的国家之一。在当前的科学技术条件下，地震本身是无法控制和避免的，临震地震预报尚缺乏足够的准确性，因此，采取工程技术措施，增强建筑与市政工程的抗震能力，减轻其地震损伤程度，是避免地震人员伤亡、减轻经济损失的根本途径。

根据《中华人民共和国防震减灾法》《中华人民共和国建筑法》等国家法律以及《建设工程质量管理条例》《建设工程安全生产管理条例》等行政法规，本规范的宗旨是加强建筑与市政工程的抗震设防对策，减轻地震破坏、避免人员伤亡、减少经济损失。

根据《中华人民共和国防震减灾法》第三十五条规定“新建、扩建、改建建设工程，应当达到抗震设防要求”，第三十六条规定“有关建设工程的强制性标准，应当与抗震设防要求相衔接”。本规范作为建筑与市政工程抗震设防的强制性标准，是贯彻落实《防震减灾法》第三十五条要求的具体体现。

（2）本规范第1.0.1条明确了编制的依据和目的，同时，也给出了各类工程抗御地震灾害的基本方针——“预防为主”，以及抗震设防的目的，即“减轻地震破坏、避免人员伤亡、减少经济损失”。在对本规范进行总体理解和把握时，应着重对“预防为主、减轻破坏、避免伤亡、减少损失”等几个关键词的把握。

“预防为主”，明确了我国地震工作与抗震工作的指导思想，指出了中国地震工作与防灾减灾工作的方向，有力地推动了我国地震工程学和工程抗震事业的发展。

“预防为主”，主要是强调一个“前”字，是指政府的减灾工作，社会和民众的减灾活动，减灾的科学技术研究等，都要做在破坏性地震发生之前，各级人民政府和社会不能只注意救灾行为，要把更多的力量转变为震前的主动预防行为。“不要病急了才去找医生，要事先防治”。

“预防为主”，是指在地震监测预报等科学预测的基础上开展工程抗震，采取工程性预防措施；提高社会反应能力，采取社会性预防措施。甚而包括抢险救灾和恢复重建在内的预防计划，都要做在地震事件发生之前，不要鱼跑了再撒网。

“预防为主”，要实施专群结合预测预防的公共政策。研究地震，要把各种积极因素调动起来，群众中智慧很多，这样就加强了防震抗震工作，否则预防方针就实施不了。社会及其成员积极参与预防活动，是贯彻执行预防为主方针的核心。

(3) 目前，以人类对地球的认识水平，想准确预报地震，中国做不到，国外也不行。但是，全世界只有中国在政府层面长期支持地震预报工作，其水平也是最高的。地震区划是一种对中长期地震的预报，但是也存在一定的不确定性。所以，减轻震灾最有效的办法，就是使房屋具有最基本的抗震能力。这里，并不要求建筑抗震能力有多高，但要求每栋房屋都达到最基本的抗震设防水准。在不能准确预报地震的前提下，做到大震来了房屋不倒，这样可以有效减轻人员伤亡。

我们知道近 20 年来，世界上发生了几次比较大的地震，分别是：

1）2008 年 5 月 12 日的汶川 8.0 级地震（图 3-1-1）。汶川地震造成 69227 人遇难，37 万人受伤，17923 人失踪；可以说是非常严重的地震破坏。我国颁布了地震区划图，其中第四代区划图中，汶川地震震中正好在高设防烈度区域以外，这不是说明我们的预测水平不行，而是确确实实很难。

2）2010 年 1 月 12 日的海地 7.0 级地震后建筑基本是一片废墟（图 3-1-2）。海地地震造成 222250 人遇难，196000 人受伤，房屋建筑物几乎全部倒塌。

3）2010 年 2 月 27 日，当地时间凌晨 3 时 34 分，南美洲智利中部发生了里氏 8.8 级地震。震源深度为 55km，震中距智利第二大城市康赛普西翁 100km，离智利首都圣地亚哥 320km。据测定，地震造成康赛普西翁向西平移了 3.04m，使康塞普西翁沿岸的圣玛丽亚岛抬高了 2m。另外，地震导致绵延数百千米的岩块位移数米，引起地球的质量分布发生变异，地球自转轴线因此偏移了 2.7 毫弧秒，使得地球自转一圈的时间变短，一天的时间缩短 1.26 微秒，也就是百万分之 1.26s。图 3-1-3 为地震后房屋破坏情况。这次智利地震是全世界有地震记录以来第五大地震，600 余人遇难，其中 500 多人是因为地震引发海啸导致死亡。我们不得不承认智利是世界上公认的房屋建筑抗震能力最好的国家之一。1960 年智利地震引发的海啸，波及了太平洋对岸的日本，导致日本很多人死亡，但智利却没有太多人死亡。有个说法，由于智利处于地震多发地区，经常发生大地震，智利民众自己都可以做出地震预报。智利地震的周期约为 22 年，所以将要发生大地震的时候，人们就会离开，等地震能量释放完之后，人们再回来。

令人惊讶的是，在特大地震后，智利首都圣地亚哥市的建筑虽然有不少出现裂缝，但受到严重损坏的只有几十栋。由于 99%的房屋没有坍塌，当地 600 万居民伤亡不大。智利之所以能在强震袭击时，人员伤亡和财产损失较小，一个重要的原因在于他们的建筑抗震标准高。

智利根据地震的活动性和政治考虑，将全国划分为三个区域，靠近海边的建筑按 9 度

图 3-1-1　5·12 汶川 8.0 级大地震部分倒塌建筑

图 3-1-2　海地 7.0 级地震倒塌房屋现状

进行抗震设计，靠内陆的是8度，中间区域是8度半。依据相关资料，智力抗震设计采用的是美标。

大震和强震也是可防可控的，关键是建筑物要有足够的抗震性能。一是要有合理的抗震设计，二是要有严格按规范施工的可靠质量保证。如果能坚持这样做，即使建筑物遇强震遭到破坏，也不至于造成人员伤亡。一位智利地震专家指出，“地震并不可怕，可怕的是劣质建筑泛滥成灾，置人于死地。”

图3-1-3 智利8.8级大地震房屋破坏情况

4）2015年4月25日，尼泊尔发生8.1级地震，当地建筑大面积倒塌，历史文物建筑损毁严重，如图3-1-4所示，其中12座世界文化遗产大部分完全坍塌，地震造成至少8786人死亡，22303人受伤。“杀人的不是地震，而是建筑”，这句地震灾害学中的名言再度“发威”，建筑质量再度引发世人的高度关注。地震何时发生我们虽不能预知，但我们可以探讨建筑物于地震中受损倒塌的原因，并加以防范，建造经得起强震的抗震建筑，这是减少地震灾害最直接、有效的方法。

虽然地震成因复杂，但从宏观上说，尼泊尔发生强震的主要原因是地处亚欧板块和印度洋板块的交界处，位于全球重点的地震带——地中海-喜马拉雅地震带上，地质活动频繁。地震是一种危害性较强的自然灾害，它的发生人类现在人类还没有办法控制，若没有有效的抗震设计，那么在地震来临之时就只有“楼毁人亡”的下场。

为什么尼泊尔地区的地震爆发后果惨重？

① 震级高，主震达8.1级，而且震源深度比较浅，只有10～15km，浅源爆发危害大。浅源强震，破坏力大，事发地处于人口密集区，对当地抗震性不强的建筑构成严重冲击，人员死伤严重。

② 尼泊尔绝大多数建筑，抗震能力极其脆弱。这涉及很多因素，有自然因素，也有非自然因素。资料显示1994年尼布尔才有了抗震设计标准。

③ 地形特征增隐忧。震中及周边地区地势崎岖，山体滑坡崩塌得厉害，抢救难度增

图 3-1-4　尼泊尔发生 8.1 级地震后倒塌的建筑

大。在这样的山区，泥土和岩石滚下山坡可能会将一些村子通往外界的道路堵死，甚至是将村庄摧毁。

（4）目前，我国民用建筑物的抗震设防现状不容乐观。部分城镇 1979 年以前建造的房屋基本没有进行抗震设防，现在仍有很多城镇的建筑抗震设防不达标；绝大多数农村建筑没有采用抗震设防措施，有的学校校舍的抗震能力甚至比普通民用建筑还要低。正因为存在诸多问题，所以我们才看到，汶川地震中很多建筑物倒塌，小学里孩子们被压在废墟中，现场惨不忍睹。

20 世纪以来，我国共发生 9 次 8 级以上的大地震。我国地震的基本国情是西部地区地震频度高、震级大，而西部地区的房屋抗震能力却很差。芦山地震时，抗震设防和非设防的房屋破坏程度完全不一样。在玉树藏、羌族地区，房屋的装饰造价很高（老百姓没有太多的抗震概念，只有外观是否豪华的要求），但房子结构主体抗震能力一般，所以虽然房屋总成本很高，但地震中房屋破坏还是很严重的。九寨沟地震，按照设防标准建造的房屋和不设防的穿斗木结构的房屋对比明显，前者仍然矗立，后者却造成人员的伤亡。类似的情况也发生在都江堰，可以很直观地看到，抗震设防和不设防的建筑地震中有本质的区别。所以，提高农村房屋抗震能力是减轻地震灾害最有效的办法，花不了太多钱。新疆就是一个很好的案例，政府出资帮助新疆地区修建的富民安居房，房屋全部进行合理的抗震设计，在近期的几次地震中都经受住了考验。

再来比对一下震后房屋的情况。唐山地震地震区烈度达 11 度，宏观地评价震后场面，可以说是一片废墟，当时的唐山是一个不设防的城市。2010 年 1 月 12 日海地地震伤亡惨重，是因为海地的经济水平低，房屋抗震能力较差，老旧房屋较多，新建的砌体结构设防标准低，所以地震中很多建筑发生严重破坏或倒塌。1985 年智利首都圣地亚哥发生 8 级地震后，政府对抗震设防进行了严格监督，所有新建房屋必须进行抗震设防，加之民众抗震意识强，所以后来再发生地震，智利的伤亡就小很多（例如 2010 年的 8.8 级地震）。

1.0.2　抗震设防烈度 6 度及以上地区的各类新建、扩建、改建建筑与市政工程必须进行抗震设防，工程项目的勘察、设计、施工、使用维护等必须执行本规范。

延伸阅读与深度理解

（1）本条明确了本规范的适用范围，系由国家标准《抗规》GB 50011-2010 第 1.0.2 条（强制性条文）和《建筑工程抗震设防分类标准》GB 50223-2008 第 1.0.3 条（强制性条文）等改编而成。

（2）现行规范（标准）的相关规定

1）《抗规》GB 50011-2010（2016 版）

1.0.2　抗震设防烈度为 6 度及以上地区的建筑，必须进行抗震设计。

2）《建筑工程抗震设防分类标准》GB 50223-2008

1.0.3　抗震设防区的所有建筑工程应确定其抗震设防类别。新建、改建、扩建的建筑工程，其抗震设防类别不应低于本标准的规定。

3）《城市桥梁抗震设计规范》CJJ 166-2011

3.1.3　地震基本烈度为 6 度及以上地区的城市桥梁，必须进行抗震设计。

4）《室外给水排水和燃气热力工程抗震设计规范》GB 50032-2003

1.0.3　抗震设防烈度为 6 度及高于 6 度地区的室外给水、排水和燃气、热力工程设施，必须进行抗震设计。

5）《镇（乡）村建筑抗震技术规程》JGJ 161-2008

1.0.4　抗震设防烈度为 6 度及以上地区的村镇建筑，必须采取抗震措施。

6）《建筑机电工程抗震设计规范》GB 50981-2014

1.0.4　抗震设防烈度为 6 度及 6 度以上地区的建筑机电工程必须进行抗震设计。

（3）基于以上建筑与市政的相关规范，本通用规范规定："6 度及以上地区的建筑，必须进行抗震设计"。

本规范进行了以下几个方面的修订：

1）"建筑"修订为"各类新建、扩建、改建建筑工程与市政工程"。

其一，根据研编任务要求，本规范的覆盖对象为建筑和市政工程；

其二，根据《中华人民共和国防震减灾法》第三十五条规定“新建、扩建、改建建设工程，应当达到抗震设防要求”，同时，《建筑工程抗震设防分类标准》GB 50223-2008 第1.0.3条（强制性条文）明确规定“抗震设防区的所有建筑工程应确定其抗震设防类别。新建、改建、扩建的建筑工程，其抗震设防类别不应低于本标准”。因此，本规范中有抗震设防要求的对象是“各类新建、扩建、改建建筑工程与市政工程”。

2）从工程阶段上，由“抗震设计”扩展为“勘察、设计、施工以及使用”等全过程。根据《建设工程质量管理条例》（国务院令 279 号）第三条规定，建设工程的质量负责主体包括建设单位、勘察单位、设计单位、施工单位、工程监理单位等，责任事项分别包括建设和使用、勘察、设计、施工、监理，涵盖了工程建设的全过程。同时，该条例还在第15条和第69条明确规定了房屋建筑装修等使用活动的约束要求和相应罚则。另外，我国现行的《抗规》GB 50011-2010（2016 版）的技术内容已经涵盖了规划选址、场地勘察、设计、材料、施工以及使用和维护的相关要求。

（4）关于保留 6 度设防规定的说明

虽然根据《中国地震动参数区划图》GB 18306-2015 的规定，全国的基本地震烈度均为 6 度及以上，但是，6 度开始设防是唐山地震后建设部门关于建筑抗震设防的重要决策，也是制（修）订各类抗震技术标准的前提条件。

取消“抗震设防烈度 6 度及以上地区的”相关字样后会造成不必要的混乱，各类工程几度开始设防是没有依据的。

1.0.3 工程建设所采用的技术方法和措施是否符合本规范要求，由相关责任主体判定。其中，创新性的技术方法和措施，应进行论证并符合本规范中有关性能的要求。

延伸阅读与深度理解

（1）本条说明工程设计允许采用新技术及创新措施，为了支持创新，鼓励创新成果在建设工程中应用，当拟采用的新技术在工程建设强制性规范或推荐性标准中没有相关规定时，应当对拟采用的工程技术或措施进行论证，确保建设工程达到工程建设强制性规范规定的工程性能要求，确保建设工程质量和安全，并应满足国家对建设工程环境保护、卫生健康、经济社会管理、能源资源节约与合理利用等相关要求。

（2）工程建设强制性规范是以工程建设活动结果为导向的技术规定，突出了建设工程的规模、布局、功能、性能和关键技术措施，但是，规范中关键技术措施不能涵盖工程规划建设管理采用的全部技术方法和措施，仅仅是保障工程性能的“关键点”，很多关键技术措施具有“指令性”特点，即要求工程技术人员去“做什么”，规范要求的结果是要保障建设工程的性能，因此，能否达到规范中性能的要求，以及工程技术人员所采用的技术方法和措施是否按照规范的要求去执行，需要进行全面的判定，其中，重点是能否保证工程性能符合规范的规定。

（3）请注意：进行这种判定的主体应为工程建设的相关责任主体，这是我国现行法律法规的要求。《中华人民共和国建筑法》《建设工程质量管理条例》《民用建筑节能条例》

以及相关的法律法规，突出强调了工程监管、建设、规划、勘察、设计、施工、监理、检测、造价、咨询等各方主体的法律责任，既规定了首要责任，也确定了主体责任。在工程建设过程中，执行强制性工程建设规范是各方主体落实责任的必要条件，是基本的、底线的条件，有义务对工程规划建设管理采用的技术方法和措施是否符合本规范规定进行判定。

如2021年8月北京市住房和城乡建设委员会发布《关于加强建设工程“四新”安全质量管理工作的通知》(京建发[2021]247号)，明确“四新”即为工程建设强制性标准没有规定又没有现行工程建设国家标准、行业标准和地方标准可依的材料、设备、工艺及技术。要求选用“四新”的过程中，应本着实事求是对社会负责、对使用单位负责、对使用人负责的精神，把握“安全耐久、易于施工、美观实用、经济环保”四个基本原则，对易造成结构安全隐患、达不到基本的使用寿命、施工质量不易保障、施工及使用过程中造成不必要的污染、给使用方带来不合理的经济负担、难以满足使用功能、使用过程中不易维护、外观不满足基本要求等八种问题实行“一票否决”。建设单位采用“四新”应用前，宜先期选取一项工程进行试点应用，确定无生产、施工及使用问题后逐步推广使用。在重点工程及保障性住房工程建设中，建设单位应协同设计单位、施工单位科学审慎选用“四新”，确需使用的应明确选用缘由，并在工程建设过程中重点管控。

第2章　基本规定

2.1　性能要求

2.1.1　抗震设防的各类建筑与市政工程，其抗震设防目标应符合下列规定：

1　当遭遇低于本地区设防烈度的多遇地震影响时，各类工程的主体结构和市政管网系统不受损坏或不需修理可继续使用。

2　当遭遇相当于本地区设防烈度的设防地震影响时，各类工程中的建筑物、构筑物、桥梁结构、地下工程结构等可能发生损伤，但经一般性修理可继续使用；市政管网的损坏应控制在局部范围内，不应造成次生灾害。

3　当遭遇高于本地区设防烈度的罕遇地震影响时，各类工程中的建筑物、构筑物、桥梁结构、地下工程结构等不致倒塌或发生危及生命的严重破坏；市政管网的损坏不致引发严重次生灾害，经抢修可快速恢复使用。

延伸阅读与深度理解

(1) 本条规定了建筑与市政工程抗震设防的最低性能要求，属于工程抗震质量安全的控制性底线目标要求。

(2) 按照什么样的标准进行抗震设防，要达到什么样的目标，是工程抗震设防的首要问题。《抗规》GB 50011-2010 第 1.0.1 条、《室外给水排水和燃气热力工程抗震设计规范》GB 50032-2003 第 1.0.2 条以及《城市桥梁抗震设计规范》CJJ 166-2011 第 3.1.2 条分别规定了建筑工程、城镇给水排水和燃气热力工程以及城市桥梁工程的抗震设防目标要求。

(3) 按照《标准化法修订案》、国务院《深化标准化工作改革方案》以及住房和城乡建设部《关于深化工程建设标准化工作改革的意见》的要求，本条规定系由上述相关规定经整合精简而成。

(4) 现行《抗规》GB 50011-2010（2016 版）采用的是三级设防思想，规定了普通建筑工程的三水准设防目标，即遭遇低于本地区设防烈度的多遇地震影响时，主体结构不受损坏或不需修理可继续使用；遭遇相当于本地区设防烈度的设防地震影响时，可能发生损坏，但经一般性修理可继续使用；遭遇高于本地区设防烈度的罕遇地震影响时，不致倒塌或发生危及生命的严重破坏。

(5) 现行《室外给水排水和燃气热力工程抗震设计规范》GB 50032-2003 采用的也是三水准设防，其在第 1.0.2 条规定，室外给水排水和燃气热力工程在遭遇低于本地区抗震设防烈度的多遇地震影响时，不致损坏或不需修理仍可继续使用；遭遇本地区抗震设防烈度的地震影响时，构筑物不需修理或经一般修理后仍能继续使用，管网震害可控制在局部范围内，避免造成次生灾害；遭遇高于本地区抗震设防烈度预估的罕遇地震影响时，构筑物不致严重损坏危及生命或导致重大经济损失，管网震害不致引发严重次生灾害，并便于抢修和迅速恢复使用。

（6）现行《城市桥梁抗震设计规范》CJJ 166-2011 采用的是两级设防思想，其在第 3.1.2 条规定了各类城市桥梁的抗震设防标准（表 C3.1.2），同时，在第 3.2.2 条规定了各类城市桥梁的 E1 和 E2 地震调整系数（表 C3.2.2）。从 E1 和 E2 地震的调整系数看，其 E1 水准地震动要稍大于建筑工程的多遇地震动，E2 水准地震动相当于建筑工程的罕遇地震动。

表 C3.1.2 城市桥梁抗震设防标准

桥梁抗震设防分类	E1 地震作用		E2 地震作用	
	震后使用要求	损伤状态	震后使用要求	损伤状态
甲	立即使用	结构总体反应在弹性范围，基本无损伤	不需修复或经简单修复可继续使用	可发生局部轻微损伤
乙	立即使用	结构总体反应在弹性范围，基本无损伤	经抢修可恢复，永久性修复后恢复正常运营功能	有限损伤
丙	立即使用	结构总体反应在弹性范围，基本无损伤	经临时加固，可供紧急救援车辆使用	不产生严重的结构损伤
丁	立即使用	结构总体反应在弹性范围，基本无损伤	—	不致倒塌

表 C3.2.2 各类城市桥梁的 E1 和 E2 地震调整系数 C_i

抗震设防分类	E1 地震作用				E2 地震作用			
	6 度	7 度	8 度	9 度	6 度	7 度	8 度	9 度
乙	0.61	0.61	0.61	0.61	—	2.2(2.05)	2.0(1.7)	1.55
丙	0.46	0.46	0.46	0.46	—	2.2(2.05)	2.0(1.7)	1.55
丁	0.35	0.35	0.35	0.35	—	—	—	—

（7）对于城市桥梁结构，《城市桥梁抗震设计规范》CJJ 166-2011 在第 3.2.1 条和 3.2.2 条规定，甲类桥梁，一般多为城市斜拉桥、悬索桥和大跨度拱桥，大都建在依傍大江大河的现代化大城市，其特点是桥高（通航净空要求高）、桥长、造价高，一般都占据交通网络上的枢纽位置，无论在政治、经济、国防上都有重要意义，且一旦发生破坏，修复很困难，因此，甲类桥梁的设防水准定得较高，甲类桥梁设防的 E1 和 E2 地震的重现期（即超越概率水准）分别为 475 年和 2500 年。而对于乙、丙和丁类桥梁，其 E1 地震作用则是在《抗规》GB 50011 多遇地震的基础上，分布乘以 1.7、1.3 和 1.0 的重要性系数得到的；其 E2 地震作用直接采用 GB 50011 罕遇地震。本规范编制时，为了与其他各类建筑与市政工程在抗震设防策略上协调统一，桥梁结构三级地震动的 50 年概率水准仍然保持 63.2%、10%和 2%，但甲、乙、丙、丁类桥梁，其抗震设防标准中的地震作用取值则分别考虑重要性系数 2.0、1.7、1.3 和 1.0（详见本规范第 2.3.2 条），本质上提高了各类桥

梁的设防标准。

（8）为便于管理和操作，本条将各类建设工程的抗震设防思想统一为“三水准设防”。

（9）对于设计使用年限不超过5年的临时性建筑与市政工程，我国自1974版《抗规》开始，历来的对策是在满足静力承载要求的前提下可不设防。

（10）所谓严重次生灾害，指地震破坏引发放射性污染、洪灾、火灾、爆炸、剧毒或强腐蚀性物质大量泄露、高危险传染病病毒扩散等灾难性灾害。

（11）但凡严格按照国家规范进行抗震设计、正常施工和正常运维房屋，在遭遇罕遇地震（实际是比设防地震提高一度）地震作用下，结构可以做到大震不倒的。

【工程案例】2012年5月12日汶川（8.0级）大地震后，对部分建筑破坏情况进行了踏勘总结，通过总结发现一般情况下，凡是严格按照规范设计、施工、维护的建筑，还是可以达到大震不倒的设防目标的，如图3-2-1所示。

◆2008年汶川大地震表明，严格按照现行规范进行设计、施工和使用的建筑结构，在遭遇比当地设防烈度高一度的地震作用下，没有出现倒塌破坏，有效地保护了人民的生命安全。

序号	处理意见	数量(幢)	百分比
1	主体结构基本完好,采取应急措施后可以使用	22	35%
2	结构损坏,经抗震加固后可以使用	34	55%
3	结构破坏,无法加固或无加固价值,建议拆除	6	10%
合计		62	100%

引自国家住房和城乡建设部专家组评估报告

图3-2-1 汶川地震后工程破坏情况对比

2.1.2 抗震设防的建筑与市政工程，其多遇地震动、设防地震动和罕遇地震动的超越概率水准不应低于表 2.1.2 的规定。

表 2.1.2 建筑与市政工程的各级地震动的超越概率水准

	多遇地震动	设防地震动	罕遇地震动
居住建筑与公共建筑、城镇桥梁、城镇给水排水工程、城镇燃气热力工程、城镇地下工程结构(不含城市地下综合管廊)	63.2%/50 年	10%/50 年	2%/50 年
城市地下综合管廊	63.2%/100 年	10%/100 年	2%/100 年

延伸阅读与深度理解

(1) 为了兼顾房屋建筑、城市桥梁、基础设施、地下工程等各类工程之间的差别，在第 2.1.2 条进一步补充规定了各类工程的多遇地震动、设防地震动和罕遇地震动的超越概率最低水准。

(2) 本规范第 2.1.1 条规定了各类工程均统一为三水准设防思想，本条兼顾各类工程间的差别，规定了各类工程的三级地震动水准取值。

(3) 三水准的地震作用水平仍按三个不同的超越概率（或重限期）来区分：

1) 多遇地震动，50 年超越概率 63.2%，重限期 50 年；

2) 设防地震动，50 年超越概率 10%，重限期 475 年；

3) 罕遇地震动，50 年超越概率 3%～2%，重限期 1641～2475 年。

特别注意：本规范将罕遇地震由原来超越概率 2%～3%（7 度 3%、9 度 2%）（50 年）直接调整为 2%（50 年），这个调整主要是为了提高中低烈度地区遭遇罕遇地震动参数取值，切实提高中低烈度区各类工程的抗倒塌能力。

1966 年邢台地震以来一个重要地震灾害启示是，我国中低烈度（6 度、7 度）区的地震破坏灾害明显高于高烈度（8 度、9 度）区，究其原因主要有两个，其一是我国的基本烈度或地震动参数区划图具有很大的不确定性，中低烈度区经常发生远超基本烈度的大地震（如唐山大地震、汶川大地震等）；其二是我国现行规范中，中低烈度区的大震概率水准（3%/50 年）及参数取值相对偏低，导致的结果是，同样的结构，按规范设计后其中低烈度区的倒塌风险明显高于高烈度区。鉴于上述原因，同时响应各方面要求提高房屋建筑抗震设防水平的呼声，本规范制定时，把各烈度区罕遇地震的概率水准由现行标准的 2%～3%/50 年统一调整为 2%/50 年。

(4) 对于地下综合管廊，由于国家标准《城市综合管廊工程技术规范》GB 50838-2015 明确规定，其设计使用年限为 100 年，因此，对城市综合管廊的三级地震动概率水准进行了专门规定。

(5) 设计工作年限为 100 年三水准的地震作用水平，仍按三个不同的超越概率（或重限期）来区分：

1) 多遇地震动，100 年超越概率 63.2%，重限期 100 年；

2）设防地震动，100 年超越概率 10%，重限期 950 年；

3）罕遇地震动，100 年超越概率 2%，重限期 4950 年。

2.2 地震影响

2.2.1 各类建筑与市政工程的抗震设防烈度不应低于本地区的抗震设防烈度。

延伸阅读与深度理解

本条规定了各地区及各类工程设防烈度的确定原则。

抗震设防烈度是确定工程抗震措施的主要依据，根据《中华人民共和国防震减灾法》等法律法规的规定，作为各地区抗震防灾主要依据的文件或图件系由国家有关主管部门依照规定的权限批准、发布的，各类建设工程的抗震设防不应低于本条要求。

本条主要改自《抗规》GB 50011-2010 第 1.0.4 条（强制性条文）“抗震设防烈度必须依据国家规定权限批准、发布的文件（图件）确定”。同时，补充了各类工程抗震设防烈度的确定原则。

这里的“国家规定权限批准、发布的文件（图件）”，在现阶段主要是指《中国地震动参数区划图》GB 18306-2015。

（1）抗震设防烈度是确定工程抗震措施的主要依据，本条的目的在于明确各地区及各类工程设防烈度的确定原则。

（2）根据《中华人民共和国防震减灾法》等法律法规的规定，作为各地区抗震防灾主要依据的文件或图件系由国家有关主管部门依照规定的权限批准、发布的，各类建设工程的抗震设防不应低于本条要求。本条主要改自《抗规》GB 50011-2010（2016 版）第 1.0.4 条（强制性条文）“抗震设防烈度必须依据国家规定权限批准、发布的文件（图件）确定”。

（3）为减轻和防御地震对房屋建筑的破坏，要求在抗震设防区的所有新建房屋都必须进行抗震设计，并且“抗震设防烈度必须按国家规定的权限审批、颁发的文件（图件）确定”。这是房屋抗震设计的最基本的、至关重要的要求。

（4）建筑的抗震设防烈度是指建筑抗震设防依据的地震烈度，一般情况下，应采用《中国地震动参数区划图》GB 18306-2015 确定的地震基本烈度（或设计基本地震加速度对应的烈度）。

（5）提醒注意：近些年实际工程中不少地勘报告也提供了场地地震动参数相关资料，这是由于 2015 年相关部门要求“地勘报告应提供场地地震动参数”，笔者认为这个要求是不合适的，一般地勘单位没有能力提供场地的地震动参数，即使提供也是依据《中国地震动参数区划图》GB 18306-2015，但有可能出现差错。

【工程案例】2019 年 5 月 20 日有位审图者咨询笔者这样一个问题：地勘报告给出的场地特征周期，设计时是否可以直接采用？

笔者答复：建议核对无误后使用，但还是担心对方不一定会核对。于是笔者要求看一下地勘报告（图 3-2-2）。

4.1.6 当有可靠的剪切波速和覆盖层厚度且其值处于表 4.1.6 所列场地类别的分界线附近时，应允许按插值方法确定地震作用计算所用得特征周期。

由于（2#、3#、4#、5#、10#、19#、20#楼及部分地下车库）等效剪切波速值 V_{se} 为 125.57~143.49m/s，剪切波速大于 500m/s 的土层顶面距地面的距离通过实测为 31～36m；故由《建筑抗震设计规范》条文说明

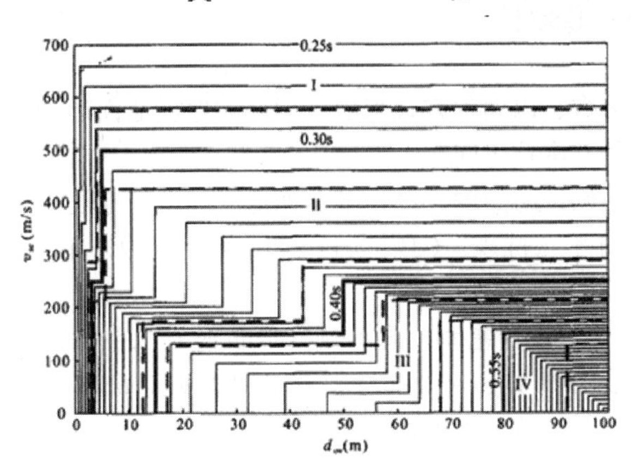

图 7 在 d_{ov}-v_{se} 平面上的 T_g 等值线图

第 4 章可知。

（2#、3#、4#、5#、10#、19#、20#楼）特征周期为 0.42s。

其余楼场地类别为Ⅱ类。抗震设防烈度为 8 度,设计基本地震加速度值为 0.20g，设计地震分组为第二组，特征周期为 0.40s。

图 3-2-2 地勘报告截屏资料

笔者核对后告诉这位审图者不能使用，地勘提供的 0.42s 有误！地勘没有考虑地震分组二。实际插入值应是 0.491s，地震作用差了 17%。如果按地勘资料设计，显然有安全隐患。

2.2.2 各地区遭受的地震影响，应采用相应于抗震设防烈度的设计基本地震加速度和特征周期表征，并应符合下列规定：

1 各地区抗震设防烈度与设计基本地震加速度取值的对应关系应符合表 2.2.2-1 的规定。

表 2.2.2-1 抗震设防烈度和Ⅱ类场地设计基本地震加速度值的对应关系

抗震设防烈度	6 度	7 度		8 度		9 度
Ⅱ类场地设计基本地震加速度值	0.05g	0.10g	0.15g	0.20g	0.30g	0.40g

2 特征周期应根据工程所在地的设计地震分组和场地类别按本规范第 4.2.2 条的规定确定。设计地震分组应根据现行国家标准《中国地震动参数区划图》GB 18306 Ⅱ类场

地条件下的基本地震加速度反应谱特征周期值按表 2.2.2-2 的规定确定。工程场地类别应按本规范第 3.1.3 条的规定确定。

表 2.2.2-2 设计地震分组与Ⅱ类场地地震动加速度反应谱特征周期的对应关系

设计地震分组	第一组	第二组	第三组
Ⅱ类场地基本地震动加速度反应谱特征周期	0.35s	0.40s	0.45s

延伸阅读与深度理解

（1）采用什么样的参数、以何种方式来表征预期的地震地面运动是进行工程抗震设防和设计时需要首先解决的基本技术问题。

（2）本条目的在于明确设防烈度、设计基本加速度和设计地震分组等表征地震地面运动参数的确定原则，修订于《抗规》GB 50011-2010（2016 版）第 3.2.1、3.2.2、3.2.3 条等条文。

3.2.2 抗震设防烈度和设计基本地震加速度取值的对应关系，应符合表 3.2.2 的规定。设计基本地震加速度为 0.15g 和 0.30g 地区内的建筑，除本规范另有规定外，应分别按抗震设防烈度 7 度和 8 度的要求进行抗震设计。

表 3.2.2 抗震设防烈度和设计基本地震加速度值的对应关系

抗震设防烈度	6	7	8	9
设计基本地震加速度值	0.05g	0.10(0.15)g	0.20(0.30)g	0.40g

注：g 为重力加速度。

但应特别注意本次给出的地震动参数均明确是Ⅱ类场地，对于其他场地如何选取，本规范并未给出具体数值。《抗规》GB 50011-2010（2016 版）没有明确上述动参数仅适用于Ⅱ类场地。基于此，有部分设计师及审图人员就会认为“地震加速度与场地类别有关”，其实并没有关系，具体说明将在本书第 2 章中进行详细论述，在此不再赘述。

（3）根据《防震减灾法》等法律法规的规定，由国务院地震主管部门负责编制并发布《中国地震动参数区划图》。现行的《中国地震动参数区划图》GB 18306-2015 采用双参数，即基本地震动峰值加速度和基本地震动加速度反应谱特征周期，来表征地震地面运动，同时，为了适应工程抗震设防的需要，还给出了基本地震烈度与基本地震动峰值加速度的对应关系。

（4）要注意区分场地特征周期、场地卓越、场地脉动周期，具体可参见笔者在 2015 年出版发行的《建筑结构设计规范疑难热点问题及对策》一书。

2.3 抗震设防分类和设防标准

2.3.1 抗震设防的各类建筑与市政工程，均应根据其遭受地震破坏后可能造成的人员伤亡、经济损失、社会影响程度及其在抗震救灾中的作用等因素划分为下列四个抗震设防类别：

1 特殊设防类应为使用上有特殊要求的设施，涉及国家公共安全的重大建筑与市政工程和地震时可能发生严重次生灾害等特别重大灾害后果，需要进行特殊设防的建筑与市政工程，简称甲类；

2 重点设防类应为地震时使用功能不能中断或需要尽快恢复的生命线相关建筑与市政工程，以及地震时可能导致大量人员伤亡等重大灾害后果，需要提高设防标准的建筑与市政工程，简称乙类；

3 标准设防类应为除本条第 1 款、第 2 款、第 4 款以外按标准要求进行设防的建筑与市政工程，简称丙类；

4 适度设防类应为使用上人员稀少且震损不致产生次生灾害，允许在一定条件下适度降低设防要求的建筑与市政工程，简称丁类。

延伸阅读与深度理解

目前，我国的抗震设防标准分为四类：标准设防类、适度设防类、特殊设防类、重点设防类。其中，特殊设防类，是针对特殊建筑，例如核电站这种灾难后果极其严重的建筑，要进行专门的设防；重点设防类，是指地震时使用功能不能中断或需要尽快恢复的与生命线相关的建筑，以及地震时可能导致大量人员伤亡等重大灾害后果的建筑。在标准设防类的基础上，采取提高一度的抗震措施，这个抗震措施既包括地震作用效用的调整系数，还包括抗震构造措施的调整。建筑设计、建筑物的抗震安全、建筑的抗震设计标准相互配套使用，目前主要采用《抗规》《建筑工程抗震设防分类标准》。《建筑工程抗震设防分类标准》明确规定，对于学校、医院、重大交通枢纽等建筑，要按照重点设防类进行设防。

(1) 本条来自《建筑工程抗震设防分类标准》GB 50223-2008 第 3.0.1 条（强条），明确在抗震设计中，将所有的建筑按本规范的要求综合考虑分析后归纳为四类：需要特殊设防的、需要提高设防要求的、按标准要求设防的和允许适度设防的。

(2) 本条明确建筑与市政工程抗震设防分类的基本原则和类别划分标准。按照遭受地震破坏后可能造成的人员伤亡、经济损失、社会影响程度及其在抗震救灾中的作用等因素将建筑与市政工程划分为不同的类别，采取不同的设防标准，是我国抗震防灾工作三大基本对策之一，即区别对待对策，是根据现有技术和经济的实际情况，为达到既要减轻地震灾害又要合理控制建设投资而作出的科学决策。在设防类别划分中需要考虑的因素主要有：

1）建筑地震破坏造成的人员伤亡、直接和间接经济损失及社会影响的大小；

2）城镇的大小、行业的特点、工矿企业的规模；

3）建筑使用功能失效后，对全局的影响范围大小、抗震救灾影响及恢复的难易程度；

4）建筑各区段的重要性有显著不同时，可按区段（包括由防震缝分开的结构单元或同一结构单元的上下部分）划分抗震设防类别，下部区段的类别不应低于上部区段；

5）不同行业的相同建筑，当在本行业所处地位及地震破坏所产生的后果和影响不同时，其抗震设防类别可不相同。

抗震防灾是针对强烈地震而言的，一次地震在不同地区、同一地区不同建筑工程造成的灾害后果不同，把灾害后果区分为“特别重大、重大、一般、轻微（无次生）灾害”是合适的。

（3）进一步突出了设防类别划分是侧重于使用功能和灾害后果的区分，并更强调体现对人员安全的保障。

（4）所谓严重次生灾害，指地震破坏引发放射性污染、洪灾、火灾、爆炸、剧毒或强腐蚀性物质大量泄漏、高危险传染病病毒扩散等灾难性灾害。

（5）自1989版《抗规》发布以来，按技术标准设计的所有房屋建筑，均应达到“多遇地震不坏、设防烈度地震可修和罕遇地震不倒”的设防目标。这里，多遇地震、设防烈度地震和罕遇地震，一般按地震基本烈度区划或地震动参数区划对当地的规定采用，分别为50年超越概率63%、10%和2%～3%的地震，或重现期分别为50年、475年和1600～2400年的地震。考虑到上述抗震设防目标可保障：房屋建筑在遭遇设防烈度地震影响时不致有灾难性后果，在遭遇罕遇地震影响时不致倒塌。汶川地震表明，严格按照现行规范进行设计、施工和使用的建筑，在遭遇比当地设防烈度高一度的地震作用下，没有出现倒塌破坏，有效地保护了人民的生命安全。因此，绝大部分建筑均可划为标准设防类，一般简称丙类。

（6）市政工程中，按《室外给水排水和燃气热力工程抗震设计规范》GB 50032-2002设计的给水排水和热力工程，应在遭遇设防烈度地震影响下不需修理或经一般修理即可继续使用，其管网不致引发次生灾害，因此，绝大部分给水排水、热力工程也可划为标准设防类。

（7）各部分的重要性有显著不同时，笔者认为可依据使用功能划分不同的设防类别。比如，对于商住楼和综合办公楼，在主楼与裙房相连时，有可能出现主楼是标准设防类，而人员密集的裙房区段未按重点设防类考虑，应特别注意此时应具有结构分段和独立疏散通道。此类工程案例可以参考笔者2015年出版发行的《建筑结构设计规范疑难热点问题及对策》及2021年出版发行的《结构工程师综合能力提升及工程案例分析》，在此不再赘述。

（8）关于特殊设防类及重点设防类工程举例

1）特殊设防类，是针对特殊建筑，例如核电站这种灾难后果极其严重的建筑，要进行专门的设防；

2）防灾救灾建筑

① 对于医疗建筑的抗震设防类别，应符合下列规定：

a. 三级医院中承担特别重要医疗任务的门诊、医技、住院用房，抗震设防类别应划为特殊设防类。

b. 二、三级医院的门诊、医技、住院用房，具有外科手术室或急诊科的乡镇卫生院的医疗用房，县级及以上急救中心的指挥、通信、运输系统的重要建筑，县级及以上的独立采供血机构的建筑，抗震设防类别应划为重点设防类。

c. 工矿企业的医疗建筑，可比照城市的医疗建筑示例确定其抗震设防类别。

② 消防车库及其值班用房，抗震设防类别应划为重点设防类。

③ 20万人口以上的城镇和县及县级市防灾应急指挥中心的主要建筑，抗震设防类别

不应低于重点设防类。

④ 疾病预防与控制中心建筑的抗震设防类别，应符合下列规定：

a. 承担研究、中试和存放剧毒的高危险传染病病毒任务的疾病预防与控制中心的建筑或其区段，抗震设防类别应划为特殊设防类。

b. 不属于 a 款的县、县级市及以上的疾病预防与控制中心的主要建筑，抗震设防类别应划为重点设防类。

⑤ 作为应急避难场所的建筑，其抗震设防类别不应低于重点设防类。

3）基础设施建筑

城镇给水排水、燃气、热力建筑：

a. 给水建筑工程中，20 万人口以上城镇、抗震设防烈度为 7 度及以上的县及县级市的主要给水设施和输水管线、水质净化处理厂的主要水处理建（构）筑物、配水井、送水泵房、中控室、化验室等，抗震设防类别应划为重点设防类。

b. 排水建筑工程中，20 万人口以上城镇、抗震设防烈度为 7 度及以上的县及县级市的污水干管（含合流），主要污水处理厂的主要水处理建（构）筑物、进水泵房、中控室、化验室，以及城市排涝泵站、城镇主干道立交处的雨水泵房，抗震设防类别应划为重点设防类。

c. 燃气建筑中，20 万人口以上城镇、县及县级市的主要燃气厂的主厂房、贮气罐、加压泵房和压缩间、调度楼及相应的超高压和高压调压间、高压和次高压输配气管道等主要设施，抗震设防类别应划为重点设防类。

d. 热力建筑中，50 万人口以上城镇的主要热力厂主厂房、调度楼、中继泵站及相应的主要设施用房，抗震设防类别应划为重点设防类。

4）电力建筑

① 电力调度建筑的抗震设防类别，应符合下列规定：

a. 国家和区域的电力调度中心，抗震设防类别应划为特殊设防类。

b. 省、自治区、直辖市的电力调度中心，抗震设防类别宜划为重点设防类。

② 火力发电厂（含核电厂的常规岛）、变电所的生产建筑中，下列建筑的抗震设防类别应划为重点设防类：

a. 单机容量为 300MW 及以上或规划容量为 800MW 及以上的火力发电厂和地震时必须维持正常供电的重要电力设施的主厂房、电气综合楼、网控 5 楼、调度通信楼、配电装置楼、烟囱、烟道、碎煤机室、输煤转运站和输煤栈桥、燃油和燃气机组电厂的燃料供应设施。

b. 2330kV 及以上的变电所和 220kV 及以下枢纽变电所的主控通信楼、配电装置楼、就地继电器室；330kV 及以上的换流站工程中的主控通信楼、阀厅和就地继电器室。

c. 供应 20 万人口以上规模的城镇集中供热的热电站的主要发配电控制室及其供电、供热设施。

d. 不应中断通信设施的通信调度建筑。

5）交通运输建筑类

① 铁路建筑中，高速铁路、客运专线（含城际铁路）、客货共线Ⅰ、Ⅱ级干线和货运专线的铁路枢纽的行车调度、运转、通信、信号、供电、供水建筑，以及特大型站和最高

聚集人数很多的大型站的客运候车楼，抗震设防类别应划为重点设防类。

② 公路建筑中，高速公路、一级公路、一级汽车客运站和位于抗震设防烈度为7度及以上地区的公路监控室，一级长途汽车站客运候车楼，抗震设防类别应划为重点设防类。

③ 水运建筑中，50万人口以上城市、位于抗震设防烈度为7度及以上地区的水运通信和导航等重要设施的建筑，国家重要客运站，海难救助打捞等部门的重要建筑，抗震设防类别应划为重点设防类。

④ 空运建筑中，国际或国内主要干线机场中的航空站楼、大型机库，以及通信、供电、供热、供水、供气、供油的建筑，抗震设防类别应划为重点设防类。航管楼的设防标准应高于重点设防类。

⑤ 城镇交通设施的抗震设防类别，应符合下列规定：

a. 在交通网络中占据关键地位、承担交通量大的大跨度桥应划为特殊设防类；处于交通枢纽的其余桥梁应划为重点设防类。

b. 城市轨道交通的地下隧道、枢纽建筑及其供电、通风设施，抗震设防类别应划为重点设防类。

6）邮电通信、广播电视

① 邮电通信、广播电视建筑，应根据其在整个信息网络中的地位和保证信息网络通畅的作用划分抗震设防类别。其配套的供电、供水建筑，应与主体建筑的抗震设防类别相同。

② 当特殊设防类的供电、供水建筑为单独建筑时，可划为重点设防类。

③ 邮电通信建筑的抗震设防类别，应符合下列规定：

a. 国际出入口局、国际无线电台，国家卫星通信地球站，国际海缆登陆站，抗震设防类别应划为特殊设防类。

b. 省中心及省中心以上通信枢纽楼、长途传输一级干线枢纽站、国内卫星通信地球站、本地网通枢纽楼及通信生产楼、应急通信用房，抗震设防类别应划为重点设防类。

c. 大区中心和省中心的邮政枢纽，抗震设防类别应划为重点设防类。

④ 广播电视建筑的抗震设防类别，应符合下列规定：

a. 国家级、省级的电视调频广播发射塔建筑，当混凝土结构塔的高度大于250m或钢结构塔的高度大于300m时，抗震设防类别应划为特殊设防类；国家级、省级的其余发射塔建筑，抗震设防类别应划为重点设防类。国家级卫星地球站上行站，抗震设防类别应划为特殊设防类。

b. 国家级、省级广播中心、电视中心和电视调频广播发射台的主体建筑，发射总功率不小于200kW的中波和短波广播发射台、广播电视卫星地球站、国家级和省级广播电视监测台与节目传送台的机房建筑和天线支承物，抗震设防类别应划为重点设防类。

7）公共建筑和居住建筑

① 体育建筑中，规模分级为特大型的体育场，大型、观众席容量很多的中型体育场和体育馆（含游泳馆），抗震设防类别应划为重点设防类。

② 文化娱乐建筑中，大型的电影院、剧场、礼堂、图书馆的视听室和报告厅、文化馆的观演厅和展览厅、娱乐中心建筑，抗震设防类别应划为重点设防类。

③ 商业建筑中，人流密集的大型的多层、高层商场抗震设防类别应划为重点设防类。当商业建筑与其他建筑合建时应分别判断，并按区段确定其抗震设防类别。

④ 博物馆和档案馆中，大型博物馆，存放国家一级文物的博物馆，特级、甲级档案馆，抗震设防类别应划为重点设防类。

⑤ 会展建筑中，大型展览馆、会展中心，抗震设防类别应划为重点设防类。

⑥ 教育建筑中，幼儿园、小学、中学的教学用房以及学生宿舍和食堂，抗震设防类别应不低于重点设防类。

⑦ 科学实验建筑中，研究、中试生产和存放具有高放射性物品以及剧毒的生物制品、化学制品、天然和人工细菌、病毒（如鼠疫、霍乱、伤寒和新发高危险传染病等）的建筑，抗震设防类别应划为特殊设防类。

⑧ 电子信息中心的建筑中，省部级编制和贮存重要信息的建筑，抗震设防类别应划为重点设防类。

⑨ 国家级信息中心建筑的抗震设防标准应高于重点设防类。

⑩ 高层建筑中，当结构单元内经常使用人数超过 8000 人时，抗震设防类别宜划为重点设防类。

8）工业建筑中

① 采煤、采油和矿山生产建筑

a. 采煤生产建筑中，矿井的提升、通风、供电、供水、通信和瓦斯排放系统，抗震设防类别应划为重点设防类。

b. 采油和天然气生产建筑中，下列建筑的抗震设防类别应划为重点设防类：

（a）大型油、气田的联合站、压缩机房、加压气站泵房、阀组间、加热炉建筑。

（b）大型计算机房和信息贮存库。

（c）油品储运系统液化气站，轻油泵房及氮气站、长输管道首末站、中间加压泵站。

（d）油、气田主要供电、供水建筑。

c. 采矿生产建筑中，下列建筑的抗震设防类别应划为重点设防类：

（a）大型冶金矿山的风机室、排水泵房、变电、配电室等。

（b）大型非金属矿山的提升、供水、排水、供电、通风等系统的建筑。

② 原材料生产建筑

a. 冶金工业、建材工业企业的生产建筑中，下列建筑的抗震设防类别应划为重点设防类：

（a）大中型冶金企业的动力系统建筑，油库及油泵房，全厂性生产管制中心、通信中心的主要建筑。

（b）大型和不容许中断生产的中型建材工业企业的动力系统建筑。

b. 化工和石油化工生产建筑中，下列建筑的抗震设防类别应划为重点设防类：

（a）特大型、大型和中型企业的主要生产建筑以及对正常运行起关键作用的建筑。

（b）特大型、大型和中型企业的供热、供电、供气和供水建筑。

（c）特大型、大型和中型企业的通信、生产指挥中心建筑。

c. 轻工原材料生产建筑中，大型浆板厂和洗涤剂原料厂等大型原材料生产企业中的主要装置及其控制系统和动力系统建筑，抗震设防类别应划为重点设防类。

d. 冶金、化工、石油化工、建材、轻工业原料生产建筑中，使用或生产过程中具有剧毒、易燃、易爆物质的厂房，当具有泄毒、爆炸或火灾危险性时，其抗震设防类别应划为重点设防类。

③ 仓库类建筑

仓库类建筑的抗震设防类别，应符合下列规定：储存高、中放射性物质或剧毒物品的仓库不应低于重点设防类，储存易燃、易爆物质等具有火灾危险性的危险品仓库应划为重点设防类。

④ 监狱建筑

《监狱建筑设计标准》JGJ 446-2018 第 7.0.2 条监狱大门、围墙、岗楼抗震设防基本烈度应高于本地区抗震设防烈度一度，并不应小于 7 度（含 7 度）。

2.3.2 各抗震设防类别建筑与市政工程，其抗震设防标准应符合下列规定：

1 标准设防类，应按本地区抗震设防烈度确定其抗震措施和地震作用，达到在遭遇高于当地抗震设防烈度的预估罕遇地震影响时不致倒塌或发生危及生命安全的严重破坏的抗震设防目标。

2 重点设防类，应按本地区抗震设防烈度提高一度的要求加强其抗震措施；但抗震设防烈度为 9 度时应按比 9 度更高的要求采取抗震措施；地基基础的抗震措施，应符合有关规定。同时，应按本地区抗震设防烈度确定其地震作用。

3 特殊设防类，应按本地区抗震设防烈度提高一度的要求加强其抗震措施；但抗震设防烈度为 9 度时应按比 9 度更高的要求采取抗震措施。同时，应按批准的地震安全性评价的结果且高于本地区抗震设防烈度的要求确定其地震作用。

4 适度设防类，允许比本地区抗震设防烈度的要求适当降低其抗震措施，但抗震设防烈度为 6 度时不应降低。一般情况下，仍应按本地区抗震设防烈度确定其地震作用。

5 当工程场地为Ⅰ类时，对特殊设防类和重点设防类工程，允许按本地区设防烈度的要求采用抗震构造措施；对标准设防类工程，抗震构造措施允许按本地区设防烈度降低一度、但不得低于 6 度的要求采用。

6 对于城市桥梁，其多遇地震作用尚应根据抗震设防类别的不同乘以相应的重要性系数进行调整，特殊设防类、重点设防类、标准设防类以及适度设防类的城市桥梁，其重要性系数分别不应低于 2.0、1.7、1.3 和 1.0。

延伸阅读与深度理解

(1) 本条由《建筑工程抗震设防分类标准》GB 50223-2008 第 3.0.2（强条）、《抗规》GB 50011-2010（2016 版）3.3.2（强条）及《城市桥梁抗震设计规范》整合而来；

(2) 建筑的抗震设防标准不同，抗震安全性和所需的建设投资也不同。一旦设防标准确定偏低，其后果相当严重。

建筑的抗震设防标准，指衡量建筑工程所应具有的抗震防灾能力的尺度。结构的抗震防灾能力取决于结构所具有的承载力和变形能力这两个不可分割的因素，因此，建筑工程抗震设防标准具体体现为抗震设计所采用的抗震措施的高低和地震作用取值的大小。这个要求的高低，应依据抗震设防类别的不同在当地设防烈度的基础上分别予以调整。一般来说，建筑的抗震设防标准可分为一般情况和例外情况两大类，如表 3-2-1 所示。

各类工程抗震设防标准比较 **表 3-2-1**

设防类别	设防标准	
	抗震措施	地震作用
标准设防类	按设防烈度确定	按设防烈度，根据本规范确定
重点设防类	提高一度确定	按设防烈度，根据本规范确定
特殊设防类	提高一度确定	按批准的安评结果确定，但不应低于本规范
适度设防类	适度降低	按设防烈度，根据本规范确定

1）抗震设计包含抗震计算与抗震措施两个方面，抗震措施，指的是除了地震作用计算和抗力计算以外的所有抗震设计内容，即包括设计规范对各类结构抗震设计的一般规定、地震作用效应（内力）调整、构件的尺寸、最小构造配筋等细部构造要求等设计内容。在当代地震科学发展阶段，地震区划图给出的烈度还是具有很大的不确定性，抗震措施对于保证建设工程抗震防灾能力是十分重要的措施。因此，在现有的经济技术条件下，我国抗震设防标准的不同主要体现为抗震措施的差别，与某些发达国家侧重于只提高地震作用（10%～30%）而不提高抗震措施，在概念上有所不同；提高抗震措施，目的是增加结构延性，提高结构的变形能力，着眼于把有限的财力、物力用在增加结构关键部位或薄弱部位的抗震能力上，是经济有效的方法；而只提高地震作用，目的是增加结构强度，进而提高结构的抗震能力，结构的所有抗侧力构件均需要全面增加材料耗量，碳排放也会增加，投资会全面增加而效果不如前者，投资效益及环境影响均较差。

2）特别注意表中对于特殊设防类工程的地震作用要求应按地震安全性评价结果确定，但是安全评价结果要满足以下两个条件方可使用：

（1）安全评价结果必须经过地震主管部门的审批；

（2）安全评价结果不应低于本规范的地震作用要求。

3）由表 3-2-1 可以看出，今后只有特殊设防类才需要进行场地安评，其他设防类是不需要的。

提醒各位注意：这个要求可能会与以前住房和城乡建设部等相关部门颁发的文件不一致，特别是一些省或地方也制定了自己的标准。笔者认为，如果这些标准在本规范执行以前发布，而在本规范执行后没有修改调整，可以不执行。但如果这些相关标准也进行了相应修改，且要求严于这个规范，理论上说是不合适的，当然，既然是政府相关部门的规定，即使严于国家规范也是要执行的。

（3）本条第 5 款是针对Ⅰ类场地的适度放松要求

历次大地震的震害经验表明，相同的建筑或性能相近的建筑，建造于Ⅰ类场地时，其震害要轻得多，而建造于Ⅲ、Ⅳ类场地时震害则较重。因此，作为对建筑抗震设防标准强制性规定的一种特例和补充，本条第 5 款规定，当建筑场地为Ⅰ类场地时，允许建筑的抗震构造措施适当降低，即：甲、乙类建筑允许按当地设防烈度采取抗震构造措施、丙类建筑允许降低一度但不得低于 6 度采取抗震构造措施。

（4）本条第 6 款对于桥梁，由于体系冗余较少，抗震设防类别的差别还体现为强度要求的不同，采用重要性系数对不同类别桥梁的设计地震作用进行调整。

（5）抗震措施和抗震构造措施要求高低的合理把控问题

所谓的“抗震措施”，就是指除了地震作用计算和构件抗力计算以外的抗震设计内容，包括建筑总体布置、结构选型、地基抗液化措施、考虑概念设计对地震作用效应（内力和变形等）的调整，以及各种抗震构造措施；而“抗震构造措施”，是指根据抗震概念设计的原则，一般不需要计算而对结构和非结构构件各部分所采取的细部构造。因此，抗震措施的提高和降低，包括规范各章中除地震作用计算和抗力计算的所有规定；而抗震构造措施只是抗震措施的一部分，其提高和降低的规定仅涉及抗震设防标准的部分调整问题。需要注意“抗震措施”和“抗震构造措施”二者的区别和联系。此类工程案例可以参考笔者2015年出版发行的《建筑结构设计规范疑难热点问题及对策》及2021年出版发行的《结构工程师综合能力提升及工程案例分析》，在此不再赘述。

（6）作为抗震设防标准的例外，有下列几种情况：

1）9度设防的特殊设防、重点设防建筑：其抗震措施为高于9度，不是提高一度。

2）根据震害经验，对Ⅰ类场地，除6度设防外均允许降低一度采取抗震措施中的抗震构造措施。

3）确定是否液化及液化等级，只与设防烈度有关，而与设防分类无关；但对于同样的液化等级，抗液化抗震措施与设防分类有关，其具体规定不按提高一度或降低一度的方法处理。

4）混凝土结构和钢结构房屋的最大适用高度：重点设防分类与标准设防分类相同，不按提高一度的规定采用。但特殊设防分类需要特别研究确定。

5）多层体砌房屋的总高和层数控制：重点设防分类比标准设防分类降低3m、层数减少一层，即7度设防时与提高一度的控制结果相同，而按6度、8度、9度设防时不按提高一度的规定执行。

2.4 工程抗震体系

2.4.1 建筑与市政工程的抗震体系应根据工程抗震设防类别、抗震设防烈度、工程空间尺度、场地条件、地基条件、结构材料和施工等因素，经技术、经济和使用条件综合比较确定，并应符合下列规定：

1 应具有清晰、合理的地震作用传递途径。

2 应具备必要的刚度、强度和耗能能力。

3 应具有避免因部分结构或构件破坏而导致整个结构丧失抗震能力或对重力荷载的承载能力。

4 结构构件应具有足够的延性，避免脆性破坏。

5 桥梁结构尚应有可靠的位移约束措施，防止地震时发生落梁破坏。

延伸阅读与深度理解

我们知道地震地面运动有着难以把握的复杂性和不确定性，要准确预测建筑物未来可能遭遇地震的特性和参数，现有的科学技术目前还难以做到。另一方面，在结构分析时，由于在结构几何模型、材料本构关系、结构阻尼变化、荷载作用取值等方面都还存在较大的不确定性，计算结果与结构的实际反应之间也存在较大差距。在建筑抗震理论远未达到科学严密的情况下，单靠结构分析计算难以保证建筑具有良好的抗震能力，因此，着眼于建筑总体抗震能力的抗震概念设计越来越受到世界各国工程界的重视。

所谓“抗震概念设计”，是指人们根据地质灾害和工程经验等所形成的基本设计原则和设计思想，进行建筑和结构总体布置并确定细部构造的设计过程。抗震概念设计是从事建筑设计的注册建筑师、注册结构工程师、注册岩土工程师需要具备的最基本的设计技能。

总结历次地震建筑物震害的经验和教训，一个共同的启示就是，要减轻建筑的地震破坏，要想设计出一个安全可靠、经济合理、有效的抗震建筑，需要注册建筑师和注册结构工程师及注册岩土工程师的共同努力、密切配合才行，仅仅依赖于结构工程师“计算分析”是远远不够的，往往要更多地依靠良好的概念设计把控。工程实践也证明，在建筑设计方案阶段，就需要把握好建筑形体、建筑布置、结构体系、刚度分布、结构延性等主要方面的选择，从根本上消除建筑中的抗震薄弱环节，再辅以必要的计算分析和构造措施，才有可能使设计的建筑安全可靠，经济合理，具有良好的抗震性能。

(1) 明确各类工程结构抗震体系确定的总体原则和基本要求。

(2) 抗震体系是工程结构抗御地震作用的核心组成部分，对其结构选型和基本要求作出强制性规定，是实现预期抗震设防目标的基本保障。

(3) 为提高桥梁结构抗震性能，在吸取历次地震震害教训的基础上，提出防落梁要求，防止地震作用下桥梁结构整体倒塌破坏而切断震区交通生命线。

【工程案例】城市常见桥梁防止坠落措施

通常如图 3-2-3～图 3-2-5 所示。

图 3-2-3 某城市立交桥

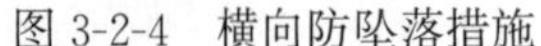

图 3-2-4 横向防坠落措施

图 3-2-5 纵向防坠落措施

2.4.2 建筑工程的抗震体系应符合下列规定：

1 结构体系应具有足够的牢固性和抗震冗余度。

2 楼、屋面应具有足够的面内刚度和整体性。采用装配整体式楼、屋面时，应采取措施保证楼、屋面的整体性及其与竖向抗侧力构件的连接。

3 基础应具有良好的整体性和抗转动能力，避免地震时基础转动加重建筑震害。

4 构件连接的设计与构造应能保证节点或锚固件的破坏不先于构件或连接件的破坏。

延伸阅读与深度理解

（1）明确建筑工程抗震体系的基本措施要求。

（2）抗震结构体系要求受力明确、传力途径合理且传力路线不间断，使结构的抗震分析更符合结构在地震时的实际表现，对提高结构的抗震性能十分有利，是结构选型与布置结构抗侧力体系时首先考虑的因素之一。

（3）根据震害经验，建筑结构是否具有良好的抗震性能由以下几个方面决定：

1）具有合理的传力体系

良好的抗震结构体系要求受力明确、传力合理且传力路线不间断，使结构的抗震分析更符合结构在地震时的实际表现。但在实际设计中，建筑师为了达到建筑功能上对大空间、好景观的要求，常常精简部分结构构件，或在承重墙开大洞，或在房屋四角开门、窗洞，破坏了结构整体性及传力路径，最终导致地震时破坏。这种震害几乎在国内外的许多地震中都能发现，需要引起设计师的注意。

2）具有多道抗震防线

一次巨大地震产生的地面运动，能造成建筑物破坏的强震持续时间少则几秒，多则几十秒，有时甚至更长（比如汶川地震的强震持续时间达到 80s 以上）。如此长时间的震动，一个接一个的强脉冲对建筑物产生往复式的冲击，造成积累式的破坏。如果建筑物采用的是仅有一道防线的结构体系，一旦该防线破坏后，在后续地面运动的作用下，就会导致建筑物的倒塌。特别是当建筑物的自振周期与地震动卓越周期相近时，由于共振，更加速其倒塌进程。如果建筑物采用的是多重抗侧力体系，第一道防线的抗侧力构件破坏后，后备的第二道乃至第三道防线的抗侧力构件立即接替，抵挡住后续的地震冲击，进而保证建筑物的最低限度安全，避免倒塌。在遇到建筑物基本周期与地震动卓越周期相近的情况时，多道防线就显示出其优越性。当第一道防线因共振破坏后，第二道接替工作，同时，建筑物的自振周期将出现变化，与地震动的卓越周期错开，避免出现持续的共振，从而减轻地震的破坏作用。

因此，设置合理的多道防线，是提高建筑抗震能力、减轻地震破坏的必要手段。多道防线的设置，原则上应优先选择不负担或少负担重力荷载的竖向支撑或填充墙，或者选用轴压比较小的抗震墙、实墙筒体等构件作为第一道抗震防线，一般情况下，不宜采用轴压比很大的框架柱兼作第一道防线的抗侧力构件。例如，在框架-抗震墙体系中，延性抗震墙是第一道防线，令其承担全部或大部分地震作用，延性框架是第二道防线，要承担墙体开裂后转移到框架的部分地震剪力。对于单层工业厂房，柱间支撑是第一道抗震防线，承担了厂房纵向的大部分地震作用，未设支撑的开间柱则承担因支撑损坏而转移的地震作用。

3）具有足够的侧向刚度

根据结构反应谱分析理论，结构越柔，自振周期越长，结构在地震作用下的加速度反应越小，即地震影响系数越小，结构所受到的地震作用就越小。但是，是否就可以据此把结构设计得柔一些，以减小结构的地震作用呢？

自 1906 年洛杉矶地震以来，国内外的建筑地震震害经验表明，对于一般性的高层建筑，还是刚比柔好。采用刚性结构方案的高层建筑，不仅主体结构破坏轻，而且由于地震时结构变形小，隔墙、围护墙等非结构构件受到保护，破坏也较轻。而采用柔性结构方案的高层建筑，由于地震时产生较大的层间位移，不但主体结构破坏严重，非结构构件也大量破坏，经济损失惨重，甚至危及人身安全。所以，层数较多的高层建筑，不宜采用刚度较小的框架体系，而应采用刚度较大的框架-抗震墙体系、框架-支撑体系或筒中筒体系等抗侧力体系。

正是基于上述原因，目前世界各国的抗震设计规范都对结构的抗侧刚度提出了明确要求，具体的做法是，依据不同结构体系和设计地震水准，给出相应结构变形限值要求。本次规范把变形要求作为强条。

4）具有足够的冗余度

对于建筑抗震设计来说，防止倒塌是我们的最低目标，也是最重要和必须要得到保证的要求。因为只要房屋不倒塌，破坏无论多么严重也不会造成大量的人员伤亡。而建筑的倒塌往往都是结构构件破坏后致使结构变为机动体系的结果，因此，结构的冗余度（即超静定次数）越多，进入倒塌的过程就越长。

从能量耗散角度看，在一定地震强度和场地条件下，输入结构的地震能量大体上是一定的。在地震作用下，结构上每出现一个塑性铰，即可吸收和耗散一定数量的地震能量。在整个结构变成机动体系之前，能够出现的塑性铰越多，耗散的地震输入能量就越多，就更能经受住较强地震而不倒塌。从这个意义上来说，结构冗余度越多，抗震安全度就越高。

另外，从结构传力路径上看，超静定结构要明显优于静定结构。对于静定的结构体系，其传递水平地震作用的路径是单一的，一旦其中的某一根杆件或局部节点发生破坏，整个结构就会因为传力路线的中断而失效。而超静定结构的情况就好得多，结构在超负荷状态工作时，破坏首先发生在赘余杆件上，地震作用还可以通过其他途径传至基础，其后果仅仅是降低了结构的超静定次数，但换来的却是一定数量地震能量的耗散，而整个结构体系仍然是稳定的、完整的，并且具有一定的抗震能力。因此，一个好的抗震结构体系，一定要从概念角度去把握，保证其具有足够多的冗余度。

5）具有良好的结构屈服机制

一个良好的结构屈服机制，其特征是结构在其杆件出现塑性铰后，竖向承载能力基本保持稳定，同时，可以持续变形而不倒塌，进而最大限度地吸收和耗散地震能量。因此，一个良好的结构屈服机制应满足下列条件：

① 结构的塑性发展从次要构件开始，或从主要构件的次要杆件（部位）开始，最后才在主要构件上出现塑性铰，从而形成多道防线；

② 结构中所形成的塑性铰的数量多，塑性变形发展的过程长；

③ 构件中塑性铰的塑性转动量大，结构的塑性变形量大。

因此，要有意识地配置结构构件的刚度与强度，确保结构实现总体屈服机制。

（4）工程设计应重点关注的几个问题

1）结构体系应受力明确、传力合理、具备必要的承载力和良好延性。要防止局部的加强导致整个结构刚度和强度不协调；有意识地控制薄弱层，使之有足够的变形能力又不发生薄弱层（部位）转移，是提高结构整体抗震能力的有效手段。结构设计应尽可能在建筑方案的基础上采取措施避免薄弱部位的地震破坏导致整个结构的倒塌；如果建筑方案严重不规则，存在明显薄弱部位，在现有经济技术条件下无法采取有效措施防止倒塌，则应根据概念设计，明确要求对建筑方案进行调整。

2）结构薄弱层和薄弱部位的判别、验算及加强措施，应针对具体情况正确处理，使其确实有效：

① 结构在强烈地震下不存在强度安全储备，构件的实际承载力分析（而不是承载力设计值的分析）是判断薄弱层（部位）的基础；

② 要使楼层（部位）的实际承载力和设计计算的弹性受力之比在总体上保持一个相对均匀的变化，一旦楼层（或部位）的这个比例有突变时，会由于塑性内力重分布导致塑性变形的集中；

③ 要防止在局部上加强而忽视整个结构各部位刚度、强度的协调；

④ 在抗震设计中有意识、有目的地控制薄弱层（部位），使之有足够的变形能力又不

使薄弱层发生转移，这是提高结构总体抗震性能的有效手段，必要时应进行性能设计。

2.4.3 城镇给水排水和燃气热力工程的抗震体系应符合下列规定：

1 同一结构单元应具有良好的整体性。

2 埋地管道应采用延性良好的管材或沿线设置柔性连接措施。

3 装配式结构的连接构造，应保证结构的整体性及抗震性能要求。

4 管道与构筑物或固定设备连接时，应采用柔性连接构造。

延伸阅读与深度理解

（1）明确城镇给水排水和燃气热力工程抗震体系的基本措施要求。

（2）抗震措施是城镇给水排水和燃气热力工程抗震能力的重要组成部分，本条给出的基本措施要求是历次地震灾害的经验或教训的总结，并经过了实际强震检验证明属于行之有效的、基本的抗震概念或原则，也是保证工程抗震质量、实现预期设防目标的基本手段，需要在国家层面作出强制性要求。

2.4.4 相邻建（构）筑物之间或同一建筑物不同结构单体之间的伸缩缝、沉降缝、防震缝等结构缝应采取有效措施，避免地震下碰撞或挤压产生破坏。

延伸阅读与深度理解

（1）本条是新增加条文。本条改自《抗规》GB 50011-2010 第 3.4.5 条（非强条），并参考欧洲规范 EN 1998-1：2004 第 4.4.2.7 条有关防震缝的设置要求。把设置三缝要求上升到强制性要求，可见设置三缝的重要性。

（2）本条明确相邻建筑（或结构）的地震碰撞控制要求。鉴于近期大地震中相邻建筑物碰撞破坏频发，且实际工程中防震缝的使用、管理不当进一步加重碰撞风险，本规范提出要保证在设防地震作用下相邻建筑不发生碰撞，并对防震缝的管理和使用提出明确要求是必要的。图 3-2-6 所示为某砌体结构住宅防震缝设置不当引起碰撞二次破坏。

（3）建筑工程抗震设计时，建筑物各部分之间的关系应明确：如分开，则需要彻底分开；如相连，则需要连接牢靠。不宜采用似分不分、似连不连的结构方案。为防止建筑物在地震中碰撞，防震缝必须留有足够宽度。防震缝净宽度原则上应大于两侧结构允许的地震水平位移之和（注意是设防地震作用下）。

（4）提醒注意：体型复杂的建筑并不一概提倡设置防震缝。由于设置防震缝各有利弊，历来有不同的观点，目前总体倾向是：

1）可设缝、可不设缝时，不设缝。设置防震缝可使结构抗震分析模型较为简单，容易估计其地震作用和采取抗震措施，但需考虑扭转地震效应，并按本规范各章的规定确定缝宽，使防震缝两侧在预期的地震（如中震）下不发生碰撞或减轻碰撞引起的局部损坏。如图 3-2-7 所示的这种纵横紧邻的建筑应适当加大防震缝宽度。

图 3-2-6　防震缝设置不当引起碰撞二次破坏

图 3-2-7　纵横相邻建筑防震缝设置不合理引起二次破坏

2）当不设置防震缝时，结构分析模型复杂，连接处局部应力集中需要加强，而且需仔细估计地震扭转效应等可能导致的不利影响。

【工程案例 1】目前很多工程由于建筑外保温需要，防震缝通常选用某些图集做法，如图 3-2-8 所示。

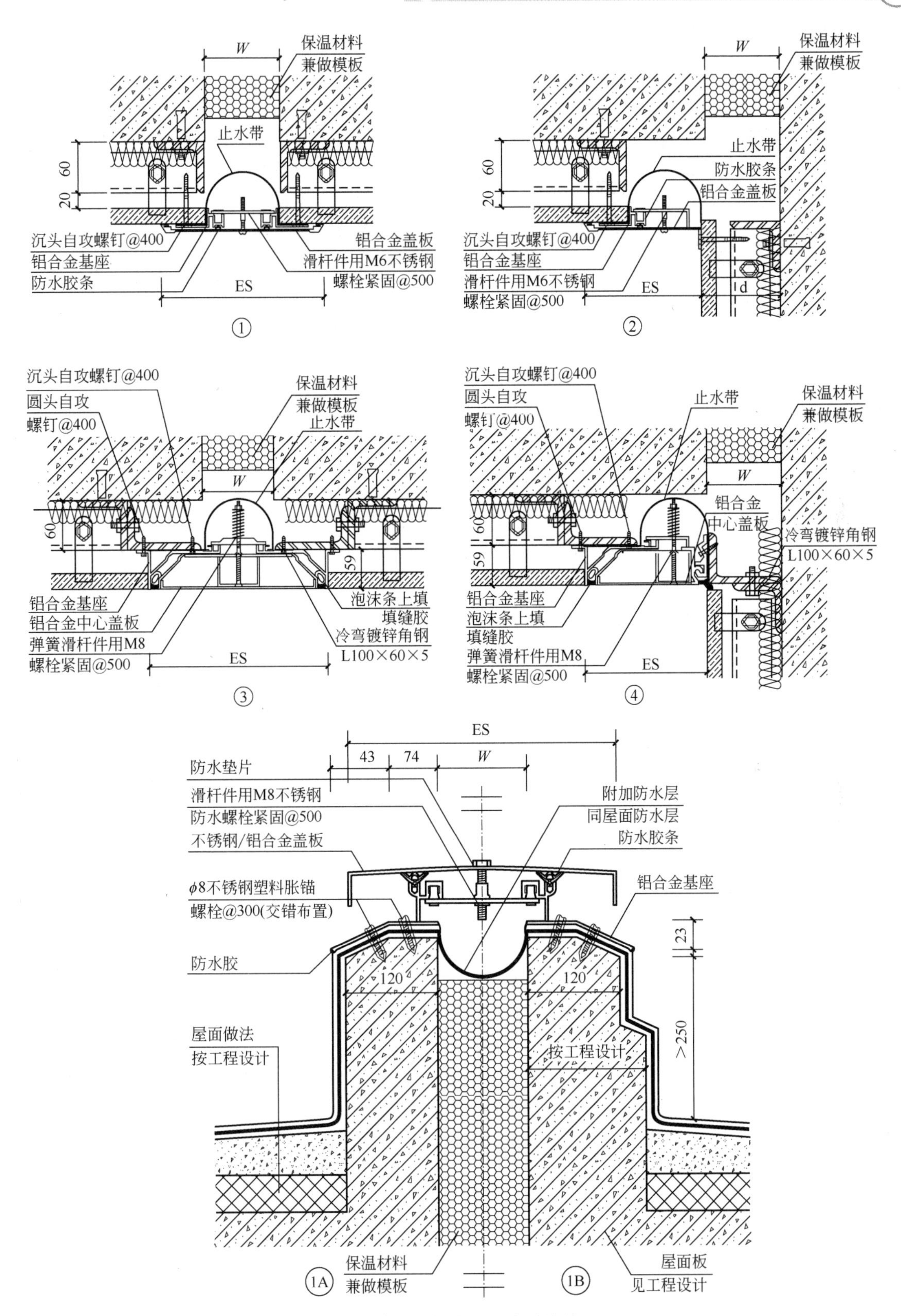

图 3-2-8 某建筑图集给出的防震缝处理（一）

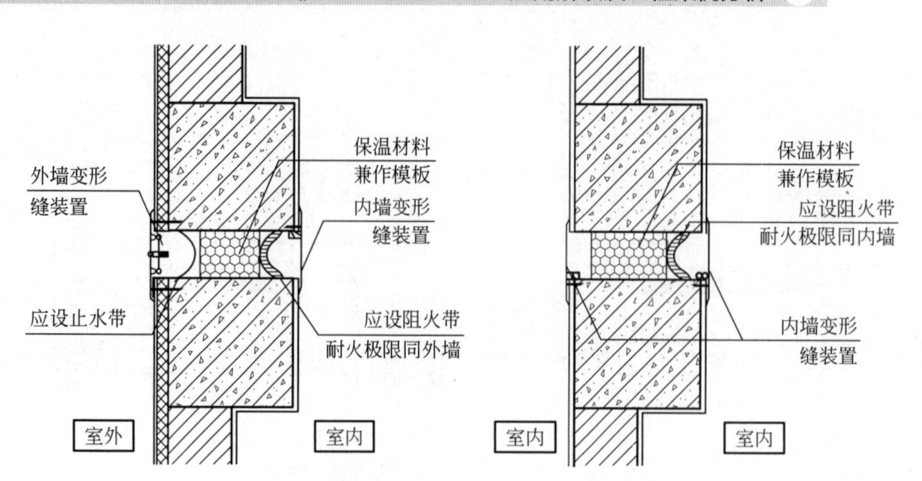

图 3-2-8　某建筑图集给出的防震缝处理（二）

笔者认为这样的做法只是提高了建筑的舒适性（保温和密封），但绝对影响结构的抗震安全性。今后是强条，设计必须特别注意。

【工程案例 2】2021 年 2 月 14 日北京一位审图者咨询一个问题

问题：如图 3-2-9 所示三栋高层建筑，其中 2 栋剪力墙结构，1 栋为部分框支剪力墙结构，剪力墙与部分框支剪力墙之间的防震缝如何确定？现行规范只给出框架结构、框架-剪力墙结构、剪力墙结构的计算要求，是否可以按剪力墙结构确定？

笔者答复：如果仅由现行规范字面表述看，似乎可以按剪力墙结构确定防震缝宽度，但由设置防震缝的实质内涵分析看，笔者认为可以适当放大一些。当然如果条件允许可以进行设防地震作用下的计算则更为可靠。

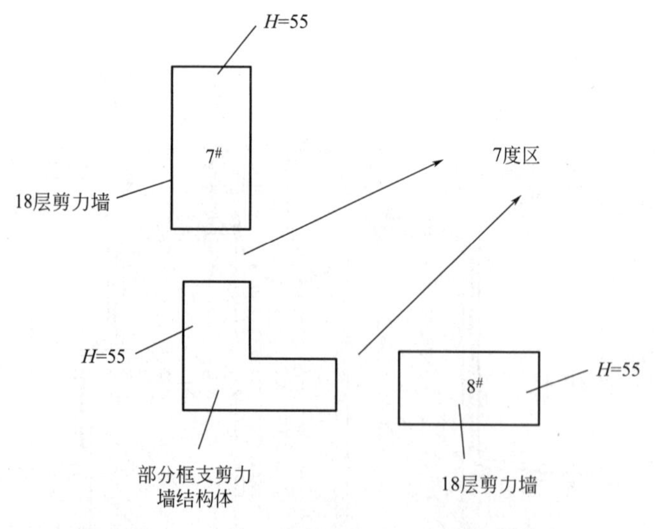

图 3-2-9　某工程建筑群平面布置图示意

2.4.5　抗震结构体系对结构材料（包含专用的结构设备）、施工工艺的特别要求，应在设计文件上注明。

延伸阅读与深度理解

本条规定是针对设计人员的，要求在结构设计总说明中特别注明的，主要是材料的最低强度等级、某些特别的施工顺序和纵向受力钢筋等强替换规定，对于材料自身应具有的性能，只要明确要求符合相关产品标准即可。

（1）本条明确设计文件中需要注明的抗震相关材料、施工以及附属设施的特别要求。

（2）结构材料、施工质量以及附属机电设备的抗震措施等均会对工程抗震防灾能力构成重要影响，为保证工程实现预期设防目标，需要在设计文件中明确上述特别要求。

（3）抗震结构对材料选用的质量控制要求，主要是高强轻质并减少材料的脆性。本条规定抗震结构对材料和施工质量的特别要求，设计人员应在设计文件上注明。

（4）关于抗震结构所需的最低结构材料性能要求，如最低强度指标、屈强比、延伸率、可焊性和冲击韧性等，根据此次工程规范编制的分工与协调，由相关专业的通用规范加以规定。这些相关规范摘录如下：

1）《混凝土结构通用规范》GB 55008-2021 对混凝土强度提出以下要求：

2.0.2 结构混凝土强度等级的选用应满足工程结构的承载力、刚度及耐久性需求。对设计工作年限为50年的混凝土结构，结构混凝土的强度等级尚应符合下列规定；对设计工作年限大于50年的混凝土结构，结构混凝土的最低强度等级应比下列规定提高。

1 素混凝土结构构件的混凝土强度等级不应低于C20；钢筋混凝土结构构件的混凝土强度等级不应低于C25；预应力混凝土楼板结构的混凝土强度等级不应低于C30，其他预应力混凝土结构构件的混凝土强度等级不应低于C40；钢-混凝土组合结构构件的混凝土强度等级不应低于C30。

2 承受重复荷载作用的钢筋混凝土结构构件，混凝土强度等级不应低于C30。

3 抗震等级不低于二级的钢筋混凝土结构构件，混凝土强度等级不应低于C30。

4 采用500MPa及以上等级钢筋的钢筋混凝土结构构件，混凝土强度等级不应低于C30。

2）如《混凝土结构通用规范》GB 55008-2021 对钢筋强度提出以下要求：

3.2.3 对按一、二、三级抗震等级设计的房屋建筑框架和斜撑构件，其纵向受力普通钢筋性能应符合下列规定：

1 抗拉强度实测值与屈服强度实测值的比值不应小于1.25；

2 屈服强度实测值与屈服强度标准值的比值不应大于1.30；

3 最大力总延伸率实测值不应小于9%。

3）《混凝土结构通用规范》GB 55008-2021 关于钢筋代换要求：

2.0.11 当施工中进行混凝土结构构件的钢筋、预应力筋代换时，应符合设计规定的构件承载能力、正常使用、配筋构造及耐久性能要求，并应取得设计变更文件。

4）如《钢结构通用规范》GB 55006-2021 关于钢材性能要求：

3.0.1 钢结构工程所选用钢材的牌号、技术条件、性能指标均应符合国家现行有关标准的规定。

3.0.2 钢结构承重构件所用的钢材应具有屈服强度，断后伸长率，抗拉强度和硫、磷含量的合格保证，在低温使用环境下尚应具有冲击韧性的合格保证；对焊接结构尚应具有碳或碳当量的合格保证。铸钢件和要求抗层状撕裂（Z 向）性能的钢材尚应具有断面收缩率的合格保证。焊接承重结构以及重要的非焊接承重结构所用的钢材，应具有弯曲试验的合格保证；对直接承受动力荷载或需进行疲劳验算的构件，其所用钢材尚应具有冲击韧性的合格保证。

5）《砌体结构通用规范》GB 55007-2021 关于砌体材料性能要求：

3.2.4 对处于环境类别 1 类和 2 类的承重砌体，所用块体材料的最低强度等级应符合表 3.2.4 的规定；对配筋砌块砌体抗震墙，表 3.2.4 中 1 类和 2 类环境的普通、轻骨料混凝土砌块强度等级为 MU10；安全等级为一级或设计工作年限大于 50 年的结构，表 3.2.4 中材料强度等级应至少提高一个等级。

表 3.2.4 1 类、2 类环境下块体材料最低强度等级

环境类别	烧结砖	混凝土砖	普通、轻骨料混凝土砌块	蒸压普通砖	蒸压加气混凝土砌块	石材
1	MU10	MU15	MU7.5	MU15	A5.0	MU20
2	MU15	MU20	MU7.5	MU20	—	MU30

3.2.5 对处于环境类别 3 类的承重砌体，所用块体材料的抗冻性能和最低强度等级应符合表 3.2.5 的规定。设计工作年限大于 50 年时，表 3.2.5 的抗冻指标应提高一个等级，对严寒地区抗冻指标提高为 F75。

表 3.2.5 3 类环境下块体材料抗冻性能与最低强度等级

环境类别	冻融环境	抗冻性能			块材最低强度等级		
		抗冻指标	质量损失（%）	强度损失（%）	烧结砖	混凝土砖	混凝土砌块
3	微冻地区	F25	≤5	≤20	MU15	MU20	MU10
	寒冷地区	F35			MU20	MU25	MU15
	严寒地区	F50			MU20	MU25	MU15

3.2.6 处于环境类别 4 类、5 类的承重砌体，应根据环境条件选择块体材料的强度等级、抗渗、耐酸、耐碱性能指标。

3.2.7 夹心墙的外叶墙的砖及混凝土砌块的强度等级不应低于 MU10。

3.3.1 砌筑砂浆的最低强度等级应符合下列规定：

1 设计工作年限大于和等于 25 年的烧结普通砖和烧结多孔砖砌体应为 M5，设计工作年限小于 25 年的烧结普通砖和烧结多孔砖砌体应为 M2.5；

2 蒸压加气混凝土砌块砌体应为 Ma5，蒸压灰砂普通砖和蒸压粉煤灰普通砖砌体应为 Ms5；

3 混凝土普通砖、混凝土多孔砖砌体应为 Mb5；

4 混凝土砌块、煤矸石混凝土砌块砌体应为 Mb7.5；

5 配筋砌块砌体应为 Mb10；

6 毛料石、毛石砌体应为 M5。

第3章　场地与地基基础抗震

3.1　场地抗震勘察

3.1.1　建筑与市政工程的场地抗震勘察应符合下列规定：

1　根据工程场址所处地段的地质环境等情况，对地段抗震性能作出有利、一般、不利或危险的评价。

2　应对工程场地的类别进行评价与划分。

3　对工程场地的地震稳定性能，如液化、震陷、横向扩展、崩塌和滑坡等，应进行评价，并给出相应的工程防治措施建议方案。

4　对条状突出的山嘴、高耸孤立的山丘、非岩石和强风化岩石的陡坡、河岸和边坡边缘等不利地段，尚应提供相对高差、坡角、场址距突出地形边缘的距离等参数的勘测结果。

5　对存在隐伏断裂的不利地段，应查明工程场地覆盖层厚度以及距主断裂带的距离。

6　对需要采用场址人工地震波进行时程分析法补充计算的工程，尚应根据设计要求提供土层剖面、场地覆盖层厚度以及其他有关的动力参数。

延伸阅读与深度理解

（1）本条明确场地和岩土抗震勘察的基本要求。本条文改自《抗规》GB 50011-2010第4.1.8（强条）、4.1.9条（强条）。

（2）地震造成建筑的破坏，除地震动直接引起的结构破坏外，还有场地的原因，诸如：地基不均匀沉陷，砂性土（饱和砂土和饱和粉土）液化，滑坡，地表错动和地裂，局部地形地貌的放大作用等。为了减轻场地造成的地震灾害、保证勘察质量能满足抗震设计的需要，本条对岩土工程勘察报告提出了强制性要求。抗震设计对工程勘察的强制性要求，是在一般的岩土工程勘察要求基础上补充了抗震设计所必须包含的内容。

（3）勘察内容：应根据实际的土层情况确定，大致应包括地段划分、液化判别（场地设防地震7度及以上），不利地段的地质、地貌、地形条件资料以及滑坡、崩塌、软土震陷等岩土稳定性评价等。

（4）场地地段的划分，在选择建筑场地的勘察阶段进行，根据地震活动情况和工程地质资料综合评价。对软弱土、液化土等不利地段，要按本规范的相关规定提出相应的措施。

（5）场地类别划分要依据场地覆盖层厚度和土层的等效剪切波速两个因素确定。对于多层砌体结构，场地类别与抗震设计无直接关系，可稍放宽场地类别划分的要求，对采用深基础和桩基础，均不能改变其场地类别，必要时可通过考虑地基基础与上部结构共同工作的分析结果，适当减小计算的地震作用。如《抗规》GB 50011-2010（2016版）第

5.2.7 条及《建筑地基基础设计规范》GB 50007-2011 第 8.4.3 条等给出相应建议。

（6）提供覆盖层厚度范围内各土层的动力参数，包括不同变形状态下的动变形模量和阻尼比，是为了在采用时程分析法计算时形成场址的人工地震波，设计单位无此要求时可以不做。

【工程案例】2022 年 1 月 27 日有位审图者咨询笔者一个问题。

问题一：一个大底盘车库上有 7 个楼，嵌固端在车库顶，这种情况下场地类别每个楼的还可以不一样吗？《抗规》上说得很明白，1.0km^2 范围才是场地，现在勘察报告上都是一个楼一个楼地确定场地类别，不知道是什么依据？现在车库把所有的楼连在一起了，还一个楼一个楼地分场地类别，设计就按降低一级设计？

笔者答复：不可以，但建议设计院与地勘部门再沟通确认一下。后来设计院告诉笔者，地勘部门认为他们提的资料不合适。

2021 年笔者看到“2021 年江苏省建筑工程施工图设计审查技术问答”

也遇到了类似问题，答复与笔者的理解吻合。

问：地库相连的同一小区，勘察报告分区域提供场地类别和特征周期，是否可按勘察报告根据单体所处区域取用？还是必须统一按不利取值？

答：同一小区中，勘察报告分区域提供场地类别和特征周期。若地库跨不同分区，则同一地库上所有建筑物取相同的场地类别和特征周期，按最不利取值或由勘察单位给出综合评定值。

在抗震设计中，场地指具有相似的地震反应谱特征的房屋群体所在地，而不是房屋基础下的地基土。其范围相当于厂区、居民点和自然村，在平坦地区面积一般不小于 1km^2。场地类别的划分只与覆盖层厚度和等效剪切波速有关。一般情况下，覆盖层厚度等于地面至剪切波速大于 500m/s 且其下卧各岩土的剪切波速均不小于 500m/s 的土层顶面的距离；等效剪切波速等于土层计算深度除以剪切波传播的时间，而土层的计算深度则取地面以下 20m 和覆盖层厚度两者中较小值。场地分类与基础埋深及基础形式没有关系。

3.1.2 建筑与市政工程进行场地勘察时，应根据工程需要和地震活动情况、工程地质和地震地质等有关资料按表 3.1.2 对地段进行综合评价。对不利地段，应提出避开；当无法避开时应采取有效的抗震措施。对危险地段，严禁建造甲、乙、丙类建筑。

表 3.1.2 有利、一般、不利和危险地段的划分

地段类别	地质、地形、地貌
有利地段	稳定基岩，坚硬土，开阔、平坦、密实、均匀的中硬土等
一般地段	不属于有利、不利和危险的地段
不利地段	软弱土，液化土，条状突出的山嘴，高耸孤立的山丘，陡坡，陡坎，河岸和边坡的边缘，平面分布上成因、岩性、状态明显不均匀的土层（含故河道、疏松的断层破碎带、暗埋的塘浜沟谷和半填半挖地基），高含水量的可塑黄土，地表存在结构性裂缝等
危险地段	地震时可能发生滑坡、崩塌、地陷、地裂、泥石流等及发震断裂带上可能发生地表位错的部位

延伸阅读与深度理解

（1）本条明确工程场址选择的基本原则和地段划分标准。

（2）地震造成建筑的破坏，情况多种多样，但大致可以分为三类，其一是地震动直接引起的结构破坏，其二是海啸、火灾、爆炸等次生灾害所致，其三是断层错动、山崖崩塌、河岸滑坡、地层陷落等严重地面变形导致。因此，选择有利于抗震的工程场址是减轻地震灾害的第一道工序。

（3）地震造成建筑的破坏，除地震动直接引起的结构破坏外，还有场地的原因，诸如地震引起的地表错动与地裂，地基土的不均匀沉陷、滑坡和粉土、砂土液化，局部地形地貌的放大作用等。为了减轻场地造成的地震灾害、保证勘察质量能满足抗震设计的需要，提出了场地选择的强制性要求。

在抗震设计中，场地指具有相似的反应谱特征的房屋群体所在地，不仅仅是房屋基础下的地基土，其范围相当于厂区、居民点和自然村，在平坦地区面积一般不小于 $1km^2$。

（4）本次规范要求对危险地段，严禁建造甲、乙、丙类建筑。丙类建筑是本次新增加的要求。

（5）《抗规》GB 50011-2010（2016 版）第 4.1.1 条给出了建筑场地划分有利、一般、不利和危险地段的依据。即有利地段为稳定基岩，坚硬土，开阔、平坦、密实、均匀的中硬土等；不利地段为软弱土，液化土，条状突出的山嘴，高耸孤立的山丘，非岩质和强风化岩石的陡坡、陡坎、河岸和边坡的边缘，平面分布上成因、岩性、状态明显不均匀的土层（含故河道、疏松的断层破碎带、暗埋的塘浜沟谷和半填半挖地基），高含水量的可塑黄土，地表存在结构性裂缝等；危险地段为地震时可能发生滑坡、崩塌、地陷、地裂、泥石流等及发震断裂带上可能发生地表位错的部位；一般地段为不属于有利、不利和危险的地段。

（6）《抗规》对最小避让距离提出了要求，如表 3-3-1 所示。

发震断裂的最小避让距离（m） **表 3-3-1**

设防类别	甲类	乙类	丙类	丁类
8 度	专门研究	200m	100m	—
9 度	专门研究	400m	200m	—

注：1. 在避让距离范围内确有需要建造分散的、低于三层的丙、丁类建筑时，应按提高一度采取抗震措施，并提高基础及上部结构的整体性，且不得跨越断层线。
2. 在发震断裂的最小避让距离范围内存在有影响的滑坡体，应严格避让。

（7）典型不利地段，如图 3-3-1 所示。

（8）当需要在条状突出的山嘴、高耸孤立的山丘、非岩石和强风化岩石陡坡、河岸和边坡边缘等不利地段建造丙类及丙类以上建筑时，除保证其在地震作用下的稳定性以外，尚应估计不利地段对设计地震动参数可能产生的放大系数。其值应根据不利地段的具体情况确定，在 1.1～1.6 范围内取用。具体可参考如下使用：

水平地震影响系数的增大系数的计算方法（图 3-3-2）：

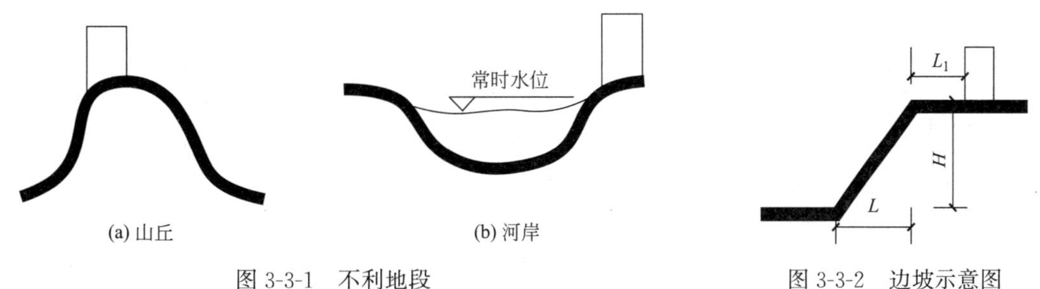

(a) 山丘 (b) 河岸

图 3-3-1 不利地段

图 3-3-2 边坡示意图

$$\lambda = 1 + \xi\alpha$$

式中 λ——局部突出地形顶部的地震影响系数的放大系数；

ξ——附加调整系数，建筑场地离突出台地边缘的距离 L_1 与边坡高度 H 的比值有关。

当 $L_1/H<2.5$ 时，ξ 可取为 1.0；

当 $2.5 \leqslant L_1/H<5$ 时，ξ 可取为 0.6；

当 $L_1/H \geqslant 5$ 时，ξ 可取为 0.3。

α——局部突出地形地震动参数的增大系数，具体取值如表 3-3-2 所示。

局部突出地形地震动参数的增大系数 **表 3-3-2**

突出地形的高度 H(m)	半岩质地层	$H<5$	$5 \leqslant H<15$	$15 \leqslant H<25$	$H \geqslant 25$
	岩质地层	$H<20$	$20 \leqslant H<40$	$40 \leqslant H<60$	$H \geqslant 60$
局部突出台地边缘的侧向平均坡降(H/L)	$H/L<0.3$	0	0.1	0.2	0.3
	$0.3 \leqslant H/L<0.6$	0.1	0.2	0.3	0.4
	$0.6 \leqslant H/L<1.0$	0.2	0.3	0.4	0.5
	$H/L \geqslant 1.0$	0.3	0.4	0.5	0.6

注：本条的规定对各种地形，包括山包、山梁、悬崖、陡坡都可以应用。

（9）减轻液化影响的地基和上部结构处理，可综合采用以下各项技术措施：

1）选择合适的基础埋置深度；

2）调整基础底面积，减少基础偏心；

3）加强基础的整体性和刚度，如采用箱基、筏板基础或钢筋混凝土交叉条形基础，砌体结构加基础圈梁等；

4）减轻荷载、增强上部结构的整体刚度和均匀对称性，合理设置沉降缝，避免采用对不均匀沉降敏感的结构形式等；

5）管道穿过建筑处应预留足够尺寸或采用柔性接头等；

6）全部消除液化震陷常采用如图 3-3-3 所示的几种措施，处理范围如图 3-3-4 所示。

（10）存在软弱土的场地为不利地段，但其软弱土的厚度没有界定，是否只要场地存在软弱土就一定是不利地段？

土的类型和场地的类型是两个不同的概念，土的类型是指单一土层，场地土类型是指场地内多层土的组合，因此土的类型可用剪切波速确定，场地土类型则需要等效剪切波速确定。等效剪切波速已考虑了各层土的厚度因素，因此认为只要场地存在软弱土就一定是

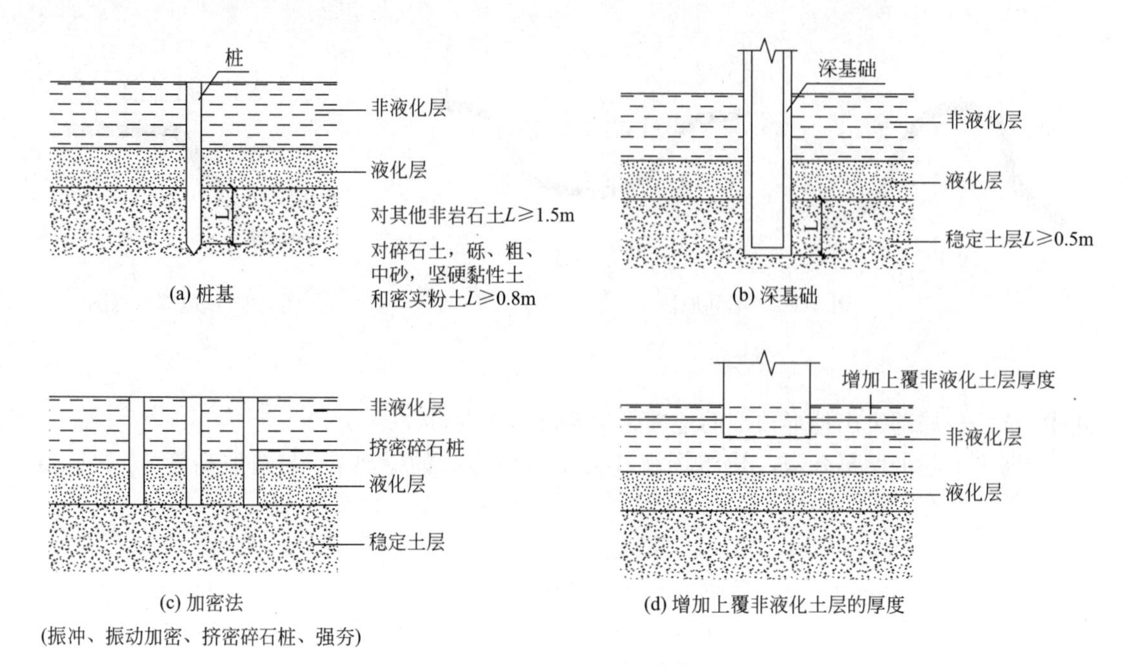

图 3-3-3 全部消除液化震陷的几种措施

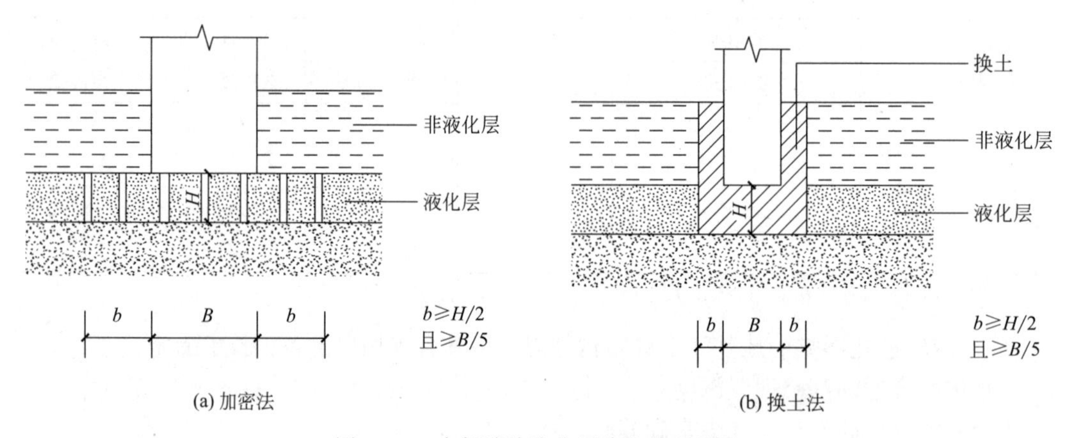

图 3-3-4 全部消除液化震陷的处理范围

不利地段是不合适的。

【工程案例】某工程为重点设防类，位于高烈度区 8 度（0.20g），地震分组为第一组，场地类别为Ⅲ类。地勘报告显示场地约有 20m 厚的强液化土层存在。设计院采用预应力管桩，当地审图专家由于初次遇到吃不准，建议甲方找北京的专家进行评审。笔者在北京与地勘专家（建设部综合勘察院）、地基基础专家（中国建研院地基所）、结构专家（中国中元）一起对工程基础方案进行评审。

工程概况：拟建工程为养老建筑，建筑面积 10256.63m^2，共 1 栋建筑物，框架结构，地上五层地下一层，桩基础深度 22.5m。

地勘报告给出的相关资料：

1. 地层分布经钻探工作揭露，勘探深度范围内场地地层自上而下为：

（1）第四系全新统填土层（Q_4^{ml}）

① 杂填土：杂色，稍密，稍湿，粉土砾石为主，含建筑垃圾。揭露层厚 0.30～1.20m，揭露层底标高 544.0～545.0m。

（2）第四系全新统冲积层（Q_4^{al}）

② 粉土：土黄色，稍密，稍湿，摇振反应中等，无光泽，干强度、韧性低。揭露层厚 6.40～7.60m，揭露层底标高 536.8～538.3m。

③ 淤泥质粉土：灰褐色，无摇振反应，稍有光滑，干强度低，韧性低。揭露层厚 19.7～20.70m，揭露层底标高 516.8～518.0m。

④ 圆砾：杂色，中密，饱和，成分以花岗岩、玄武岩为主，粒径一般为 2～10mm，含量约占 52%，其他为细砂、粗砂，个别粒径约为 3～10cm，次圆状，级配一般。含土成分，含量约占 10%。揭露层厚 2.50～5.50m，层底标高 512.4～515.1m。

⑤ 粉质黏土：棕红色，硬塑，稍有光泽，韧性中等，干强度中等，无摇振反应，含砾石。揭露层厚 4.20～7.0m，层底标高 507.2～510.3m。

⑥ 圆砾：杂色，中密，饱和，成分以花岗岩、玄武岩为主，粒径一般为 2～10mm，含量约占 52%，其他为细砂、粗砂，个别粒径为 3～10cm，次圆状，级配一般。含土成分，含量约占 10%。揭露层厚 1.90～4.20m，层底标高 504.9～506.1m。

（3）侏罗系岩层（J）

⑦ 中风化凝灰岩：灰白色，隐晶质结构，块状构造，岩芯呈短柱状，一般柱长 5cm，风化裂隙发育，为较软岩，较破碎，基本质量等级为Ⅳ级。软化系数为 0.82，揭露层顶标高 504.9～506.1m。

典型地质剖面如图 3-3-5 所示。

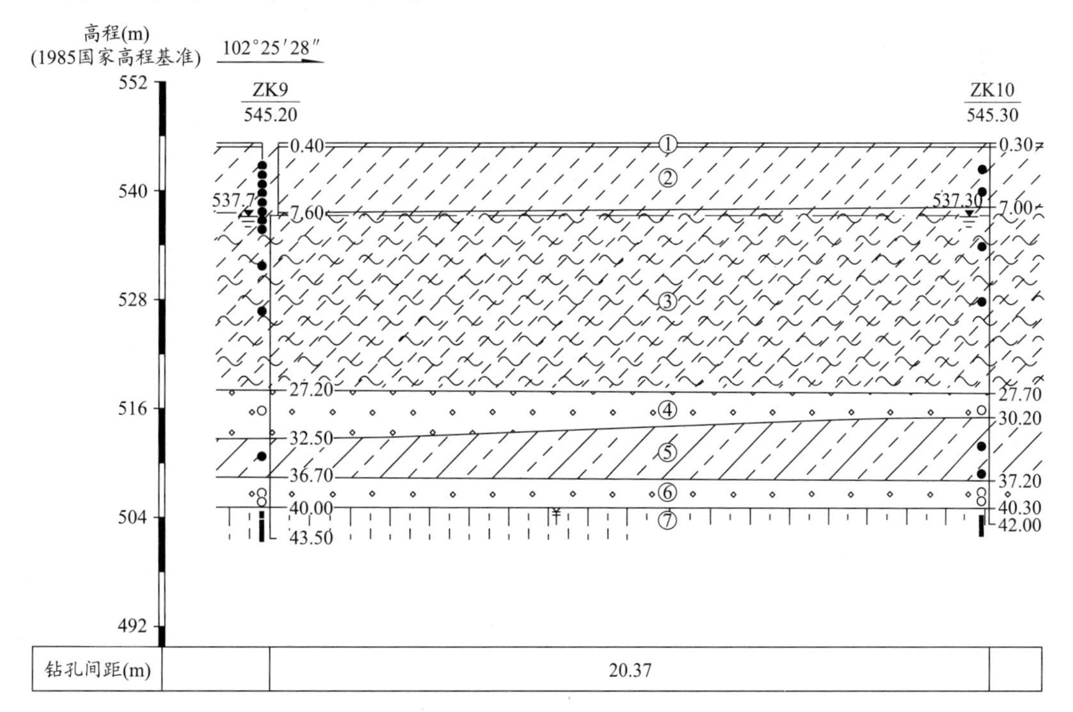

图 3-3-5　典型地质剖面图

2. 场地不良地质作用评价

场地范围内未发现活动断裂，天然状态下不存在岩溶、滑坡、泥石流、地面沉降等其他不良地质作用。场地内粉土存在轻微湿陷性；场地内淤泥质粉土存在严重液化现象。

3. 论证评审意见及建议

基础专题评审会专家意见书

2022 年 1 月 4 日，由建设方在赤峰市组织线上线下专家评审会。参会人员有甲方、勘察、设计、施工图审查单位相关人员，与会专家听取设计、勘察等汇报，审阅了相关资料，经过质询和讨论，形成如下专家意见及建议：

一、本工程采用预应力管桩或钻孔管注桩均可，但均需要采用必要的技术措施；

1. 针对设计单位所用的 PHCϕ600mm 的混凝土预应力管桩应采取合理的措施：

(1) 桩选型应选用高强预应力管桩，但宜选用高强、高延性的混凝土混合配筋管桩，即 PRC 管桩。

(2) 对③层淤泥质粉土（液化土层）进行水泥土搅拌或旋喷桩地基处理，处理深度建议 15d（d 为桩径）；

(3) 采用 PRC 混凝土预应力管桩桩长应加长，建议桩端持力层为⑥层圆砾层，且最终的桩长应由计算确定；

(4) 采用 PRC 混凝土预应力管桩应满足《抗规》GB 50011-2010（2016 年版）第 4.4.5 条的相关规定。

2. 本工程也可以采用长螺旋钻孔压灌桩（后插钢筋笼）或泥浆护壁钻孔灌注桩，并满足以下措施：

(1) 对于灌注桩的桩身配筋应满足《抗规》GB 50011-2010（2016 年版）第 4.4.5 条的相关规定，桩身箍筋加密区长度应取液化土层下 1.0m；

(2) 灌注桩的桩端持力层建议选取 7 层中风化凝灰岩，且桩长应由计算确定；

(3) 灌注桩施工前应对③层淤泥质粉土（液化土层）进行水泥土搅拌或旋喷桩地基处理，处理深度为桩承台以下不小于 2.5m；如果能够保证基础底以下有 2.5m 以上的②层粉土后，可不再对③层淤泥质粉土进行处理；

(4) 由于深厚的③层淤泥质粉土成孔差，应按当地的施工经验及实际情况采取合理有效的护壁措施，避免塌孔。建议建设单位施工前进行现场试桩试验，以确定成桩的可行性，确保工程桩安全质量。

二、本工程对于肥槽回填应加强地下室侧向约束的处理，回填材料可采用预拌流态固化土、灰土、素混凝土等材料进行回填。

三、对于地勘报告应补充相关缺失参数，建议甲方可委托第三方进行复勘工作。

以上两种方案均可满足安全可靠的要求，建议甲方结合工程情况综合考虑，选择经济性合理的方案即可。

说明：2022 年 1 月 10 日得到甲方反馈信息，第三方复勘结论与原地勘一致。

3.1.3 工程场地应根据岩石的剪切波速或土层等效剪切波速和场地覆盖层厚度按表 3.1.3 进行分类。

表 3.1.3 各类场地的覆盖层厚度（m）

岩石的剪切波速 V_s 或土的等效剪切波速 V_{se}(m/s)	场地类别				
	I_0	I_1	Ⅱ	Ⅲ	Ⅳ
$V_s>800$	0				
$800\geqslant V_s>500$		0			
$500\geqslant V_{se}>250$		<5	≥5		
$250\geqslant V_{se}>150$		<3	3～50	>50	
$V_{se}\leqslant150$		<3	3～15	15～80	>80

延伸阅读与深度理解

（1）本条明确场地类别的划分标准。场地类别是工程抗震设计的重要参数，对其划分标准作出强制性要求是必要的。

（2）场地类别划分，不要误认为“场地土类别”划分，要依据场地覆盖层厚度和场地土层软硬程度（以等效剪切波速表征）这两个因素。考虑到场地是一个较大范围的区域，对于多层砌体结构，场地类别与抗震设计无直接关系，可略放宽场地类别划分的要求：在一个小区，应有满足最少数量且深度达到 20m 的钻孔；采用深基础或桩基，均不改变其场地类别，必要时可通过考虑地基基础与上部结构共同工作的分析结果，适当减小计算的地震作用。

（3）计算等效剪切波速时，土层的分界处应有波速测试值，波速测试孔的土层剖面应能代表整个场地；覆盖层厚度和等效剪切波速都不是严格的数值，有±15%的误差属正常范围。当上述两个因素距相邻两类场地的分界处属于上述误差范围时（图 3-3-6），允许勘察报告说明该场地界于两类场地之间，以便设计人员通过插入法确定设计特征周期。

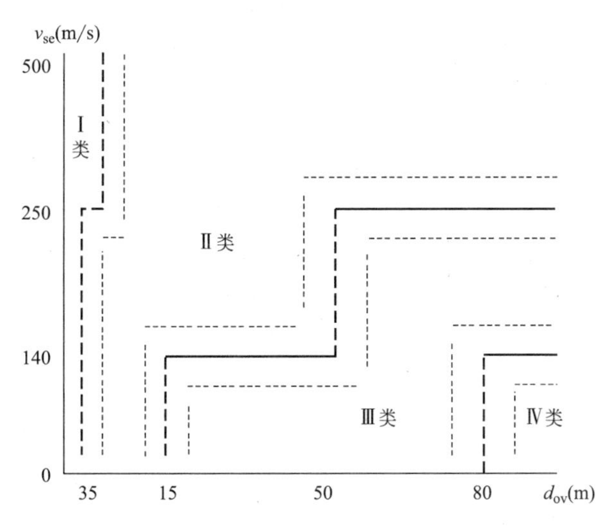

图 3-3-6 场地类别划分示意

说明：具体如何插入，由于内容较多，这里不再赘述，可参见笔者 2021 年出版发行的《结构工程师综合能力提升与工程案例分析》一书。

（4）场地类别是建筑抗震设计的重要参数，《抗规》GB 50011-2010（2016 版）第 4.1.6 条依据覆盖土层厚度和代表土层软硬程度的土层等效剪切波速，将建筑的场地类别划分为四类。波速很大或覆盖层很薄的场地划为Ⅰ类，波速很低且覆盖层很厚的场地划为Ⅳ类；处于二者之间的相应划分为Ⅱ类和Ⅲ类。

关于剪切波速，《抗规》给出对剪切波速测试孔的最少数量要求：对初步勘察阶段，大面积的同一地质单元不少于三个；详勘阶段，对密集的高层建筑和大跨空间结构，每幢建筑不少于一个；《抗规》给出土层等效剪切波速确定方法：取 20m 深度和场地覆盖层厚度较小值范围内各土层中剪切波速以传播时间为权的平均值。

关于覆盖层厚度，《抗规》给出场地覆盖层厚度定义和确定方法：从地面至剪切波速大于 500m/s 的基岩或坚硬土层或假想基岩的距离，扣除剪切波速大于 500m/s 的火山岩硬夹层。

（5）确定“假想基岩”的条件是下列二者之一：其一，该土层以下的剪切波速均大于 500m/s；其二，相邻土层剪切波速比大于 2.5，且同时满足该土层及其下卧土层的剪切波速均不小于 400m/s 和埋深大于 5m 的条件。因此，剪切波速大于 500m/s 的透镜体或孤石应属于覆盖层的范围；而剪切波速大于 500m/s 的火山岩硬夹层应从覆盖层厚度中扣除。

（6）本条文改自《抗规》GB 50011-2010 第 4.1.4、4.1.5、4.1.6 条（强条）。

地层深度(m)	岩土名称	地层柱状图	剪切波速度v_s(m/s)
2.5	填土		120
5.5	粉质黏土		180
7.0	黏质粉土		200
11.0	砂质粉土		220
18.0	粉细砂	fx	230
21.0	粗砂	C	290
48.0	卵石		510
51.0	中砂	Z	380
58.0	粗砂	C	420
60.0	砂岩		800

图 3-3-7　工程柱状图

【工程案例 1】某工程地勘报告提供的波速测试成果如图 3-3-7 所示，求等效剪切波速，并判别建筑场地类别。

第一步：先确定覆盖层厚度

根据《抗规》第 4.1.4 条第 1 款的规定，建筑场地覆盖层厚度，“一般情况下，应按地面至剪切波速大于 500m/s 且其下卧各层岩土的剪切波速均不小于 500m/s 的土层顶面的距离确定”。

根据上述规定并依据柱状图中的 v_s 值，该场地的覆盖层厚度为 58m，大于 50m，且大于 1.15×50=57.5m。

第二步：计算等效剪切波速

（1）计算深度 d_0

根据《抗规》第 4.1.5 条规定，计算土层等效剪切波速时，计算深度 d_0 取覆盖层厚度和 20m 两者的较小值。本例中，覆盖层厚度为 58m，因此，d_0=20m。

（2）等效剪切波速

根据《抗规》第 4.15 条公式：

$$v_{se}=d_0/t$$

$$t=\sum_{i=1}^{n}(d_i/v_{si})=\frac{2.5}{120}+\frac{3.0}{180}+\frac{1.5}{200}+\frac{4.0}{220}+\frac{7.0}{230}+\frac{2}{290}$$

$$=0.0998(s)$$

$$v_{se}=\frac{20}{0.0998}=200.4>1.15\times150=172.5\text{m/s}$$

第三步：判定场地类别

根据《抗规》第 4.1.6 条规定，该场地应为Ⅲ类场地。

【工程案例 2】某高层建筑工程波速测试成果柱状图如图 3-3-8 所示，求等效剪切波速，并判别建筑场地类别。

地层深度(m)	岩土名称	地层柱状图	剪切波速度 v_s(m/s)
6.0	填土		130
12.0	粉质黏土		150
17.0	粉细砂	fx	155
22.0	粗砂	C	160
27.0	圆砾		420
51.0	卵石		450
55.0	砂岩		780

图 3-3-8 工程地勘柱状图

第一步：先确定覆盖层厚度

根据《抗规》第 4.1.4 条第 2 款规定，当地面 5m 以下存在剪切波速大于其上部各土层剪切波速 2.5 倍的土层，且该层及其下卧各层岩土的剪切波速均不小于 400m/s 时，场地覆盖层厚度可按地面至该土层顶面的距离确定。

本例中，粗砂层波速为 160m/s，圆砾层波速为 420m/s＞2.5×160＝400m/s，而且，圆砾层以下各土层波速均大于 400m/s，因此，该场地覆盖层厚度为 22m。

第二步：计算等效剪切波速

（1）计算深度 d_0

根据《抗规》第 4.1.5 条规定，计算土层等效剪切波速时，计算深度 d_0 取覆盖层厚度和 20m 两者的较小值。本例中，覆盖层厚度为 22m，因此，$d_0=20$m。

（2）等效剪切波速

根据《抗规》4.1.5 条公式：

$$v_{se}=d_0/t$$

$$t=\sum_{i=1}^{n}(d_i/v_{si})=\frac{6}{130}+\frac{6}{150}+\frac{5}{155}+\frac{3}{160}=0.046+0.04+0.032+0.019=0.137(\text{s})$$

$$v_{se}=\frac{20}{0.137}=145.99\begin{array}{l}<150\text{m/s}\\>0.85\times150=127.5\text{m/s}\end{array}$$

第三步：判定场地类别

根据《抗规》第 4.1.6 条规定，该工程场地一般勘探单位就会确定为Ⅲ类。但应注意，由于该工程场地的等效剪切波速值位于Ⅱ、Ⅲ类场地的分界线附近，因此，工程设计时，场地特征周期应按规定插值确定，以使设计经济性更加合理。

对于重要工程，建议大家依据地勘提供的覆盖层厚度及各层剪切波速、地震分组，依据规范提供的图或表进行调整校核。但请切记《抗规》第 4.1.6 条在条文说明里给出的特征周期等值线图，这个图直接查仅适合地震分组为第一组，第二组、第三组《抗规》没有交代如何处理。

图 3-3-9 是《抗规》编制组给出的不同地震分组的场地类别分界的设计参数以供参考，

笔者预计下次《抗规》修订会把三组都给出来，以便设计者正确应用。

附件2：T_g等值线图

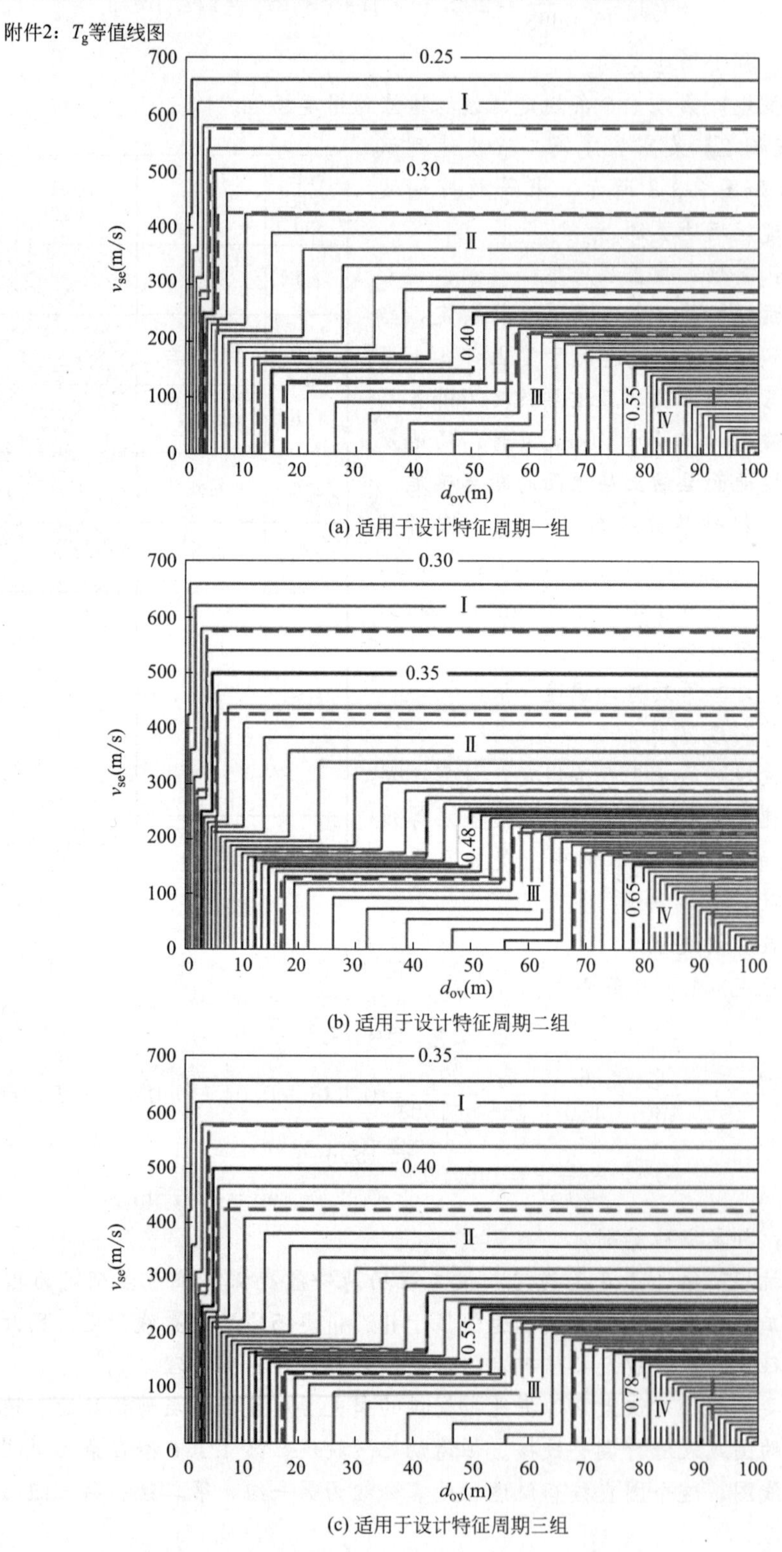

(a) 适用于设计特征周期一组

(b) 适用于设计特征周期二组

(c) 适用于设计特征周期三组

图 3-3-9　不同地震分组的场地类别分界的设计参数

3.2 地基与基础抗震

3.2.1 天然地基的抗震验算，应采用地震作用效应的标准组合和地基抗震承载力进行。地基抗震承载力应取地基承载力特征值与地基抗震承载力调整系数的乘积。地基抗震承载力调整系数应根据地基土的性状取值，但不得超过 1.5。

延伸阅读与深度理解

（1）本条明确天然地基抗震验算的原则要求。地基抗震验算是抗震设计的重要内容，效应组合和抗力如何取值是验算正确与否的关键，因此，对天然地基抗震验算的效应和抗力取值作出强制性的原则要求是必要的。

（2）本条文改自《抗规》GB 50011-2010（2016 版）第 4.2.2 条（强条）。补充了不得超过 1.5 的规定。其实在实际工程中也没有人超过 1.5。

（3）地基土在有限次循环动力作用下的动强度，一般比静强度略高，同时地震作用下的结构可靠度容许比静载下有所降低，因此，在地基抗震验算时，除了按《建筑地基基础设计规范》GB 50007 的规定进行作用效应组合外，对其承载力也应有所调整。

（4）地基抗震验算时，包括天然地基和桩基，其地震作用效应组合应采用标准组合，即重力荷载代表值和地震作用效应的分项系数均取 1.0。

（5）地基的抗震承载力，按《建筑地基基础设计规范》GB 50007 采用承载力特征值表示，应对静力设计的承载力特征值加以修正，乘以天然地基和桩基的抗震承载力特征值调整系数。《抗规》GB 50011-2010（2016 版）第 4.2.3 条给出天然地基抗震承载力特征值的调整系数，静力设计的特征值越大，调整系数越大，但不超过 1.5；第 4.4.2 条给出非液化土中桩基的抗震承载力特征值的调整：竖向和横向均提高 25%。第 4.4.3 条给出液化土中桩周摩阻力和水平抗力的折减，依据实际标准贯入锤击数与液化临界标准贯入锤击数的比值，取 1/3～2/3 的折减系数。

（6）注意事项

1）抗震承载力是在静力设计的承载力特征值基础上进行调整，而静力设计的承载力特征值应按《建筑地基基础设计规范》GB 50007 做基础深度和宽度的修正，因此不可先做抗震调整后再进行深度和宽度修正。

2）地基基础的抗震验算一般采用所谓的“拟静力法”，即将施加于基础上的地震作用当作静力，然后验算这种条件下的承载力和稳定性。天然地基抗震验算公式与《建筑地基基础设计规范》GB 50007 相同，平均压力和最大压力的计算均应取标准组合。

3）基础构件的验算，包括天然地基的基础高度、桩基承台、桩身等，仍采用地震作用效应基本组合按《抗规》GB 50011-2010（2016 版）第 5.4.2 条规定进行构件的抗震截面验算，基础构件的承载力抗震调整系数 γ_{RE} 应根据不同受力状态确定。

4）地基基础的有关设计参数应与勘察成果相符；基础选型应与岩土工程勘察成果协调。

（7）由于本规范及《抗规》没有针对地震作用组合下复合地基承载力的研究成果，因此本规范自然未提供复合地基抗震承载力调整系数。

(8) 关于复合地基承载力抗震验算调整系数问题讨论

由于目前《抗规》没有对CFG桩等在地震作用下是否可以提高抗震承载力的说明，故工程界就出现了两种观点：

观点一：《抗规》没有规定，就不提高。笔者认为这种观点简单粗暴，但未必合理。

观点二：既然天然地基和桩基础都可以考虑，自然复合地基也应可以考虑。这也是笔者的观点。但具体提高多少？每个设计师把握的尺度不一。笔者遇到的有按处理后复合地基承载力特征值大小与《抗规》表 4.2.3 给出类似土取值（如处理后承载力特征值不小300kPa，就取 1.5），也有的地方直接取 1.2 的调整系数。当然以上取值应该说均无可靠试验资料支撑。

表 4.2.3 天然地基抗震承载力调整系数

岩土名称和性状	ζ_a
岩石，密实的碎石土，密实的砾、粗、中砂，$f_{ak} \geqslant 300$kPa 的黏性土和粉土	1.5
中密、稍密的碎石土，中密和稍密的砾、粗、中砂，密实和中密的细、粉砂，$150\text{kPa} \leqslant f_{ak} < 300\text{kPa}$ 的黏性土和粉土，坚硬黄土	1.3
稍密的细、粉砂，$100\text{kPa} \leqslant f_{ak} < 150\text{kPa}$ 的黏性土和粉土，可塑黄土	1.1
淤泥，淤泥质土，松散的砂，杂填土，新近堆积黄土及流塑黄土	1.0

我们一起看看相关规范编制单位对这个问题的解释：

抗震规范：$f_{aE}=\zeta_a f_a$《抗规》公式（4.2.3）；

天然地基：$f_a=f_{ak}+\eta_b\gamma(b-3)+\eta_d\gamma_m(d-0.5)$，《建筑地基基础设计规范》公式（5.2.4）；

复合地基：$f_{spk}=\lambda_m R_a/A_p+\beta(1-m)f_{sk}$，《建筑地基处理技术规范》公式（7.1.5-2）；

复合地基考虑深度修正：$f_a=\lambda_m R_a/A_p+\beta(1-m)f_{sk}+\gamma_m(d-0.5)$ （3-3-1）

式中：f_{aE}——调整后的地基抗震承载力特征值（kPa）；

ζ_a——天然地基土抗震承载力调整系数；

f_a——修正后的地基承载力特征值（kPa）；

f_{ak}——天然地基承载力特征值（kPa）；

η_b、η_d——基础宽度和深度的地基承载力修正系数；

b、d——基础宽度和埋置深度（m）；

γ、γ_m——基础底面以下土的重度和基础底面以上土的加权平均重度（kN/m^3）；

f_{spk}——复合地基承载力特征值（kPa）；

λ——单桩承载力发挥系数，按地区经验取值；

m——复合地基面积置换率；

R_a——单桩竖向承载力特征值（kN）；

A_p——桩的截面面积（m^2）；

β——桩间土承载力发挥系数，按地区经验取值；

f_{sk}——处理后桩间土承载力特征值（kPa）。

问题 1：对于复合地基，《抗规》表 4.2.3 按什么指标确定调整系数？

问题 2：复合地基公式（3-3-1）中 3 项均乘 ζ_a？

为了回答以上两个问题，需要看看规范编委的解释：

（1）根据汶川地震震害调查，CFG 桩复合地基按荷载标准值设计均为轻微破坏。汶川震害调查资料多为基础埋深不大的情况，按荷载标准值确定的设计参数，在地震作用条件下工程没有问题。

（2）打桩后为人工地基，原土变为桩间土，桩基土受到侧向约束，会使地基承载力和模量有所提高（有侧限与无侧限的区别），但由于设置褥垫层，产生负摩擦区，对桩是负摩擦，对桩间土是阻止土下沉的正摩擦，使桩间土承载力和模量有所提高。这就改变了天然地基土的受力性状。对可挤密和挤密效果好的土，选用具有振密、挤密作用的施工工艺，如振动沉管施工工艺，桩间土承载力会高于天然地基承载力。因此《抗规》表 4.2.3 应选用 f_{sk} 确定 ζ_a，f_{sk} 由桩间土现场静载荷试验确定。

（3）《抗规》表 4.2.3 是根据动三轴测定的原状土动静强度比等于动静承载力比给出的，目前尚没有动荷载条件下单桩承载力提高的资料，不宜按复合地基承载力特征值 f_{spk} 选用 ζ_a。

（4）按荷载标准值确定复合地基设计参数，考虑地震作用组合进行验算，不管设计要求是否考虑深度修正，边载的存在肯定对复合地基承载力提高有作用。验算时必须把深度修正的量计入抗力。

为了避免过度保守，复合地基抗震承载力按下述方法进行计算：

$$f_{spE}=\lambda_m R_a/A_p+\zeta_a\beta(1-m)f_{sk}+\zeta_a\gamma_m(d-0.5) \tag{3-3-2}$$

式中，按表 4.2.3 确定 ζ_a 时，用打桩后的桩间土承载力特征值 f_{sk} 取代 f_{ak}；当无实测的 f_{sk} 时按原状土承载力特征值确定，此时 λ（0.8～0.9）及 β（0.9～1.0）均可取高值。

特别说明：以上建议及观点已经被纳入北京市建筑设计院有限公司 2019 年 10 月出版发行的《建筑结构专业技术措施》（2019 版）之中。

笔者总结如下，目前《地规》的编制单位给出的结论是：

（1）复合地基承载力抗震承载力可以调整提高。

（2）建议用打桩后桩间土承载力特征值 f_{sk} 取代 f_{ak}；当无实测 f_{sk} 时按原状土承载力特征值确定。

笔者认为随着研究的不断深入，今后刚性桩的承载力也是可以考虑 ζ_a 提高的。

上海地标《建筑抗震设计规程》DGJ08-9-2013 中第 4.3.2 条的条文说明：对于沉降控制复合桩基，当需要进行抗震强度验算时，原则上可对承台以下地基承载力和桩的承载力分别参考天然地基和桩基承载力的抗震调整方法予以提高。

【工程案例 1】安徽亳州某住宅工程采用 CFG 复合地基处理

1. 项目概况

项目总建筑面积 576624m^2，地上 34 层，建筑高度约 99.2m；地下 1 层，层高约 5.05m。工程效果图如图 3-3-10 所示。

2. 地质勘察单位建议

33～34 层主楼：可采用 CFG 桩或预应力管桩复合地基，基础持力层可选⑤号土层，

图 3-3-10 工程效果图

桩端持力层可选⑥号或⑦号土层。

3. 设计方案简介

住宅单体地上 34 层，设计中针对本工程实际情况分别对 CFG 桩＋筏板基础、预应力管桩复合地基＋筏板基础、预应力管桩基础三种方案进行了比较，其中还对 CFG 桩和管桩桩径按 400mm、500mm 分别进行了细化比较。比较中结合各种不同基础方案形式的经济性、施工周期等进行了详细分析，通过比较建议本项目采用 CFG 地基处理＋筏板基础形式。地下车库为地下一层，普通车库层高约 3.4m，顶板覆土 1.5m。车库基础设计中分别对独立柱基（天然地基）＋防水板、筏板基础＋下反柱墩、独立柱基（CFG 地基处理）＋防水板方案进行了经济性与施工周期对比；由于部分区域存在抗浮问题，故对相关区域采用压重抗浮、抗拔锚杆抗浮方案进行了经济性及施工周期对比，通过比较建议车库采用筏板基础＋下反柱墩基础方案、车库抗浮采用抗拔锚杆（D400mm）方案。

4. 提请专家论证事宜

（1）地震工况下地基承载力是否可以乘以调整系数?

（2）CFG 复合地基处理后土基床系数如何选取?

（3）目前 1 号、2 号楼栋 CFG 桩长细比大于 50，部分楼栋长细比达到 60，是否可行?

（4）部分楼栋持力土层为第 4 层粉质黏土（f_{ak}＝130kPa），经处理后地基承载力将达到 580kPa，提高幅度较大，是否可行?

（5）本基础底板跨厚比基本满足不大于 6，拟采用倒楼盖法进行基础计算，是否可行?

5. 论证会议意见及建议

本工程应甲方要求邀请了中国建筑科学研究院、中国建筑设计研究院、中国中冶建筑设计研究院的专家及本人参与评审。与会专家认真听取了设计院对本工程情况及地基处理方案、基础形式优选过程的详细介绍，经质询和讨论形成以下意见及建议：

（1）设计院前期针对本工程经过多方案比选，优选出适合本工程的地基处理方式及基础形式是合适的。即：

1）高层建筑采用 CFG 地基处理＋筏板基础；

2）车库采用筏板下返柱墩方案；

3）抗浮采用抗浮锚杆或配重方案，请设计单位与业主协商综合考虑，选择综合性价比较高的方案。

（2）地震工况下地基承载力可以乘以调整系数，按 1.2 考虑。

（3）CFG 桩的长径比不宜超过 60。

（4）基床系数建议按规范推荐值计算，载荷板试验实测值复核。

（5）没有具体规定 CFG 处理不能达到桩间土几倍，施工完成后，经处理的地基承载力能达到即可。

(6) 筏板厚度满足倒楼盖条件，地基处理均匀可以采用倒楼盖计算。

(7) 建议施工图阶段结合各单体建筑的情况及地勘资料对各单体进行细化，以使地基处理和基础设计安全可靠，经济合理。

(8) 建议业主尽快委托具有相关资质的地基处理单位对 CFG 桩复合地基的施工工艺、单桩承载力、复合地基承载力、基床系数进行试验，以确保 CFG 地基处理的可靠性和经济合理性。

【工程案例2】某项目关于 CFG 桩抗震承载力调整问题的论证

1. 工程概况

北京房山某住宅小区，建筑面积 10.5 万 m^2，地上 10～12 层，地下 1 层，地勘报告建议采用 CFG 地基处理方案。工程鸟瞰图如图 3-3-11 所示。

图 3-3-11 工程鸟瞰图

2. 咨询问题

甲方希望设计院在进行抗震验算时考虑地震工况提高系数，但设计院咨询审图单位意见时，审图单位建议目前这个系数规范没有明确如何选取，建议组织相关专家进行论证。为此设计单位邀请了中国建筑科学研究院专家、审图公司专家及笔者参与论证。

3. 专家论证意见及建议

与会专家听取了设计院详细汇报，讨论形成如下建议及意见：

(1) CFG 处理后的复合地基的抗震承载力按北京市建筑设计有限公司《建筑结构专业技术措施》(2019 版) 式 (4.5.3.3-2) 验算，式中 γ_m (基底以上土的加权平均重度) 的“地下水位”按常水位取。

$$f_{spE}=\lambda_m R_a/A_p+\zeta_a\beta(1-m)f_{sk}+\zeta_a\gamma_m(d-1.5)$$

(2) 上式中无地库侧基础埋深可按室外地面考虑修正。

请注意：北京地区目前深度修正是由 1.5m 开始。

3.2.2 对抗震设防烈度不低于 7 度的建筑与市政工程，当地面下 20m 范围内存在饱和砂土和饱和粉土时，应进行液化判别；存在液化土层的地基，应根据工程的抗震设防类别、地基的液化等级，结合具体情况采取相应的抗液化措施。

延伸阅读与深度理解

（1）本条明确液化判别要求和处理原则。本条文改自《抗规》GB 50011-2010 第4.3.2条（强条）。

（2）作为强制性要求，本条较全面地规定了减少地基液化危害的对策：首先，液化判别的范围为，除6度设防外存在饱和砂土和饱和粉土的土层；其次，一旦属于液化土，应确定地基的液化等级；最后，根据液化等级和建筑抗震设防类别，选择合适的处理措施，包括地基处理和对上部结构采取加强整体性的相应措施等。

（3）地震时由于砂性土（包括饱和砂土和饱和粉土）液化而导致震害的事例不少，需要引起重视。地基和场地是相互联系又有明显差别的两个概念。“地基”是指直接承受基础和上部结构重力的地表下一定深度范围内的岩土，只是场地的一个组成部分。

（4）液化判别一般需要分两步：初步判别和标准贯入判别，若初步判别为可不考虑液化影响，则不必进行标准贯入判别。初步判别依据地质年代、上覆非液化土层厚度和地下水位，《抗规》第4.3.3条给出了相关规定；标准贯入判别要依据未经杆长修正的标准贯入锤击数，《抗规》第4.3.4条给出了相关规定。

（5）关于液化等级的确定，应依据各液化土层的深度、厚度及标准贯入锤击数，《抗规》第4.3.5条给出了先计算液化指数再确定液化等级的方法。

《抗规》第4.3.6条给出平坦场地的抗液化措施分类，共有全部消除液化沉陷、部分消除液化沉陷、地基和上部结构处理三种方法，有时也可不采取措施。三种抗液化措施的具体要求，分别在规范第4.3.7、4.3.8和4.3.9条给出。液化面倾斜的地基，处于故河道、现代河滨或海滨时，《抗规》第4.3.10条给出了抗液化措施。

（6）应注意的几个问题

1）凡初判法认定为不液化或不考虑液化影响，不能再用标准贯入法判别，否则可能出现混乱。用于液化判别的黏粒含量，因沿用20世纪70年代的试验数据，需要采用六偏磷酸钠作分散剂测定，采用其他方法时应按规定换算。

2）液化判别的标准贯入数据，每个土层至少应有6个数据。深基础和桩基的液化判别深度应为20m。

3）计算地基液化指数时，需对每个钻孔逐一计算，然后对整个地基综合评价。

4）采取抗液化工程措施的基本原则是根据液化的可能危害程度区别对待，尽量减少工程量。对基础和上部结构的综合治理，可同时采用多项措施。对较平坦均匀场地的土层，液化的危害主要是不均匀沉陷和开裂；对倾斜场地，土层液化的后果往往是大面积土体流滑导致建筑破坏，二者危害的性质不同，抗液化措施也不同。规范仅对故河道等倾斜场地的液化侧向扩展和液化流滑提出处理措施。

5）液化判别、液化等级不按抗震设防类别区分，但同样的液化等级，不同设防类别的建筑有不同的抗液化措施。因此，乙类建筑仍按本地区设防烈度的要求进行液化判别并确定液化等级，再相应采取抗液化措施。

6）震害资料表明，6度时液化对房屋建筑的震害比较轻微。因此，6度设防的一般建筑不考虑液化影响，仅对不均匀沉陷敏感的乙类建筑需要考虑液化影响，对甲类建筑则需要专门研究。

【液化判别案例】

某高层建筑工程场地，设防烈度为8度，基础埋深小于5m，设计地震分组为第一组，基本加速度为0.2g，工程场地近年高水位埋深为2.0m，地层岩性及野外原位测试及室内试验数据见图3-3-12。判别是否液化以及液化深度及液化指数，并说明液化严重程度。

岩土名称	地层深度(m)	地层柱状图	标贯点中点深度(m)	标贯值 $N_{63.5}$	黏粒含量(%)
粉质黏土	1.5				
砂质粉土	9.5		3.3 4.5 6.0 7.5	7 8 8 9	6 5 6 7
细砂	15.0	X	10.5 12.0 13.5	18 20 23	
重粉质黏土	20.0				

图3-3-12 地层柱状图

【解答】第一步：标准贯入锤击数临界值计算及土层液化判别。

根据地层柱状图需做判别的砂质粉土及细砂层均分布在15.0m以上，按《抗规》第4.3.4条规定，对各标准贯入点逐一进行计算和判别：

第一点：$N_{cr}=N_0\beta\left[l_n(0.6d_s+1.5)-0.1d_w\right]\sqrt{\frac{3}{\rho_c}}$

$$=12\times0.8\left[l_n(0.6\times3.3+1.5)-0.1\times2\right]\sqrt{\frac{3}{6}}=7.1>7$$，液化；

第二点：$N_{cr}=12\times0.8\left[l_n(0.6\times4.5+1.5)-0.1\times2\right]\sqrt{\frac{3}{5}}=9.1>8$，液化；

第三点：$N_{cr}=12\times0.8\left[l_n(0.6\times6+1.5)-0.1\times2\right]\sqrt{\frac{3}{6}}=9.6>8$，液化；

第四点：$N_{cr}=12\times0.8\left[l_n(0.6\times7.5+1.5)-0.1\times2\right]\sqrt{\frac{3}{7}}=9.9>9$，液化；

第五点：$N_{cr}=12\times0.8\left[l_n(0.6\times10.5+1.5)-0.1\times2\right]\sqrt{\frac{3}{3}}=17.8<18$，不液化；

第六点：$N_{cr}=12\times0.8\left[l_n(0.6\times12+1.5)-0.1\times2\right]\sqrt{\frac{3}{3}}=18.9<20$，不液化；

第七点：$N_{cr}=12\times0.8\left[l_n(0.6\times13.5+1.5)-0.1\times2\right]\sqrt{\frac{3}{3}}=19.8<23$，不液化。

该地基的液化深度为9.5m。

第二步：液化指数计算及液化等级划分。

① 各标准贯入点代表土层的分界线深度 d_{li}

第1标准贯入点代表土层的上界面深度 $d_{11}=2.0$m；

（注：因近年高水位为2.0m，位于砂质粉土液化层内，上界面是由近年高水位深度控制）

第1、2标准贯入点代表土层的分界线深度 $d_{12}=(3.3+4.5)/2=3.9$m；

第2、3标准贯入点代表土层的分界线深度 $d_{13}=(4.5+6.0)/2=5.25$m；

第3、4标准贯入点代表土层的分界线深度 $d_{14}=(6.0+7.5)/2=6.75$m；

第4标准贯入点代表土层的下界面深度 $d_{15}=9.5$m。

② 各标准贯入点代表土层的厚度 d_i

第1标准贯入点代表土层厚度 $d_1=3.90-2.00=1.90$m；

第2标准贯入点代表土层厚度 $d_2=5.25-3.90=1.35$m；

第3标准贯入点代表土层厚度 $d_3=6.75-5.25=1.50$m；

第4标准贯入点代表土层厚度 $d_4=9.50-6.75=2.75$m。

③ 各标准贯入点代表土层的中心点深度 h_i

第1标准贯入点代表土层中心点深度 $h_1=(3.90+2.00)/2=2.950$m；

第2标准贯入点代表土层中心点深度 $h_2=(5.25+3.90)/2=4.575$m；

第3标准贯入点代表土层中心点深度 $h_3=(6.75+5.25)/2=6.000$m；

第4标准贯入点代表土层中心点深度 $h_4=(9.50+6.75)/2=8.125$m。

④ 各标准贯入点代表土层中心点深度处的层位影响权函数 W_i

根据《抗规》第4.3.5条的规定，层位影响权函数简图如图3-3-13所示。

第1标准贯入点代表土层中心点深度处的权函数 $W_1=10\text{m}^{-1}$；

第2标准贯入点代表土层中心点深度处的权函数 $W_2=10\text{m}^{-1}$；

第3标准贯入点代表土层中心点深度处的权函数 $W_3=10-2(6.00-5)/3=9.33\text{m}^{-1}$；

第4标准贯入点代表土层中心点深度处的权函数 $W_4=10-2(8.125-5)/3=7.91\text{m}^{-1}$；

⑤ 计算液化指数力 I_{lE}

$$I_{lE}=\sum_{i=1}^{n}\left(1-\frac{N_i}{N_{cri}}\right)d_iW_i$$

$$=\left(1-\frac{7.0}{7.1}\right)1.9\times10+\left(1-\frac{8.0}{9.1}\right)1.35\times10$$

$$+\left(1-\frac{8.0}{9.6}\right)1.5\times9.33+\left(1-\frac{9.0}{9.9}\right)2.75\times7.91$$

$$=6.15\begin{matrix}>6\\<18\end{matrix}$$

根据《抗规》表 4.3.5 的液化指数与液化等级的对应关系（图 3-3-13），该场地属于中等液化场地。

岩土名称	地层深度(m)	地层柱状图	标贯点中点深度(m)	标贯值 $N_{63.5}$	黏粒含量(%)
粉质黏土	3.0	▽			
砂质粉土	8.0		3.5	7	6
			5.0	8	5
			6.5	8	6
细砂	12.0		8.5	15	
		X	10.0	16	
			11.5	17	
粉砂	19.0		12.5	19	
			14.0	20	
		f	15.5	20	
			17.5	21	
黏土	20.0				

图 3-3-13 层位影响权函数简图

（7）处于液化土中的桩基承台周围宜用非液化土（灰土、级配砂石、压实性较好的素土、预拌流态固化土、素混凝土）填筑夯实；若用砂土或粉土，则应使土层标准贯入锤击数 N 不小于现行抗震规范规定的临界值 N_{cr}。地下结构或半地下结构的侧面或地面有液化土层且不处理时，宜考虑液化后土的侧压力、上浮力增大对结构的影响。这主要是由于液化土的重度大于水的重度，导致地下结构所受侧压力、浮力增大。

当承台埋深范围为液化土或者地基静载力特征值小于 40kPa（或不排水抗剪强度小于 15kPa）的软土，且桩基水平承载力不满足地震作用验算要求时，可将承台外侧 1/2 承台边长内的全部液化土、极软土层进行加固处理，以大幅度提高承台正面水平抗力，减小桩顶水平位移和桩身内力。

（8）软弱黏性土和液化土场地上的高层建筑桩基应采用筏形承台，基础埋深应不小于建筑物高度的 1/18。当采用预应力混凝土管桩时，桩直径应大于 400mm。筏基外排桩桩身强度宜适当加强。对于抗震设防烈度为 8 度及以上的软弱黏性土或液化土场地不宜采用预应力混凝土管桩。

（9）液化土和地基静载承载力特征值小于 25kPa（或不排水抗剪强度小于 10kPa）的极软土中的基桩，桩身的受压承载力应考虑压曲影响。

（10）关于桩基设计非地震工况是否需要折减问题

问题：桩基设计时液化土层折减系数是只针对地震组合？还是非地震组合也需要考虑折减？

有人认为既然是非地震工况，就自然可以不考虑。

笔者认为非地震工况也应考虑，理由如下：

1）土层的液化并非随地震同步出现，而是滞后，即地震过后若干小时乃至一两天后才出现喷水冒砂。这说明，桩的极限侧阻并非瞬间丧失，而且并非全部损失。

2）另外地震液化后，依然可以出现非地震工况。

3.2.3 液化土和震陷软土中桩的配筋范围，应取桩顶至液化土层或震陷软土层底面埋深度以下不小于1.0m的范围，且其纵向钢筋应与桩顶截面相同，箍筋应进行加强。

延伸阅读与深度理解

（1）明确液化桩基的构造要求。本条文改自《抗规》第4.4.5条（强条），补充了进入非液化土1.0m的规定。

（2）桩基理论分析已经证明，地震作用下的桩基在软、硬土层交界面处最易受到剪、弯损害，但在采用“m法”的桩身内力计算方法中却无法反映，目前除考虑桩土相互作用的地震反应分析可以较好地反映桩身受力情况外，还没有简便实用的计算方法保证桩在地震作用下的安全，因此必须采取有效的构造措施。

（3）本条的要点在于保证软土或液化土层附近桩身的抗弯和抗剪能力，是保证液化土和震陷软土中桩基安全的关键。

（4）特别注意：这个要求不区分液化等级，均需要加强此区段箍筋，但没有给出箍筋具体如何加强。

（5）对于采用预应力管桩如何处理？

1）笔者建议可以考虑把液化区段全部灌芯，且可以依据液化等级采用灌芯并配置钢筋笼等加强措施。

2）对于这个问题《江苏省预应力混凝土空心方桩图则》苏TZG 01-2021结合本规范给出建议：液化土中的空心方桩，应满足具体工程抗震承载力计算的要求，适当调整桩身主筋和箍筋的配置，应取桩顶至液化土层地面埋深以下不小于1.0m的范围，且其主筋和箍筋均应提高一个规格使用。

【工程案例】唐山某工程

1. 工程概况

场地位于河北省唐山市曹妃甸生态城，包括10～11层住宅楼、配套楼、地下车库等，总建筑面积19万m^2（图3-3-14）。本工程拟建场地抗震设防烈度7度（0.15g），地震分组为第三组。场地类别为Ⅲ类，特征周期为T_g=0.65s。

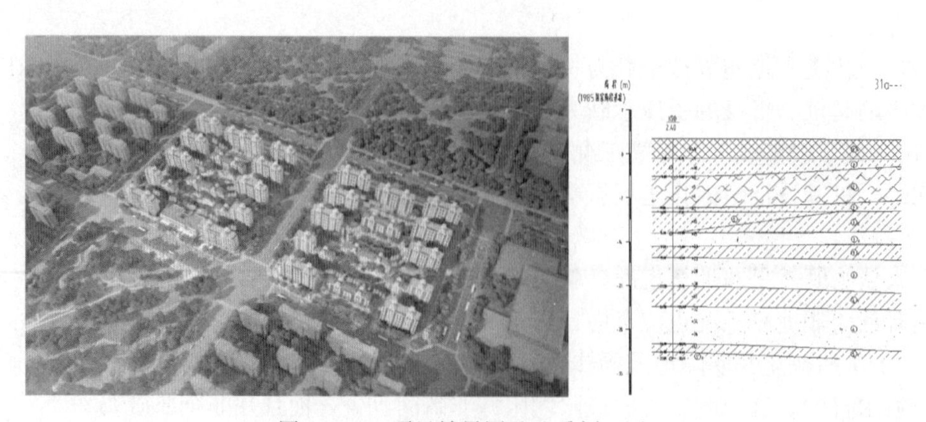

图3-3-14 项目效果图及地质剖面图

2. 工程地质

当 d_w 按地表考虑，依据本次勘察所取得的标准贯入试验数据和黏粒含量数据，按照《抗规》第4.3.4条和第4.3.5条，液化判别标准贯入击数临界值按式 $N_{cr}=N_0\beta[\ln(0.6d_s+1.5)-0.1d_w]\sqrt{3/\rho_c}$ 计算，其中 $N_0=10$，$d_w=0m$，$\beta=1.05$；液化指数按下式计算：$I_{lE}=\sum_{i=1}^{n}\left(1-\frac{N_i}{N_{cri}}\right)d_iW_i$，$0<I_{lE}\leqslant 6$ 为轻微液化，$6<I_{lE}\leqslant 18$ 为中等液化，$I_{lE}>18$ 为严重液化，具体计算过程及结果见场地地震液化计算表，进行计算分析后判定：当地震烈度达到7度时，本场地地基土发生地震液化，主要液化层为粉砂③$_3$ 层，液化指数为0.25～4.37，液化等级为轻微。

场地内粉砂③$_3$ 层局部存在且平坦均匀，(Q_4^m) 粉砂③$_3$ 层：灰褐色，稍密-中密，饱和，土质不均，以石英、长石为主，含云母，砂质不纯。普遍分布。层厚0.79～3.16m，平均层厚1.97m。

场地存在地震液化，主要液化层为粉砂③$_3$ 层，液化等级为轻微，建议采用CFG桩复合地基，具体方式应现场试验并检测。

住宅采用PHC桩、CFG桩复合地基。采用CFG桩复合地基处理时，建议可辅助设计碎石桩进行挤密处理。住宅楼的桩端持力层为④层粉细砂。

3. 咨询结果

设计院经过方案比选采用预应力管桩方案，但没有考虑液化问题，笔者提出需要考虑《抗规》第4.4.5条（强条）要求，建议除计算考虑液化土层侧阻折减之外，还需要适当调整管桩纵筋及箍筋，特别是加强在液化土层及以下段箍筋直径及间距，并与审图单位提前沟通。

第4章　地震作用和结构抗震验算

4.1　一般规定

4.1.1　各类建筑与市政工程地震作用计算时，设计地震动参数应根据设防烈度按本规范第2.2节的相关规定确定，并按下列规定进行调整：

1　当工程结构处于发震断裂两侧10km以内时，应计入近场效应对设计地震动参数的影响。

2　当工程结构处于条状突出的山嘴、高耸孤立的山丘、非岩石和强风化岩石的陡坡、河岸与边坡边缘等不利地段时，应考虑不利地段对水平设计地震参数的放大作用。放大系数应根据不利地段的具体情况确定，其数值不得小于1.1，不大于1.6。

延伸阅读理解

（1）本条条文由《抗规》GB 50011-2010第3.10.3、4.1.8（强条）、4.1.6（强条）、12.2.2条整合而来。

（2）本条明确设计地震动参数的调整要求和控制底线。通常工程设计地震动参数可由现行国家标准《中国地震动参数区划图》GB 18306确定。但区划图给出的地震动参数仅为一般场地条件下的参数，对于近场效应、局部突出地形、实际场地条件等影响因素并无规定。为了确保工程地震安全，尚需考虑上述因素的影响对区划图的参数进行调整，方可用于工程设计。

（3）本条规定了考虑近场效应、局部突出地形以及场地条件影响的调整原则和最低调整要求。

（4）所谓的发震断裂，指的是全新世活动断裂中，近500年来发生过M≥5级地震的断裂或今后100年内可能发生M≥5级地震的断裂。

（5）国内多次大地震的调查资料表明，局部地形条件是影响建筑物破坏程度的一个重要因素。宁夏海源地震，位于渭河谷地的姚庄，实际影响烈度为7度；而相距仅2km的牛家山庄，因位于高出百米的突出的黄土梁上，影响烈度高达9度。1966年云南东川地震，位于河谷较平坦地带的新村，影响烈度为8度；而邻近一个孤立山包顶部的矽肺病疗养院，从其严重破坏程度来评定，影响烈度不低于9度。海城地震，在大石桥盘龙山高差58m的两个测点上收到的强余震加速度记录表明，孤突地形上的地面最大加速度，比坡脚平地上的加速度平均大了1.84倍。1970年通海地震的宏观调查数据表明，位于孤立的狭长山梁顶部的房屋，其震害程度所反映的影响烈度，比附近平坦地带的房屋约高出一度。2008年汶川地震中，陕西省宁强县高台小学，由于位于近20m高的孤立土台之上，地震时其破坏程度明显大于附近的平坦地带。

因此，当需要在条状突出的山嘴、高耸孤立的山丘、非岩石和强风化岩石的陡坡、河岸和边坡边缘等不利地段建造丙类及丙类以上建筑时，除保证其在地震作用下的稳定性外，尚应考虑局部突出地形对地震动参数的放大作用，这对山区建筑的抗震计算十分必要。

（6）一般建设工程的设计地震动参数直接根据《中国地震动参数区划图》GB 18306确定即可。但区划图规定的地震动峰值加速度、特征周期等参数是基于开阔、平坦的一般场地（通常为Ⅱ类场地）给出的，没有进一步考虑离断层很近区域的局部放大效应（即近场效应），也没有考虑高耸孤立的山丘等局部突出地形的不利影响，实际工程场地条件与区划图标准场地（Ⅱ类）的差别也需要各类工程建设标准进一步处理等。鉴于上述情况，为了确保工程地震安全，需要根据建设工程的具体情况，考虑上述因素的影响对区划图参数进行调整，方可用于工程设计。

（7）提醒特别注意，本次规范明确所有工程均需要考虑近场地影响系数，然而《抗规》第3.10.3条，写在抗震性能设计这个章节。这造成很多设计人员甚至施工图审查人员误以为只有进行性能设计的工程才考虑这个增大系数，其他工程可以不考虑。

《抗规》3.10 建筑抗震性能设计第3.10.3条第1款规定，对处于发震断裂两侧10km以内的结构，地震动参数应计入近场影响，5km以内宜乘以增大系数1.5，5km以外宜乘以不小于1.25的增大系数。第12.2.2条第2款规定，当处于发震断层10km以内时，输入地震波应考虑近场影响系数，5km以内宜取1.5，5km以外可取不小于1.25。

另外，《隔标》GB/T 51408-2021第4.1.4条：当处于发震断层10km以内时，隔震结构地震作用计算应考虑近场地影响，乘以增大系数，5km及以内宜取1.25，5km以外可以取不小于1.15。

（8）基于以上各规范不协调，本规范的处理对策。

参考美国规范关于近断层效应相关规定的变化情况，同时，已考虑到《隔标》GB/T 51408-2021关于近场效应的规定与《抗标》GB 50011-2010存在一定差别，本规范在编制时，仅提出“应计入近场效应对设计地震动参数的影响”的原则性要求，至于进一步调整的对象与技术对策，则由相关的标准进一步细化、深化。

（9）为什么条状突出山脊等地形要考虑地震作用的局部放大？

1）关于局部地形条件的影响，情况比较复杂，从国内几次大地震的宏观调查资料来看，岩质地形与非岩质地形有所不同。对于高度达数十米的条状突出的山脊和高耸孤立的山丘，由于鞭鞘效应明显，振动有所加大，震害加剧仍较为显著。从宏观震害经验和地震反应分析结果所反映的总趋势，大致可以归纳为以下几点：

① 高突地形距离基准面的高度愈大，高处的反应愈强烈；

② 离陡坎和边坡顶部边缘的距离愈大，反应相对减小；

③ 从岩土构成方面看，在同样地形条件下，土质结构的反应比岩质结构的大；

④ 高突地形顶面愈开阔，远离边缘的中心部位的反应明显减小；

⑤ 边坡愈陡，其顶部的放大效应愈大。震害调查发现，位于局部孤立突出地形的村庄一般较平地上的严重。表3-4-1列出历次地震中孤突山梁、山丘、山嘴和高大台地边缘等局部地形影响的震害比较。

局部地形震害加重情况汇总　　表 3-4-1

地震	年份	震级	震害差异描述	高差	烈度差
海原	1920	8.5	渭河谷地冲积黄土的姚庄,7 度;相距 2km 黄土山嘴的牛家山庄,场地土质类似,9 度	100	2
海原	1920	8.5	天水东柯河谷的中街亭,不到 8 度;附近黄土山梁的北堡子、王家沽沱、何家堡子,9 度	100	1
邢台	1966	7.2	宁晋上安村,位于黄土台地前缘,1/3 房屋倒塌;附近平地的村庄,同类房屋倒塌少于 5%	50～100	1
通海	1970	7.7	建水曲溪,位于平缓山坡的马王寨,房屋倒塌 31%;紧邻的位于山嘴的大红坡,房屋倒塌 91%	>60	2
海城	1975	7.3	他山铺,山脚平缓地形基岩上房屋,震害指数 0.20;山梁中、上部基岩陡坡的房屋,震害指数 0.27	40	0.5
唐山	1976	7.8	迁西景中,山顶庙宇严重倒塌,9 度;山脚 7 个村庄,6 度	300	3

强震观测表明，类似地形上的地震加速度明显增大。1975 年辽宁海城地震中，在大石桥盘龙山获得的强余震观测记录表明，高差 58m 的山顶比山脚的加速度明显增大（表 3-4-2）。

美国帕柯依玛坝坝址的强震记录也表明，地形影响可使加速度峰值增大 30%～50%。局部地形强震记录的水平加速度比值见表 3-4-2。

高差 58m 的山顶比山脚的加速度明显增大　　表 3-4-2

发震时间	2 月 22 日	2 月 24 日	2 月 26 日	平均
震级	4.2	4.5	4.4	1.84
比值	1.42	2.71	1.40	

因此，当需要在条状突出的山嘴、高耸孤立的山丘、非岩石的陡坡、河岸和边坡边缘等不利地段建造丙类及丙类以上建筑时，除要求保证岩土在地震作用下的稳定性外，尚要求估计局部地形对地震动可能产生的放大作用：结构抗震设计的地震影响系数最大值应乘以增大系数。

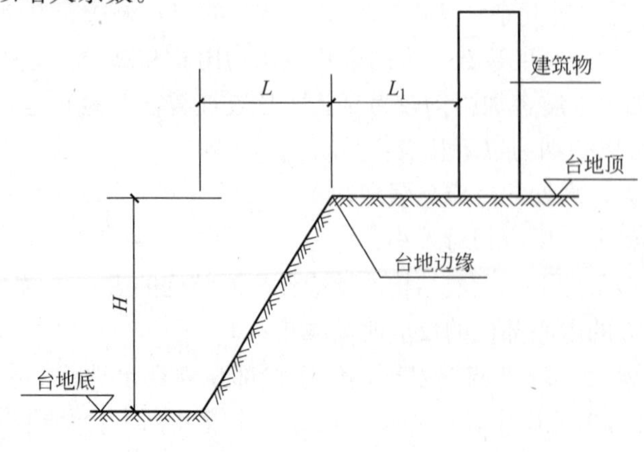

图 3-4-1　边坡示意图

2）如何考虑局部突出地形对地震作用的影响？

在条状突出的山嘴、高耸孤立的山丘、非岩石的陡坡、河岸和边坡边缘等不利地段建造丙类及丙类以上建筑时，其水平地震影响系数最大值应乘以增大系数 1.1～1.6。所规定的增大系数对各种山包、山梁、悬崖、陡坡等局部突出地形都可以应用。图 3-4-1 为边坡示意图，一般情况下，增大系数与突出地形

高度 H、坡降角度 H/L 以及场址距突出地形边缘的距离 L_1 等参数有关。经统计分析得出增大系数如下式所示：

$$\lambda = 1 + \xi\alpha$$

式中，λ 为局部突出地形顶部的增大系数；α 为局部突出地形地震动参数的增大幅度，按表 3-4-3 采用；ξ 为附加调整系数，当 $L_1/H<2.5$ 时，$\xi=1.0$；当 $2.5\leqslant L_1/H<5$ 时，$\xi=0.6$；当 $L_1/H\geqslant5$ 时，$\xi=0.3$。L 和 L_1 应按距场址最近点取值。

局部突出地形地震影响系数的增大幅度 α **表 3-4-3**

突出地形的高度 H(m)	非岩质地层	$H<5$	$5\leqslant H<15$	$15\leqslant H<25$	$H\geqslant25$
	岩质地层	$H<20$	$20\leqslant H<40$	$40\leqslant H<60$	$H\geqslant60$
局部突出台地边缘的侧向平均坡降（H/L）	$H/L<0.3$	0	0.1	0.2	0.3
	$0.3\leqslant H/L<0.6$	0.1	0.2	0.3	0.4
	$0.6\leqslant H/L<1.0$	0.2	0.3	0.4	0.5
	$H/L\geqslant1.0$	0.3	0.4	0.5	0.6

注：1. 按上述方法的增大系数应满足规范条文的要求，即局部突出地形顶部的地震影响系数的放大系数 λ 的计算值，小于 1.1 时，取 1.1，大于 1.6 时，取 1.6。
2. 按表，局部突出地形地震影响系数的增大幅度 α 存在取值为 0 的情况，但不能据此简单地将此类场地从抗震不利地段中划出，而应根据地形、地貌和地质等各种条件综合判断。
3.《规范》条文中规定的最大增大幅度 0.6 是根据分析结果和综合判断给出的，本条的规定对各种地形，包括山包、山梁、悬崖、陡坡都可以应用。
4. 要求放大的仅是水平向的地震影响系数最大值，竖向地震影响系数最大值不要求放大。

（10）提醒注意：新发布的《工程勘察通用规范》GB 55017-2021 第 3.5.7-7 条这样要求：对条状处的山嘴、高耸孤立的山丘、非岩石和强风化岩石的陡坡、河岸和边坡边缘等局部突出地形的不利地段，应提供突出地形的高差、平均坡降角度、工程场址距突出地形边缘的最小距离等，并给出地震动参数增大系数的建议值。

（11）地勘报告给出场地属于抗震不利地段，是否均需要考虑地震影响系数的放大呢？笔者认为需要仔细阅读地勘报告，看是何种原因地勘将其定义为抗震不利地段。

1）如果是因为场地属于软弱土、液化土、状态明显不均匀的土层（含古河道、疏松的断层破碎带、暗埋的塘浜沟谷和半填半挖地基），高含水量的可塑黄土，地表存在结构性裂缝等定义为抗震不利地段，则可以不考虑地震影响系数的放大。

2）如果场地是条状突出的山嘴、高耸孤立的山丘、陡坡、陡坎、河岸和边坡的边缘等则需要考虑地震影响系数的放大作用。

（12）提醒注意：阅读地勘报告时，如果地勘报告给出本场地属于抗震一般地段，则可以不再考虑地震作用放大问题。以下是某工程咨询规范编制时给出的答复：

【工程案例 1】某工程场地为三阶梯状，地勘报告表明其划分为“抗震一般地段”，请问此时是否需要按《抗规》第 4.1.8 条规定计算水平地震影响系数的增大系数？

《抗规》编委答复：第 4.1.8 条主要是针对不利地段。对于不利地段，除了要考虑地震作用下的土体稳定性外，尚应考虑局部地形的水平地震作用放大效应。

如果地勘报告将该场地划分为“抗震一般地段”，则无需按《抗规》第 4.1.8 条执行。

【工程案例 2】河北某山地建筑，效果图如图 3-4-2 所示，项目位于整体用地北侧，六期C部分位于山体地形上，六期D部分位于山脚下，借助地势高差，可以远观拒马河景，规划布局时，竖向设计结合现状地形，顺沿等高线设置，有效减少土方量，提高土地使用效率。

根据项目所处地理位置及甲方的项目定位，尊重原生地形地貌，做到优地优用的原则，对地块优化利用，保护现有山体格局，延续地貌，适当改造地形，从而优化居住环境；设计上努力创造高端山地休闲度假区的氛围，无论在功能上、平面布置上，以及外立面的打造上均以此为目标，创造高附加值产品。山下山上通过小区内近 400m 长、高差 40m 的高架桥连接为整体。

两地块总建筑面积 24 万 m^2，由 7 栋 33 层高层和多栋联排以及车库、酒店、商业组成。

图 3-4-2 整体小区鸟瞰图

为了使整个工程安全可靠，经济合理，经过分析研究，本工程山上建筑（图中北侧部分）地震作用经过计算，放大系数取为 1.20，山下建筑（图中南侧部分）不做调整。

【工程案例 3】廊坊大厂某工程，集创意办公、精品公寓、酒店、体育馆等综合面积 64.5 万 m^2，其中地上建筑面积约 50.5 万 m^2，工程鸟瞰图如图 3-4-3 所示。

图 3-4-3 工程鸟瞰图

1. 地勘报告

（1）场地稳定性及地基土的均匀评价

根据区域地质构造资料及地震简史，1679 年 9 月 2 日发生的三河平谷八级大地震的震中在潘各庄一带。地震的破裂带（至今在地面上可以找到）就在东柳河屯至二里丰村的方向上，距本工程场地 1～1.5km。

（2）地震效应评价

按现行《抗规》GB 50011-2010（2016 版），本区抗震设防烈度为 8 度，设计基本地震加速度值为 0.20g，设计地震分组为第二组，设计特征周期值为 0.55s。按《中国地震动参数区划图》GB 18306-2015，该场地抗震设防烈度为 8 度，场地基本地震动峰值加速度值为 0.30g。根据本场地实测波速场地类别为Ⅲ类，地震动加速度反应谱特征周期为 0.55s。建筑抗震设防类别为丙类。

2. 结构设计

考虑本工程地处高烈度区 8 度（0.30g），地震分组为第二组，又距离地震断裂带仅 1～1.5km，为此全部多、高层建筑均采用隔震技术。

隔震技术大大降低了上部结构地震作用，显著减小了结构构件断面尺寸和配筋量，提高了建筑使用功能，同时增强了建筑物的抗震安全性能。隔震层以上结构在设防地震作用下，基本处于弹性状态。在罕遇地震作用下，结构破坏程度大大减轻，不至于发生严重破坏。考虑到地震后建筑物损伤修复的费用，建筑的全寿命使用周期中，采用隔震方案具有明显的经济效益。

【工程案例 4】承德某工程总建筑面积约为 100 万 m^2，主要是功能为康养、旅游、居住等，建筑有小高层、洋房、联排、合院、商业等配套。规划范围跨越白河，建筑物紧邻白河沿岸布置，如图 3-4-4、图 3-4-5 所示。

图 3-4-4 工程鸟瞰图

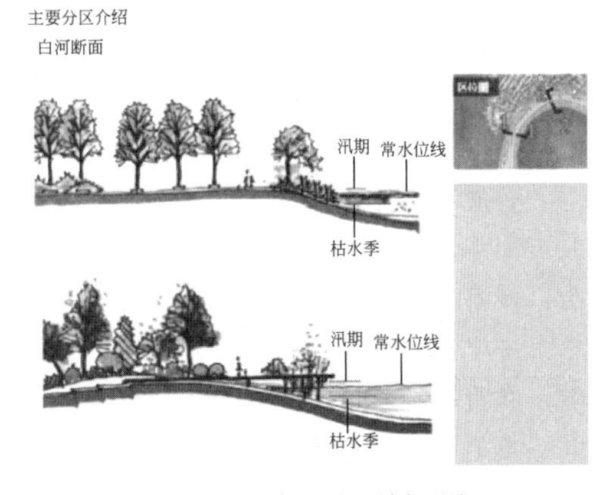

图 3-4-5 场地主要剖面图

对于这样的场地，按规范属于“河岸”建筑，理应考虑地震作用放大问题。但当我们接到地勘报告时，发现报告结论是：“本工程场地属于一般场地”。既然是一般场地，我们认为就可以不再考虑地震作用放大问题了。这一点可以由本规范第 3.1.2 条看出，也可由“《建筑抗震设计规范》GB 50011-2010 版问题解答（一）”明确，如果地勘报告将该场地划分为“抗震一般地段”，则无需按上述要求执行。

【工程案例 5】抗震不利地段判定问题

某地下室底板标高高于原始地貌 4m 多，需回填，后期地下室四周都会有填土，这种情况是否应该定义为抗震不利地段？针对同一个项目不同的塔楼是否可以分别定义抗震有利或者不利地段？

经了解，地勘报告给出“属于抗震不利地段”的结论，所以当地审图人员就认为需要按《抗规》第 4.1.8 条进行地震作用放大。

经过进一步了解，本场地属于一个大坑，回填起来就与四周场地基本一致了，基于此笔者认为可以不按《抗规》第 4.1.8 条进行地震作用放大。

后来反馈笔者说经过沟通，审图人员同意可以不进行地震作用放大。

(13) 如果某工程地处抗震不利地段，又距离断裂带比较近，此时这两个不利要素是否需要同时考虑？

【工程案例 6】抗震不利地段且距离断裂带近的问题。

某项目的售楼部（永久建筑）处在抗震不利地段，同时距离地震断裂带 5km，是否要按《抗规》第 3.10.3 条和第 4.1.8 条进行连乘放大？

为了搞清各种边界条件，笔者要求看一下地勘报告，地勘是这样描述的：

(1) 关于区域断裂带

场地在区域构造上处于川滇南北向构造带中段西侧，区内构造相对简单，褶皱、断裂不发育，以南北向构造为主。拟建场地主要受南北构造断裂带影响。

昔格达断裂带——该断裂带为该片区内的主控断裂带，对区域稳定影响较大。该断裂带属川滇南北向构造的西支部分，北起冕宁磨盘山，南经昔格达、红格和元谋，止于云南易门附近，全长 460km。该断裂带在区域内呈南北延伸略有弯曲之势，走向在北北东至北北西之间，倾向北东或北西，倾角 55°～75°，破碎带宽 20～30m，东盘以会理群变质岩系为主，西盘以闪长岩为主。断裂属压扭兼平推性质，为全新活动断裂，历史上曾多次活动，晚第四纪该断裂有明显的活动显示，特别是鱼鲊至新九段，是本区内发震断裂之一。该断裂于 2008 年 8 月 30 日再次活动，震级为 6.1 级，震中距拟建场地较远，拟建场地受影响较小。

金河-箐河断裂带——北起里庄，向南经金河后，逐渐向西偏转，经盐边县的箐河进入云南省，与永胜-宾川断裂带相接。该断裂在市区一段的走向为北 40°～45°东，倾向北西，倾角 60°～70°，长 85km，破碎带宽 50～70m，最宽达 250m，属压扭性。

安宁河断裂带——川滇南北向构造带的主体，是一条继承性活动特征的多期性断裂带，在西昌、德昌及其以南地带属于弱活动带。

拟建场地距昔格达断裂带垂直距离约 5km，距桐子林断裂带约 15.2km，距金河-箐河断裂带约 100km，距安宁河断裂带垂直约 23.1km。上述断裂带均从场地周围通过，场地内未见有断裂带构造通过，对场地影响较小。

(2) 关于场地抗震不利地段

拟建场地地形为山前斜坡地形，地形坡度相对较大，地形整体地势东高西低态势，高程介于 1140.43～1155.80m，相对高差约 15.37m，且位于陡坎边缘。按《抗规》表 4.1.1 之规定，拟建场地处于建筑抗震不利地段。

基于以上分析笔者明确回复：这个属于两个互相不相关的要素，应该同时考虑。

【工程案例 7】回填土与地震参数放大的问题

如图 3-4-6 所示，有 2 个疑问：

(1) 地勘认定拟建地段为危险地段，设计认为不是，理由是有回填土了，突出的山嘴就不是孤立的山嘴了。

(2) 审图人员按地勘认定的危险地段，要求按《抗规》第 4.1.8 条增大地震影响系数 1.1～1.6。

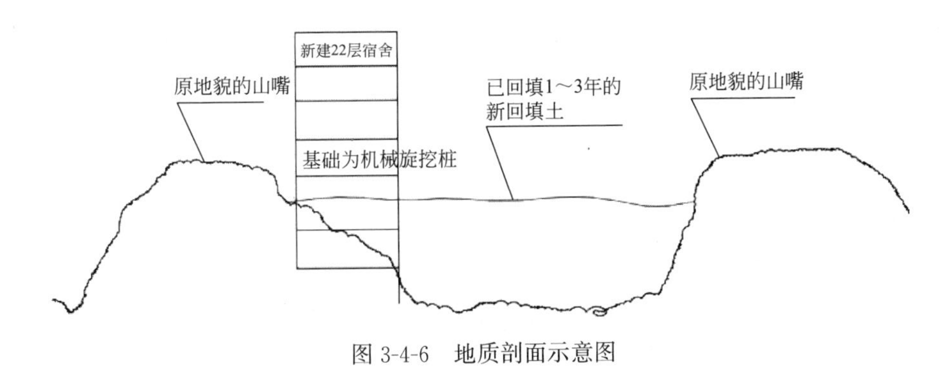

图 3-4-6 地质剖面示意图

大部分人认为审图要求合理，也有部分人认为审图提得不合理。

笔者的观点是：考虑此回填土才 1～3 年，应该还没有固结完成，建议适当放大地震影响。如果此回填土回填质量经过检查，认为固结基本完成，或回填 10 年以上，笔者认为可以不考虑地震作用放大。

4.1.2 各类建筑与市政工程的地震作用，应采用符合结构实际工作状况的分析模型进行计算，并应符合下列规定：

1 一般情况下，应至少沿结构两个主轴方向分别计算水平地震作用；当结构中存在与主轴交角大于 15°的斜交抗侧力构件时，尚应计算斜交构件方向的水平地震作用。

2 计算各抗侧力构件的水平地震作用效应时，应计入扭转效应的影响。

3 抗震设防烈度不低于 8 度的大跨度、长悬臂结构和抗震设防烈度 9 度的高层建筑物、盛水构筑物、贮气罐、储气柜等，应计算竖向地震作用。

4 对平面投影尺度很大的空间结构和长线型结构，地震作用计算时应考虑地震地面运动的空间和时间变化。

5 对地下建筑和埋地管道，应考虑地震地面运动的位移向量影响进行地震作用效应计算。

延伸阅读与深度理解

(1) 明确各类建筑与市政工程地震作用计算的基本原则和要求。

(2) 静力设计中，各类结构的荷载取值是一个十分重要的设计参数；同样，在抗震设计中，正确的地震作用计算也是十分重要的。《抗规》GB 50011-2010（2016 版）第 5.1.1 条规定了各类结构应考虑的地震作用方向，强调有斜向抗侧力构件时应计算斜向地震作用；明显不对称结构应计算双向水平地震作用的扭转地震效应，其余结构用调整地震作用效应系数的方法考虑扭转地震效应；大跨度和长悬臂结构应计算竖向地震作用。

（3）本条规定了地震作用计算时结构计算模型、水平地震作用方向、扭转效应、竖向地震作用、地震地面运动的空间特性、地面位移的基本要求和计算方法的选择原则。

（4）由于地震发生地点是随机的，对某结构物而言地震作用的方向是随意的，而且结构的抗侧力构件也不一定是正交的，这些在计算地震作用时都应注意。另外，结构物的刚度中心与质量中心一般也不会完全重合，这必然导致结构物产生不同程度的扭转。最后还应提到，震中区的竖向地震作用对某些结构物的影响不容忽视，实际工程操作时应注意把握好以下几个问题：

1）水平地震作用的计算方向

一般情况下，应沿结构两个主轴方向分别考虑水平地震作用计算。考虑到地震可能来自任意方向，当有斜交抗侧力构件时，应考虑对各构件最不利方向的水平地震作用，即与该构件平行方向的水平地震作用。需要注意的是：斜向地震作用计算时，结构底部总剪力以及楼层剪力等数值可能会小于正交方向计算的结果，但对于斜向抗侧力构件来说，其截面设计的控制性内力和配筋结果却往往取决于斜向地震作用的计算结果，因此，当结构存在斜交构件时，不能忽视斜向地震作用计算。

2）需要注意斜交构件与斜交结构的差别。“有斜交抗侧力构件的结构”指结构中存在抗侧力构件与结构主轴方向斜交时，均应按规范要求计算各抗侧力构件方向的水平地震作用，而不是仅指斜交结构。

【工程案例】北京某多层建筑工程，平面布置如图 3-4-7 所示，由于设计师没有考虑“当结构中存在与主轴交角大于 15°的斜交抗侧力构件时，尚应计算斜交构件方向的水平地震作用”，就被审图单位认定违反“强条”。设计师认为比较冤枉，理由是考虑后认为对结构配筋影响很小。笔者认为谈不上“冤枉”，这里是强条必须计算考虑，至于计算结果如何则是另一回事。

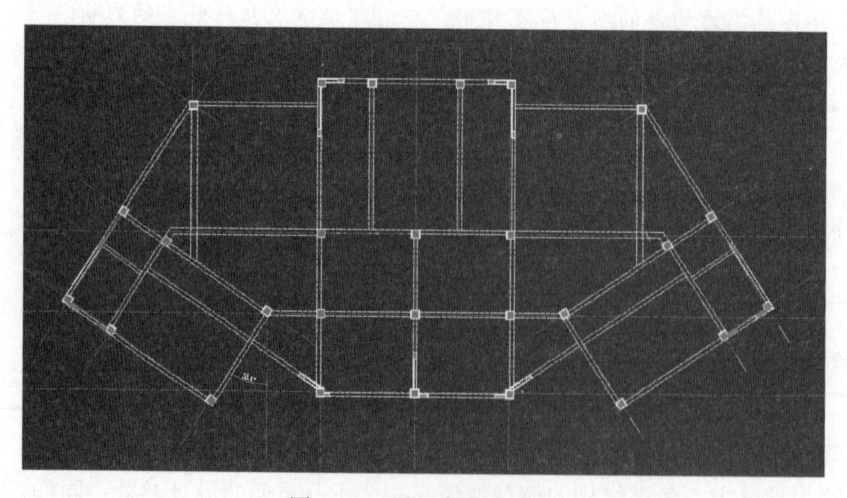

图 3-4-7　平面布置图示意

（5）关于计算各抗侧力构件的水平地震作用效应时，应计入扭转效应的影响。

1）如何考虑扭转效应？

依据由住房和城乡建设部强制性条文协调委员会2015年组织编写的“房屋建筑标准强制性条文实施指南丛书”《建筑结构设计分册》给出的解释摘录如下：

《抗规》GB 50011-2010第5.1.1条第3款的规定，实质上是对地震作用计算时扭转效应的考虑范围及计算方法进行界定：对于“质量和刚度分布明显不对称的结构”，应考虑双向水平地震作用下的扭转效应；对于其他结构，可以采用调整地震作用效应的简化方法来考虑扭转效应。实际工程实施时应注意：

对于质量和刚度分布明显不对称的结构，进行双向水平地震作用下的扭转耦联计算时不考虑偶然偏心的影响，但当双向耦联的计算结果小于单向偏心计算结果时，应按后者进行设计，即此类结构应按双向耦联不考虑偏心和单向考虑偏心两种计算结果的较大值进行设计。

对于其他相对规则的结构，当属于高层建筑（高度大于24m）时，应按《高规》的规定进行单向水平地震作用并考虑偶然偏心影响的计算分析；当属于多层建筑（高度不大于24m）时，除可按《高规》的要求进行单向偏心计算外，还可按《抗规》第5.2.3条第1款的规定，采用边榀构件地震作用效应乘以增大系数的简化方法。

“质量和刚度分布明显不对称的结构”，一般指的是扭转特别不规则的结构，但规范未给予具体的量化，一般应根据工程具体情况和工程经验确定，当无可靠经验时可按质量或刚度偏心率0.15～0.20为界进行判断；也可依据楼层扭转位移比的数值确定，当不满足下列要求时可确定为“质量和刚度分布明显不对称的结构”：

对B级高度高层建筑、混合结构高层建筑及复杂高层建筑结构（包括带转换层的结构、带加强层的结构、错层结构、连体结构、多塔楼结构等），楼层扭转位移比不小于1.3；其他结构，楼层扭转位移比不小于1.4。

偶然偏心距的取值，一般取为垂直地震作用方向的建筑物总长度的5%。

2）关于双向地震作用是否需要控制的问题？

本规范未把《抗规》GB 50011-2010（2016版）第5.1.1条第3款：“质量和刚度分布明显不对称的结构”，应考虑双向水平地震作用下的扭转效应；对于其他结构，可以采用调整地震作用效应的简化方法来考虑扭转效应。作为强制规定，是否意味着今后就可以不加区分地不考虑双向地震作用计算呢？笔者认为并非如此，只是不作为强制要求，建议实际工程可参考以下条件判断是否需要进行双向地震作用计算。

“质量和刚度分布明显不对称的结构”即属于扭转特别不规则的结构。但是，对于质量和刚度分布明显不对称如何界定问题，2010版《高规》第4.3.12条的条文说明及2002版《高规》第3.3.13条的条文说明有具体说法，目前很多地方也是这么把控的，但笔者认为这个过于严厉了。

基于以上分析说明，笔者建议：对于一般建筑如果扭转位移比大于1.4就需要考虑双向地震作用；对B级高度的高层建筑如果扭转位移比大于1.3就需要考虑双向地震作用。实际上笔者在之前出版的几本书中均是这样建议的，实际工程也是这样把控双向地震作用来计算的。

【工程案例1】纽约花旗集团中心结构事件

工程背景：花旗集团中心是当时纽约市最高的摩天大楼，这栋拥有45°倾斜的顶部和独特的高跷式底座的 59 层、279m 高的建筑，由建筑师 Hugh Stubbins 和结构工程师 William LeMessurier 设计，如图 3-4-8 所示。

工程危机：在一次学术会议上有一位年轻的大学生指出，此建筑的四根巨柱是布置于建筑四面的中间，而不是建筑的四角，所以斜交 45°的方向是结构受力最不利方向。而根据纽约建筑规范，LeMessurier 只计算了 X、Y 方向水平荷作用下的承载力。经过补充计算，在 45°的强风作用下，风荷载增加了 40%，导致人字形支撑连接处的载荷增加了 160%，建筑物可能被吹倒。而且，施工单位为了方便施工，钢结构连接由原先的焊接改成了螺栓连接，更加减弱了结构连接处的抗拉承载力。

解决方案：之后此楼便秘密开始加固，为了解决连接节点缺陷，大批焊工在夜间进行烧焊，加强建筑的连接作用，而白天建筑的一系列活动照常进行。为了减小风荷载的作用，在楼顶安置了一个 $7m^3$ 的调谐质量阻尼器，也就是我们常说的 TMD，经计算，可以减少 50%风荷载作用下的位移。

图 3-4-8　工程部分图片

【工程案例 2】北京某超高层办公楼

工程概况：某超高层办公楼，地上 28 层，地下 4 层，房屋高度 116.800m（室外地面至主要结构屋面），幕墙高度为124m。地上建筑面积51204m^2，地下建筑面积16800m^2，总建筑面积为68004m^2。整体鸟瞰及标准层平面如图3-4-9所示。

(a) 整体鸟瞰图

(b) 标准层平面图

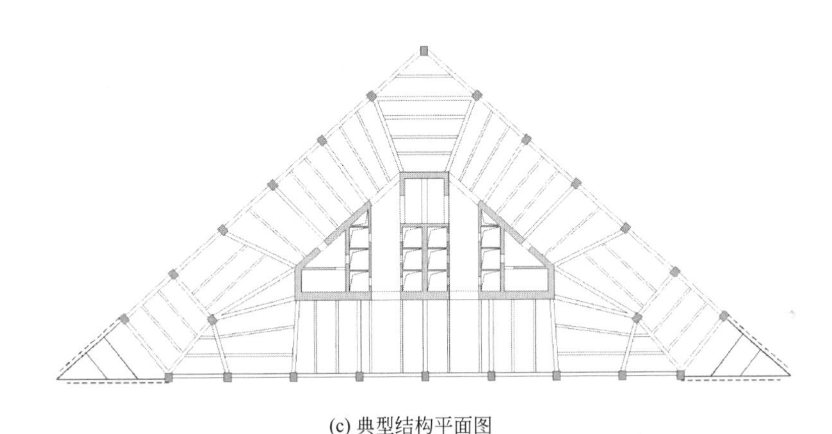

(c) 典型结构平面图

图3-4-9 北京某超高层办公楼

1. 结构体系的优选

根据建筑布置情况、结构抗力要求及业主意见，主体结构采用现浇钢筋混凝土框架-核心筒结构，地面以上超高层办公楼与裙房间设置防震缝，地下部分裙房与主楼连为一体。框架柱截面、形式、核心筒剪力墙墙厚均根据电算及抗震性能化设计结果确定。

2. 风及地震动入射角

鉴于本工程体形较为特殊，呈切角三角形，因此风荷载作用、地震作用取如图3-4-10所示的入射角，并分别进行分析，取包络结果进行设计。

3. 结构自振特性及扭转成分分析

采用SATWE与Etabs自振周期分析情况，结果见表3-4-4、表3-4-5。

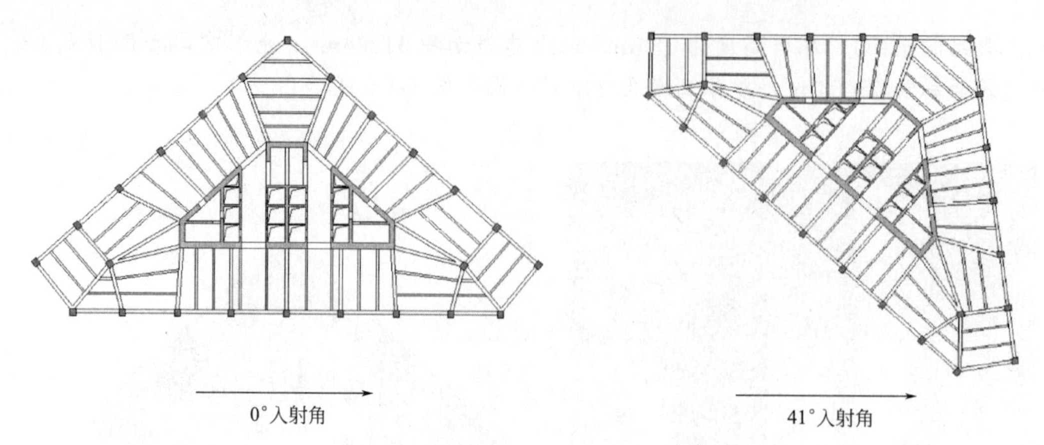

图 3-4-10　风及地震动入射角示意图

结构自振周期情况表（0°入射角）　表 3-4-4

振型号	SETWE	Etabs	平动系数	周期比较
	结果(s)	结果(s)		
1	2.73	2.75	1.00(0.00+1.00)	1.0%
2	2.66	2.70	0.94(0.93+0.00)	1.8%
3	2.26	2.22	0.06(0.06+0.00)	2.0%
4	0.75	0.75	0.34(0.34+0.00)	0.7%
5	0.65	0.64	0.66(0.66+0.00)	2.2%
6	0.64	0.63	1.00(0.00+1.00)	2.5%
7	0.39	0.38	0.11(0.11+0.00)	1.6%
8	0.30	0.29	0.88(0.88+0.00)	2.8%
9	0.29	0.28	1.00(0.00+1.00)	4.0%
10	0.25	0.24	0.08(0.08+0.00)	2.1%

结构自振周期情况表（41°入射角）　表 3-4-5

振型号	SETWE	Etabs	平动系数	周期比较
	结果(s)	结果(s)		
1	2.73	2.75	1.00(0.47+0.53)	1.0%
2	2.66	2.70	0.94(0.49+0.45)	1.8%
3	2.26	2.22	0.06(0.04+0.02)	2.0%
4	0.75	0.75	0.34(0.20+0.14)	0.7%
5	0.65	0.64	0.66(0.33+0.33)	2.2%
6	0.64	0.63	1.00(0.47+0.53)	2.5%
7	0.39	0.38	0.11(0.07+0.05)	1.6%
8	0.30	0.29	0.88(0.49+0.40)	2.8%
9	0.29	0.28	1.00(0.44+0.56)	4.0%
10	0.25	0.24	0.08(0.05+0.03)	2.1%

由表 3-4-4 与表 3-4-5 可以看出入射角输入并不改变结构震动特性，塔楼结构自振特性分析、主振型示意如图 3-4-11 所示。

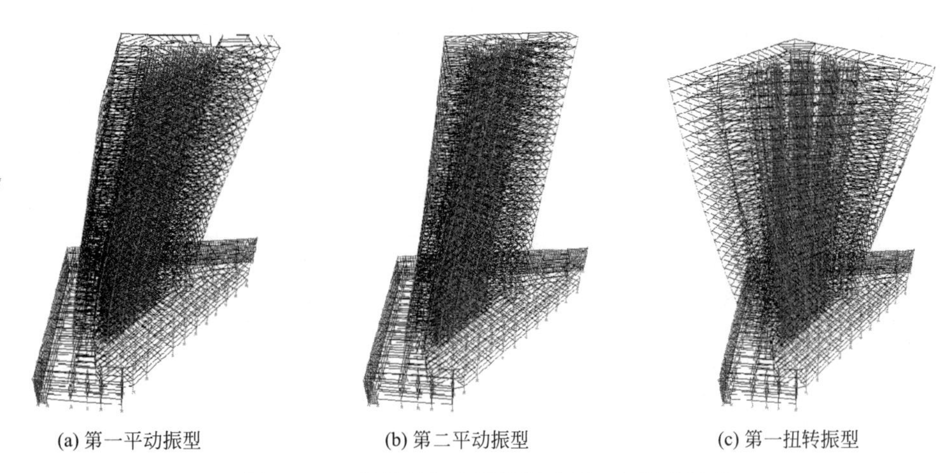

(a) 第一平动振型　　(b) 第二平动振型　　(c) 第一扭转振型

图 3-4-11　塔楼结构自振特性分析、主振型示意

扭转周期及占比情况表　　**表 3-4-6**

项目	T_t/T_1	T_x/T_y	T_1 的扭转成分	T_2 的扭转成分
SETWE	0.83	0.97	0	0.06
Etabs	0.81	0.98	—	—

从表 3-4-6 及图 3-4-11 可知，本工程主体结构双主轴方向动力特性较为接近，平动振型中的扭转成分较低，说明主体结构具有较好的抗扭刚度。

4. 结构自重及基底作用力

结构自重及基底作用力如表 3-4-7 所示。

结构自重及基底作用力汇总　　**表 3-4-7**

结构的总质量(t)		85425		84000	
方向(0°入射角)		X	Y	X	Y
地震作用	底部剪力(kN)	27355	31208	26870	31280
	底部剪重比	3.20%	3.67%	3.2%	3.8%
	底部总倾覆弯矩(kN·m)	1802617	1859129	1780000	1845000
方向(41°入射角)		X′	Y′	X′	Y′
地震作用	底部剪力(kN)	28330	28991	28140	28790
	底部剪重比	3.32%	3.39%	3.40%	3.40%
	底部总倾覆弯矩(kN·m)	1789927	1806530	1728000	1743000

由表 3-4-7 可以得知，两个软件计算分析结果较为接近，但不同地震入射角其基底剪力是有差异的。

5. 不同地震作用方向层间位移角分析

0°入射角下位移角情况表 表 3-4-8

项目	SETWE	Etabs
最大层间位移角－X向	1/903	1/952
楼层	16	16
该层规定水平力下扭转位移比	1.17	—
是否满足规范要求(1/800)	满足	
最大层间位移角－Y向	1/878	1/879
楼层	22	22
该层规定水平力下扭转位移比	1.16	—
是否满足规范要求(1/800)	满足	

41°入射角下位移角情况表 表 3-4-9

项目	SETWE	Etabs
最大层间位移角－X向	1/806	1/853
楼层	17	16
该层规定水平力下扭转位移比	1.19	—
是否满足规范要求(1/800)	满足	
最大层间位移角－Y向	1/822	1/860
楼层	17	17
该层规定水平力下扭转位移比	1.21	—
是否满足规范要求(1/800)	满足	

由表 3-4-8 与表 3-4-9 可以看出，层间位移角有所不同。

6. 本案例小结

通过本工程可以看出当结构中存在与主轴交角大于15°的斜交抗侧力构件时，尚应计算斜交构件方向的水平地震作用，规范的这一规定是十分必要的。

(6) 关于竖向地震作用的计算范围及相关要求。

1) 竖向地震作用计算时，应注意大跨度和长悬臂结构的界定，如表 3-4-10 所示。

大跨度和长悬臂结构 表 3-4-10

设防烈度	大跨度(m)	长悬臂(m)
8度	≥24	≥2.0
9度	≥18	≥1.5

2) 抗震设防烈度9度的高层建筑物、盛水构筑物、储气柜等，应计算竖向地震作用。

3) 特别提醒注意：《混凝土结构通用规范》GB 55008-2021 第4.3.6条大跨度、长悬臂的混凝土结构或结构构件，当抗震设防烈度不低于7度（0.15g）时应进行竖向地震计算分析。

笔者理解，这里不仅要求抗震设防烈度不低于7度（0.15g），对于大跨度、长悬臂的混凝土结构，同时包含了结构构件，也就是说纯悬臂板或梁也应考虑。

其实这条是由《高规》JGJ 3-2010“4.3.2-3 高层建筑中大跨度、长悬臂结构，7 度（0.15g）、8 度抗震设计时应计入竖向地震作用”而来。注意《高规》中仅指“高层建筑”，大跨度指跨度大于 24m 的楼盖结构、跨度大于 8m 的转换结构、悬挑长度大于 2m 的悬挑结构。

注意：悬挑结构是指悬挑结构中有竖向结构构件的情况，对于没有竖向构件的悬挑只能理解为悬挑构件。

4）竖向地震计算方法的选择

竖向地震作用计算可以采用振型分解反应谱法、时程分析法。长悬臂等大跨结构可采用静力法；大跨度空间结构的竖向地震作用计算，可采用竖向振型分解反应谱法。

对于隔震设计，由于隔震层不能隔离结构的竖向地震作用，9 度时和 8 度且水平向减震系数不大于 0.3 时，隔震层以上的结构应进行竖向地震作用计算，其竖向地震作用标准值，8 度（0.20g）、8 度（0.30g）和 9 度时分别不应小于隔震层以上结构总重力荷载代表值的 20%、30%、40%。

（7）正确理解“对平面投影尺度很大的空间结构和长线型结构、地震作用计算时应考虑地震地面运动的空间和时间变化”。

本条实际是依据《抗规》GB 50011-2010（2016 版）第 5.1.2-5 条修改而来，因此笔者建议可以参考以下说明理解其实质内涵：

平面投影尺度很大的空间结构，应根据结构形式和支承边界条件，分别按单点一致、多点、多向单点或多向多点输入进行地震计算。按多点输入地震行波效应和局部场地效应。

1）平面投影尺度很大的空间结构指跨度大于 120m 或长度大于 300m 或悬臂大于 40m 的结构。

2）结构形式和支承条件：

① 周边支承空间结构，当下部支承结构为一个整体且与上部空间结构侧向刚度比大于等于 2 时，可采用三向单点一致（水平两向加竖向）输入计算地震作用；当下部支承由结构缝分开且每个独立的支承结构单元与上部空间结构侧向刚度比小于 2 时，应采用三向多点输入计算地震作用。

② 对于两线边支承的空间结构，如：拱、拱桁架、门式刚架、门式桁架；圆柱面网壳等结构，当支承于独立基础时，应采用三向多点输入计算地震作用。

③ 长悬臂空间结构，应视其支承结构特点，采用多向单点一致输入或多向多点输入计算地震作用。

3）何为单点一致输入、多向输入、多点输入、多向多点输入？

① 单点一致输入：仅对基础底部输入一致的加速度反应谱或加速度时程进行结构计算。

② 多向输入：沿空间结构基础底部，三向同时输入，其地震动参数（加速度峰值或反应谱峰值）比例为水平主向：水平次向：竖向=1.00：0.85：0.65。

③ 多点输入：考虑地震行波效应和局部场地效应，对各独立基础或支承结构输入不同的设计反应谱或加速度时程进行计算，估计可能造成的扭转效应。

④ 多向多点输入：同时考虑多向和多点输入进行计算。

4）行波效应

行波效应将使不同点支承结构或支座处的加速度峰值不同，相位也不同，从而使不同点的设计反应谱或加速度时程不同，计算分析应考虑这些差异。

5）局部场地效应

当独立基础或支承结构下卧土层剖面地质条件相差较大时，可采用一维或二维模型计算求得基础底部的土层地震反应谱或加速度时程，或按土层等效剪切波速对基岩地震反应谱或加速度时程进行修正后，作为多点输入的地震反应谱或加速度时程。当下卧土层剖面地质条件比较均匀时，可不考虑局部场地效应影响，不需要对地震反应谱或加速度时程进行修正。

4.1.3 计算地震作用时，建筑与市政工程结构的重力荷载代表值应取结构和构配件自重标准值和各可变荷载组合值之和。各可变荷载的组合值系数，应按表4.1.3采用。

表4.1.3 组合值系数

可变荷载种类		组合值系数
雪荷载		0.5
屋面积灰荷载		0.5
屋面活荷载		不计入
按实际情况计算的楼面活荷载		1.0
按等效均布荷载计算的楼面活荷载	藏书库、档案库	0.8
	其他民用建筑、城镇给水排水和燃气热力工程	0.5
起重机悬吊物重力	硬钩吊车	0.3
	软钩吊车	不计入

延伸阅读与深度理解

（1）明确重力荷载代表值的取值要求。

（2）建筑结构抗震计算时，重力荷载代表值的取值十分重要，按《建筑结构可靠性设计统一标准》GB 50068-2018的原则规定，地震发生时恒荷载与其他重力荷载可能的组合结果总称为“抗震设计的重力荷载代表值GE”，即永久荷载标准值与有关可变荷载组合值之和。

（3）对于按等效均布计算的楼面消防车荷载，根据概率原理，当建筑发生火灾、消防车进行消防作业的同时，当地又发生50年一遇地震（多遇地震）的可能性是很小的。因此，对于建筑抗震设计来说，消防车荷载属于另一种偶然荷载，计算建筑的重力荷载代表值时，可以不予以考虑。

（4）本条改自《抗规》GB 50011-2010第5.1.3条（强条）、《室外给水排水和燃气热力工程抗震设计规范》GB 50032-2011第3.7.3、5.1.6条（强条）。

4.1.4 各类建筑与市政工程结构的抗震设计应符合下列规定：

1 各类建筑与市政工程结构均应进行构件截面抗震承载力验算。

2 应进行抗震变形、变位或稳定验算。

3 应采取抗震措施。

延伸阅读与深度理解

明确结构构件抗震验算的范围和设计基本要求。本条改自《抗规》GB 50011-2010 第5.1.6条（强条）。

（1）强烈地震下结构和构件并不存在承载力极限状态的可靠度。从根本上说，建筑结构的抗震验算应该是在强烈地震下的弹塑性变形能力和承载力极限状态的验算。本条结合我国工程实践的实际情况，对构件抗震承载力验算范围和设计基本要求提出强制性要求是必要的。

（2）6度设防时一般可不进行计算，当规范、规程中有具体规定时仍应计算，对于一些体型复杂的不规则结构，仍然需要计算。具体不规则建筑如何界定可以参考相关规范。

（3）本次对抗震变形验算，提出按强条对待，好在这里只提出要求控制，但控制多少正式稿没有给出。

笔者说明：关于建筑地震作用下的变形是否需要作为强条要求，记得在《混凝土结构通用规范》征求意见稿时，还把具体规定值作为强条列出，笔者对征求意见稿提出如下建议：

《混凝土结构工程规范》（征求意见稿）：

4.2.4 混凝土房屋建筑的侧向位移限值应符合下列规定：

高度不大于150m的高层建筑，其楼层层间位移与层高之比不应大于表4.2.4的规定：

表 4.2.4 楼层层间最大位移与层高之比的限值

结构体系	限值
框架	1/550
框架-剪力墙、框架-核心筒、板柱-剪力墙	1/800
筒中筒、剪力墙	1/1000
除框架结构外的转换层	1/1000

问题1：将层间位移控制纳入强条规范是否合适？

问题2：当前业界普遍认为我国的层间位移控制较严，各地都在逐步放松要求，如果写入全文强条规范，是否任何工程项目都必须严格执行呢？

此问题在笔者2015年出版发行的《建筑结构设计规范疑难热点问题及对策》一书有详细论述，在此不再赘述。

笔者的意见及建议在正式稿发布后被采纳了，正式的《混凝土结构通用规范》GB 55008-2021 不再给出层间位移具体限值要求。

4.2 地震作用

4.2.1 建筑与市政工程的水平地震作用应符合下列规定：

1 采用底部剪力法或振型分解反应谱法计算建筑结构、桥梁结构、地上管线、地上构筑物等建筑与市政工程的水平地震作用时，水平地震影响系数的取值应符合本规范第4.2.2条的规定。

2 采用时程分析法计算建筑结构、桥梁结构、地上管线、地上构筑物等市政工程的水平地震作用时，输入激励的平均地震影响系数曲线应与振型分解反应谱法采用地震影响系数曲线在统计意义上相符。

3 地下工程结构的水平地震作用应根据地下工程的尺度、结构构件的刚度以及地震地面运动的差异变形采用简化方法或时程分析方法确定。

延伸阅读与深度理解

（1）明确地震作用计算方法的选取原则。本条改自《抗规》GB 50011-2010 第 5.1.2、5.1.4 条（强条）等。

（2）地震作用计算是结构抗震设计的重要内容，而地震作用取值的合适与否很大程度上取决于地震作用计算方法的选择是否合适。本条对各种地震作用计算方法的基本原则进行强制性规定是合适的。

（3）不同的结构采用不同的分析方法在各国抗震规范中均有体现，底部剪力法和振型分解反应谱法仍是基本方法，时程分析法作为补充计算方法，对特别不规则、特别重要和较高的高层建筑才要求采用。

（4）所谓“补充验算”，主要指针对计算结果的底部剪力、楼层剪力和层间位移进行比较，当时程分析法大于振型分解反应谱法时，相关部位的构件内力和配筋作相应的调整。进行时程分析时，鉴于不同地震波输入进行时程分析的结果不同，本条规定一般可以根据小样本容量下的计算结果来估计地震作用效应值。通过大量地震加速度记录输入不同结构类型进行时程分析结果的统计分析，若选用不少于两组实际记录和一组人工模拟的加速度时程曲线作为输入，计算的平均地震效应值不小于大样本容量平均值的保证率在 85%以上，而且一般也不会偏大很多。当选用数量较多的地震波，则保证率更高。

（5）所谓“在统计意义上相符”指的是，多组时程波的平均地震影响系数曲线与振型分解反应谱法所用的地震影响系数曲线相比，在对应于结构主要振型的周期点上相差不大于 20%。计算结果在结构主方向的平均底部剪力一般不会小于振型分解反应谱法计算结果的 80%，每条地震波输入的计算结果不会小于 65%。从工程角度考虑，这样可以保证时程分析结果满足最低安全要求。但计算结果也不能太大，每条地震波输入计算不大于 135%，平均不大于 120%。正确选择输入的地震加速度时程曲线，要满足地震动三要素的要求，即频谱特性、有效峰值和持续时间均要符合规定。频谱特性可用地震影响系数曲线表征，依据所处的场地类别和设计地震分组确定。

4.2.2 各类建筑与市政工程的水平地震影响系数取值，应符合下列规定：

1 水平地震影响系数应根据烈度、场地类别、设计地震分组和结构自振周期以及阻尼比确定。

2 水平地震影响系数最大值不应小于表 4.2.2-1 的规定。

表 4.2.2-1 水平地震影响系数最大值

地震影响	6 度	7 度		8 度		9 度
	0.05g	0.10g	0.15g	0.20g	0.30g	0.40g
多遇地震	0.04	0.08	0.12	0.16	0.24	0.32
设防地震	0.12	0.23	0.34	0.45	0.68	0.90
罕遇地震	0.28	0.50	0.72	0.90	1.20	1.40

3 特征周期应根据场地类别和设计地震分组按表 4.2.2-2 采用。当有可靠的剪切波速和覆盖层厚度且其值处于本规范表 3.1.3 所列场地类别的分界线±15%范围内时，应按插值方法确定特征周期。

表 4.2.2-2 特征周期值（s）

设计地震分组	场地类别				
	I_0	I_1	Ⅱ	Ⅲ	Ⅳ
第一组	0.20	0.25	0.35	0.45	0.65
第二组	0.25	0.30	0.40	0.55	0.75
第三组	0.30	0.35	0.45	0.65	0.90

4 计算罕遇地震作用时，特征周期应在本条第 3 款规定的基础上增加 0.05s。

延伸阅读与深度理解

（1）明确各类建筑与市政工程水平地震影响系数取值的规定。

（2）从表 4.2.2-1 给出的水平地震影响系数来看，本规范采用的地震动力放大系数 $\beta_{max}=2.25$。

（3）弹性反应谱理论仍是现阶段抗震设计的最基本理论，我国工程界习惯采用地震影响系数曲线形式来表述反应谱。

（4）本条规定了不同设防烈度、设计地震分组和场地类别的地震影响系数的基本设计参数——最大值和设计特征周期等，是正确计算建筑结构地震作用的关键。

（5）本条由《抗规》GB 50011-2010 第 4.1.6、5.1.4 条修改而来。

（6）特别注意第 3 款最后一句要求：应按插值方法确定特征周期。而《抗规》GB 50011-2010（2016 版）第 4.1.6 条：应“允许”按插值法确定。

【工程案例 1】笔者 2004 年主持设计的北京天鹅湾“三错层”高层住宅（属高度超限建筑），如图 3-4-12 所示，当时就是依据地勘报告提供的场地覆盖层厚度及剪切波速合理确定场地的特征周期；如果按地勘提供的场地分类为“Ⅲ”，按《抗规》查抗震设防烈度 8

度（0.20g），地震分组为第一组；查得 T_g=0.45s；再由地勘单位提供的场地覆盖层厚80m、剪切波速 v_0=240m/s，由《抗规》给出的内差图，插入得出本工程的场地特征值为 T_g=0.42s；这个数值经过专家确认是合理的，可以用于工程设计；结构地震作用因此降低了7.8%，为业主节约了投资。

图 3-4-12　工程图片及施工现场图

【工程案例 2】笔者 2011 年主持设计的宁夏万豪国际大厦工程（图 3-4-13），高度216m，地上 50 层，地下 3 层；地勘报告提供的场地类别为第Ⅱ类，查《抗规》可知：场地抗震设防烈度 8 度（0.20g），地震分组为第二组，查得 T_g=0.40s；再由地勘单位提供的场地覆盖层场地波速 220m/s、覆盖层 42～50m，均处于分界附近，地震分组为第二组，设计特征周期需内插，即 T_g=0.44s。这个数值经过专家确认是合理的，结构地震作用加大 11%。

图 3-4-13　主体建筑工程照片

【工程案例 3】笔者 2014 年主持设计的北京某工程，建筑面积近 30 万 m^2（其中有一栋 120m 高的超限高层建筑），如图 3-4-14 所示。

地勘报告：建筑场地类别Ⅲ类，提供场地覆盖层厚度及剪切波速如下。

本次勘探时于 7 号、9 号、36 号、44 号、68 号、73 号钻孔中采用单孔法进行了土层剪切波速的测试，各层土的波速值详见“钻孔波速测试成果”（略）。结合拟建场区附近的深层地质资料，可得出如下结论：

（1）拟建场区覆盖层厚度（d_{ov}）大于 50m。

（2）经计算拟建场区自然地面下 20.00m 深度范围内土层的等效剪切波速值（v_{se}）分别为：227.86m/s、227.02m/s、228.49m/s、230.88m/s、235.29m/s、239.12m/s。

图 3-4-14 工程效果图

由上述两项条件判定拟建场地建筑的场地类别为Ⅲ类。

笔者考虑到这个工程建筑面积近 30 万 m^2，这个覆盖层厚度及剪切波速均处于临界位置，完全可以利用《抗规》给出的内差图，插入得出本工程的场地特征值为 $T_g=0.43s$；这个数值经过专家确认是合理的，可以用于工程设计；结构地震作用因此降低约 4.5%，为业主节约了投资。

通过以上 3 个工程案例，笔者旨在告诉大家，我们通常会直接依据《地勘报告》给出的场地类别分组（Ⅰ～Ⅳ）及地震分组（一、二、三）来直接查 T_g，实际上这是不合理的，有时甚至是不安全的，当然更多的时候是不经济的。

提醒注意：今后工程都必须按覆盖层厚度及剪切波速值来插值，不插值就是违法的。

具体如何插值可参考 2021 年笔者出版发行的《结构工程师综合能力提升与工程案例》一书。

4.2.3 多遇地震下，各类建筑与市政工程结构的水平地震剪力标准值应符合下列规定：

1 建筑结构抗震验算时，各楼层水平地震剪力标准值应符合下式规定：

$$V_{Eki} \geqslant \lambda \sum_{j=i}^{n} G_j \tag{4.2.3-1}$$

式中：V_{Eki}——第 i 层水平地震剪力标准值；

λ——最小地震剪力系数，应按本条第 3 款的规定取值，对竖向不规则结构的薄弱层，尚应乘以 1.15 的增大系数；

G_j——第 j 层的重力荷载代表值。

2　市政工程结构抗震验算时，其基底水平地震剪力标准值应符合下式规定：

$$V_{Ek0} \geqslant \lambda G \tag{4.2.3-2}$$

式中：V_{Ek0}——基底水平地震剪力标准值；

λ——最小地震剪力系数，应按本条第 3 款的规定取值；

G——总重力荷载代表值。

3　多遇地震下，建筑与市政工程结构的最小地震剪力系数取值应符合下列规定：

1）对扭转不规则或基本周期小于 3.5s 的结构，最小地震剪力系数不应小于表 4.2.3 的基准值；

2）对基本周期大于 5.0s 的结构，最小地震剪力系数不应小于表 4.2.3 的基准值的 0.75 倍；

3）对基本周期介于 3.5s 和 5s 之间的结构，最小地震剪力系数不应小于表 4.2.3 的基准值的 $(9.5-T_1)/6$ 倍（T_1 为结构计算方向的基本周期）。

表 4.2.3　最小地震剪力系数基准值 λ_0

设防烈度	6 度	7 度	7 度(0.15g)	8 度	8 度(0.30g)	9 度
λ_0	0.008	0.016	0.024	0.032	0.048	0.064

延伸阅读与深度理解

（1）明确最小水平地震作用的下限控制要求。本条改自《抗规》GB 50011-2010 第 5.2.5 条（强条）。

（2）地震作用的取值直接决定着工程结构的抗震承载能力，是抗震设计的重要内容之一。但鉴于现阶段的科学技术手段，尚难以对地震以及地震地面运动的强度、频谱、持续时间等特性作出准确的预测。另外，结构计算本身仍然存在很大的不确定性，因此为了保证工程结构具备必要的抗震承载能力，对用于结构设计的地震作用作出下限规定，已成为国际通行的做法。

（3）本次明确给出结构基本周期 T_1 在 0.35～5.0s 之间最小剪力系数的计算公式：$(9.5-T_1)/6$。

（4）补充了对于场地为Ⅲ、Ⅳ类的工程还需要乘以放大系数 1.05。

（5）取消了对于竖向不规则的薄弱层，尚应乘以 1.15 的增大系数。

（6）扭转效应明显的结构，是指楼层最大水平位移（或层间位移）大于楼层平均水平位移（或层间位移）1.2 倍的结构。

（7）《抗规》GB 50011-2010（2016 版）相关条款如下：

5.2.5 抗震验算时，结构任一楼层的水平地震剪力应符合下式要求：

$$V_{Eki} > \lambda \sum_{j=i}^{n} G_j \quad (5.2.5)$$

式中：V_{Eki}——第 i 层对应于水平地震作用标准值的楼层剪力；

λ——剪力系数，不应小于表5.2.5规定的楼层最小地震剪力系数值，对竖向不规则结构的薄弱层，表中数值尚应乘以1.15的增大系数；

G_j——第 j 层的重力荷载代表值。

表5.2.5 楼层最小地震剪力系数值

类别	6度	7度	8度	9度
扭转效应明显或基本周期小于3.5s的结构	0.008	0.016(0.024)	0.032(0.048)	0.064
基本周期大于5.0s的结构	0.006	0.012(0.018)	0.024(0.036)	0.048

注：1 基本周期介于3.5s和5s之间的结构，按插入法取值；

2 括号内数值分别用于设计基本地震加速度为0.15g和0.30g的地区。

(8) 控制结构剪重比的目的是什么？当剪重比不满足要求时，应如何调整？

所谓的“剪重比”，指的是结构某楼层地震剪力标准值与该层以上（含本层）重力荷载代表值总和的比值，即楼层剪力系数，也有人称之为“剪质比”。由于加速度反应谱（地震影响系数）在长周期段下降较快，对于基本周期大于3.5s的长周期结构，由此计算所得的结构楼层地震剪力可能太小，致使结构抗侧力构件截面设计承载力偏小。对于长周期结构，地震地面运动的速度和位移可能对结构的破坏具有更大影响，但是规范所采用的振型分解反应谱法无法对此作出估计。出于结构抗震安全考虑，提出了对结构总水平地震剪力及各楼层水平地震剪力最小值的要求，规定了不同烈度下的剪力系数最小值。如图3-4-15所示为最小剪力系数与规范反应谱的对应关系曲线。

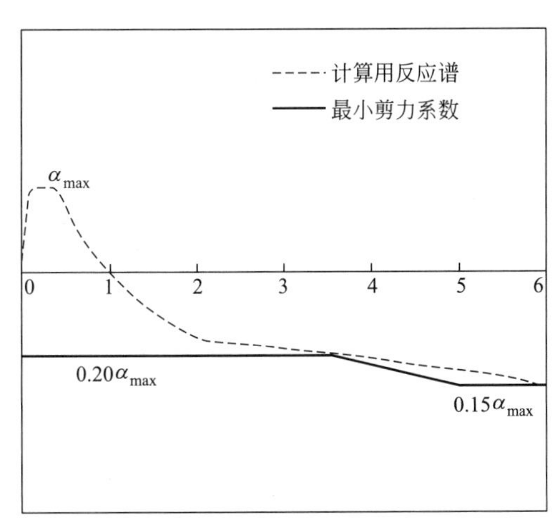

图3-4-15 最小剪力系数

(9) 应用需要注意以下几点：

1) 当底部总剪力相差较多时，结构的选型和总体布置需重新调整，不能仅采用乘以增大系数的方法处理。

当较多楼层不满足或底部楼层差得太多时，如果振型分解反应谱法计算结果中有较多楼层的剪力系数不满足最小剪力系数要求（例如15%以上的楼层），或底部楼层剪力系数小于最小剪力系数要求太多（例如小于85%），说明结构整体刚度偏弱（或结构太重），应调整结构体系，增强结构刚度（或减小结构重量），而不能简单采用放大楼层剪力系数的办法。

2）只要底部总剪力不满足要求，则结构各楼层的剪力均需要调整，不能仅调整不满足的楼层。

3）满足最小地震剪力是结构后续抗震计算的前提，只有调整到符合最小剪力要求才能进行相应的地震倾覆力矩、构件内力、位移等的计算分析，即意味着，当各层的地震剪力需要调整时，原先计算的倾覆力矩、内力和位移均需要相应调整。

4）采用时程分析法时，其计算的总剪力也需符合最小地震剪力的要求。

5）本条规定不考虑阻尼比的不同，是最低要求，各类结构，包括钢结构、隔震和消能减震结构均需一律遵守。

6）采用场地地震安全性评价报告的参数进行地震作用计算时，也应满足这个要求。

7）检查方法：检查最小地震剪力，查看楼层剪力系数。

（10）具体调整方法及工程案例可参考笔者2015年出版发行的《建筑结构设计规范疑难热点问题及对策》一书。

4.3 抗震验算

4.3.1 结构构件的截面抗震承载力，应符合下式规定：

$$S \leqslant R/\gamma_{RE} \tag{4.3.1}$$

式中 S——结构构件的地震组合内力设计值，按本规范4.3.2条的规定确定；

R——结构构件承载力设计值，按结构材料的强度设计值确定；

γ_{RE}——承载力抗震调整系数，除本规范另有专门规定外，应按表4.3.1采用。

表4.3.1 承载力抗震调整系数

材料	结构构件	受力状态	γ_{RE}
钢	柱，梁，支撑，节点板件，螺栓，焊缝	强度	0.75
	柱，支撑	稳定	0.80
砌体	两端均有构造柱、芯柱的承重墙	受剪	0.90
	其他承重墙	受剪	1.00
	组合砖砌体抗震墙	偏压、大偏拉和受剪	0.90
	配筋砌块砌体抗震墙	偏压、大偏拉和受剪	0.85
	自承重墙	受剪	0.75
混凝土 钢-混凝土组合	梁	受弯	0.75
	轴压比小于0.15的柱	偏压	0.75
	轴压比不小于0.15的柱	偏压	0.80
	抗震墙	偏压	0.85
	各类构件	受剪、偏拉	0.85

续表

材料	结构构件	受力状态	γ_{RE}
木	受弯、受拉、受剪构件	受弯、受拉、受剪	0.90
	轴压和压弯构件	轴压和压弯	0.90
	木基结构板剪力墙	强度	0.80
	连接件	强度	0.85
竖向地震为主的地震组合内力起控制作用时			1.00

延伸阅读与深度理解

（1）本条明确结构构件抗震承载力验算的基本原则和要求。结构在设防烈度（中震）下的抗震验算根本上应该是弹塑性变形验算，但为减少验算工作量并符合一般设计习惯，对大部分结构，将变形验算转换为众值烈度地震（多遇地震）作用下构件承载力验算的形式来表现。

（2）现阶段大部分结构构件截面抗震验算时，采用了各有关规范的承载力设计值 R_d，因此，抗震设计的抗力分项系数，就相应地变为非抗震设计的构件承载力设计值的抗震调整系数 γ_{RE}，即 $\gamma_{RE}=R_d/R_{dE}$ 或 $R_{dE}=R_d/\gamma_{RE}$。为了保证结构构件抗震承载力验算的准确性，对抗震验算的基本表达式及关键参数取值提出强制性要求是必要的。

（3）本条改自《抗规》GB 50011-2010 第 5.4.2（强条）、5.4.3（强条）条。

1）补充了砌体结构：组合砖体砌抗震墙、配筋砌块体砌抗震墙、自承重墙的相关调整系数。

2）补充了木结构相关调整系数。

（4）本条应用时注意以下几点：

1）对电算结果的分析确认是十分重要的。对关键的抗震薄弱部位和构件，抗震承载力必须满足要求，必要时应采用手算复核，避免电算结果因计算模型不完全符合实际而造成安全隐患。提醒注意：结构设计不必追求结果数字的准确性，而是追求结果概念的合理性。

2）由于抗震承载力验算时引入的承载力抗震调整系数 γ_{RE} 小于 1.0，构件设计内力的最不利组合不一定是地震基本组合，在设防烈度较低时尤其如此，此时要特别注意这些构件的细部构造要求。

3）地基基础构件的抗震验算，与地基基础设计规范协调，仍采用基本组合，其表达式也应按本条规定执行，基础构件的抗震承载力调整系数 γ_{RE} 应根据受力状态按照《抗规》表 4.3.1 采用。例如，对于钢筋混凝土柱下独立基础的底板抗弯配筋计算可按梁受弯采用，即 γ_{RE} 取 0.75；对条形地基梁的抗剪验算取 0.85。

4.3.2 结构构件抗震验算的组合内力设计值应采用地震作用效应和其他作用效应的基本组合值，并应符合下式规定：

$$S=\gamma_G S_{GE}+\gamma_{Eh} S_{Ehk}+\gamma_{Ev} S_{Evk}+\sum\gamma_{Di} S_{Dik}+\sum\psi_i\gamma_i S_{ik} \quad (4.3.2)$$

式中：S——结构构件地震组合内力设计值，包括组合的弯矩、轴向力和剪力设计值等；

γ_G——重力荷载分项系数，按表 4.3.2-1 采用；

γ_{Eh}、γ_{Ev}——分别为水平、竖向地震作用分项系数，其取值不应低于表 4.3.2-2 的规定；

γ_{Di}——不包括在重力荷载内的第 i 个永久荷载的分项系数，应按表 4.3.2-1 采用；

γ_i——不包括在重力荷载内的第 i 个可变荷载的分项系数，不应小于 1.5；

S_{GE}——重力荷载代表值的效应，有吊车时，尚应包括悬吊物重力标准值的效应；

S_{Ehk}——水平地震作用标准值的效应；

S_{Evk}——竖向地震作用标准值的效应；

S_{Dik}——不包括在重力荷载内的第 i 个永久荷载标准值的效应；

S_{ik}——不包括在重力荷载内的第 i 个可变荷载标准值的效应；

ψ_i——不包括在重力荷载内的第 i 个可变荷载的组合值系数，应按表 4.3.2-1 采用。

表 4.3.2-1　各荷载分项系数及组合系数

荷载类别、分项系数、组合系数			对承载力不利	对承载力有利	适用对象
永久荷载	重力荷载	γ_G	≥1.3	≤1.0	所有工程
	预应力	γ_{Dy}			
	土压力	γ_{Ds}	≥1.3	≤1.0	市政工程、地下结构
	水压力	γ_{Dw}			
可变荷载	风荷载	ψ_w	0.0		一般的建筑结构
			0.2		风荷载起控制作用的建筑结构
	温度作用	ψ_t	0.65		市政工程

表 4.3.2-2　地震作用分项系数

地震作用	γ_{Eh}	γ_{Ev}
仅计算水平地震作用	1.4	0.0
仅计算竖向地震作用	0.0	1.4
同时计算水平与竖向地震作用（水平地震为主）	1.4	0.5
同时计算水平与竖向地震作用（竖向地震为主）	0.5	1.4

延伸阅读与深度理解

（1）明确结构构件截面的地震组合内力计算原则和要求。

（2）地震作用效应组合是结构构件抗震设计的重要内容，设计人员应严格执行。

（3）需要注意的是，鉴于地震本身的不确定性以及结构抗震计算的不确定性，地震作用效应基本组合中，含有考虑抗震概念设计的一些效应调整。结构计算所得的地震作用效应尚应根据抗震概念设计的原则要求进行必要的调整。

（4）在现行国家标准《抗规》GB 50011-2010（2016 版）及相关技术规程中，属于抗震概念设计的地震作用效应调整的内容较多，有的是在地震作用效应组合之前进行的，有的是在组合之后进行的，实施时需加以注意。

1）组合之前进行的调整：以下均是《抗规》GB 50011-2010（2016 版）

①《抗规》第 3.4.4 条，刚度突变的软弱层地震剪力调整系数（不小于 1.15）和水平转换构件的地震内力调整系数（1.25～2.0）；

②《抗规》第 3.10.3 条，近断层地震动参数增大系数（1.25～1.5）；

③《抗规》第 4.1.8 条，不利地段水平地震影响系数增大系数（1.1～1.6）；

④《高规》第 4.3.16 条和第 4.3.17 条的周期折减系数；

⑤《抗规》第 5.2.3 条，考虑扭转效应的边榀构件地震作用效应增大系数；

⑥《抗规》第 5.2.4 条，考虑鞭梢效应的屋顶间等地震作用增大系数；

⑦《抗规》第 5.2.5 条和《高规》第 4.3.12 条，不满足最小剪重比规定时的楼层剪力调整；

⑧《抗规》第 5.2.6 条，考虑空间作用、楼盖变形等对抗侧力的地震剪力的调整；

⑨《抗规》第 5.2.7 条，考虑土-结作用楼层地震剪力折减系数；

⑩《抗规》第 6.2.10 条，框支柱内力调整；

⑪《抗规》第 6.2.13 条，框架-抗震墙结构二道防线的剪力（$0.2Q_0$）调整和少墙框架结构框架部分地震剪力调整；

⑫《抗规》第 6.6.3 条，板柱-抗震墙结构地震作用分配调整；

⑬《抗规》第 6.7.1 条，框架-核心筒结构外框地震剪力调整；

⑭《抗规》第 8.2.3 条第 3 款，钢框架-支撑结构二道防线的剪力（$0.25Q_0$）调整；

⑮《抗规》第 8.2.3 条第 7 款，钢结构转换构件下框架柱内力增大系数（1.5）；

⑯《抗规》第 9.1.9、9.1.10 条，突出屋面天窗架的地震作用效应增大系数；

⑰《抗规》第 G.1.4 条第 3 款，钢支撑-混凝土框架结构框架部分地震剪力调整；

⑱《抗规》第 G.2.4 条第 2 款，钢框架-钢筋混凝土核心筒结构框架部分地震剪力（$0.20Q_0$）调整；

⑲《抗规》附录 J 的排架柱地震剪力和弯矩调整。

2）组合之后进行的调整：以下均是《抗规》GB 50011-2010（2016 版）

①《抗规》第 6.2.2 条，关于强柱弱梁的柱端弯矩增大系数；

②《抗规》第 6.2.3 条，柱下端弯矩增大系数；

③《抗规》第 6.2.4 条、6.2.5 条、6.2.8 条，关于强剪弱弯的剪力增大系数；

④《抗规》第 6.2.6 条，框架角柱内力调整系数（不小于 1.10）；

⑤《抗规》第 6.2.7 条，抗震墙墙肢内力调整；

⑥《抗规》第 6.6.3 条第 3 款，板柱节点冲切反力增大系数；

⑦《抗规》第 7.2.4 条，底部框架-抗震墙砌体房屋底部地震剪力调整系数（1.2～1.5）；

⑧《抗规》第 8.2.3 条第 5 款，偏心支撑框架中与消能梁段连接构件的内力增大系数。

（5）本条中，不包括在重力荷载内的永久荷载，主要指的是土压力、水压力、预应力等不变荷载；也不包括在重力荷载内的可变荷载主要包括温度作用、风荷载等。

（6）表 4.3.2-1 中，对于风荷载起控制作用，在什么情况下风荷载效应参与地震作用效应组合，主要取决于风荷载作用效应的大小以及风荷载与地震作用同时存在的概率。一般当风荷载效应与地震作用效应相当时，就应考虑风荷载效应参与组合，但风荷载组合值系数取 0.2。为了便于操作，《高规》JGJ 3 对这一问题做了简化，即 60m 以上的高层建筑考虑风荷载效应的 20%参与地震作用效应组合。

（7）关于荷载分项系数取值的调整是根据《建筑结构可靠性设计统一标准》GB 50068-2018 作出的。

（8）本规范第 4.3.2 条实际是由《抗规》GB 50011-2010（2016 版）第 5.4.1 条（强条）整合而来，对荷载效应的组合方式、各荷载分项系数及组合系数给出了详细要求。由于抗震通用规范不仅仅要考虑建筑结构，同时还要考虑市政工程和地下工程，因此，对荷载的组合方式与现行的《抗规》GB 50011-2010（2016 版）的表述不完全一致。本规范对荷载分项系数的取值与现行抗规的要求也是不同的，重力荷载分项系数取 1.3，地震作用分项系数取 1.4。

（9）计算建筑的重力荷载代表值时，是否需要考虑按等效均布计算的楼面消防车荷载？

根据概率原理，当建筑工程发生火灾、消防车进行消防作业的同时，本地区发生 50 年一遇地震（多遇地震）的可能性是很小的。因此，对于建筑抗震设计来说，消防车荷载属于另一种偶然荷载，计算建筑的重力荷载代表值时，可以不予考虑。实际工程设计时，等效均布的楼面消防车荷载可按楼面活载对待，参与结构设计计算，但不参考与地震作用效应组合。由此可以推理出，消防车荷载分项系数可以取 1.0。

4.3.3 各类结构地震作用下的变形验算应符合下列规定：

1 钢筋混凝土结构、钢结构、钢-混凝土组合结构等房屋建筑，应进行多遇地震下的弹性变形验算，并不应大于容许变形值。

2 桥梁结构，应验算罕遇地震作用下顺桥向和横桥向桥墩桥顶的位移或桥墩塑性铰区域塑性转动能力，墩顶的位移不应大于桥墩容许位移，塑性铰区域的塑性转角不应大于最大容许转角。

延伸阅读深度理解

（1）明确各类结构的地震变形验算原则和要求。

（2）结构抗震验算根本上应该是弹塑性变形验算，现行抗震相关技术标准主要进行的是结构构件抗震承载力验算，其主要目的是减少验算工作量并符合设计习惯。

（3）鉴于抗震变形验算的重要性以及结构计算分析技术和手段的丰富与发展，本条对各类工程结构抗震变形验算的基本原则和要求作出强制性要求，既可以促进结构弹塑性分析技术的发展和应用，也可以确保工程结构的抗震安全性，是十分必要的。

（4）特别注意：本规范对各种结构的抗震变形验算应不大于容许变形值。

当然，具体各种结构体系规定的变形值是多少，需要参考相关规范。

注意《高规》JGJ 3-2010 对层间位移要求是“宜”，摘录如下：

3.7.3 按弹性方法计算的风荷载或多遇地震标准值作用下的楼层层间最大水平位移

与层高之比 $\Delta u/h$ 宜符合下列规定……

地震作用下，由于延性构件可以进入塑性工作，因此对于桥梁主要验算其极限变形能力是否满足要求，对于采用非线性时程分析方法地震反应分析的桥梁，由于可以直接得到塑性铰区域的塑性转动需求，因此可直接验算塑性铰区域的转动能力；对于矮墩，一般不作为延性构件设计，因此需要验算抗弯和抗剪强度。

（5）本条改自《抗规》GB 50011-2010 第 5.5.1、5.5.5 条（非强条）、《城市桥梁抗震设计规范》CJJ 166-2011 第 7.2.1、7.3.1 条（非强条）。

（6）笔者对此问题的观点，由目前世界一些主要发达国家对位移限制来看，我们国家目前规范中的限值本身就过于严苛（具体可参考笔者 2015 年出版发行的《建筑结构设计规范疑难热点问题及对策》一书），如果再作为强条要求，实在不尽合理。

第5章 建筑工程抗震措施

5.1 一般规定

5.1.1 建筑设计应根据抗震概念设计的要求明确建筑形体的规则性。不规则的建筑应按规定采取加强措施；特别不规则的建筑应进行专门研究和论证，采取特别的加强措施；不应采用严重不规则的建筑方案。

延伸阅读与深度理解

（1）本条明确建筑方案的概念设计原则。宏观震害经验表明，在同一次地震中，体型复杂的房屋比体型规则的房屋容易破坏，甚至倒塌。建筑方案的规则性对建筑结构的抗震安全性来说十分重要。

（2）建筑设计是建筑抗震设计的一个重要方面，建筑设计与建筑抗震设计有着密切关系。它对建筑抗震起着重要的基础作用。一个优良的建筑抗震设计，必须是在建筑设计与结构设计相互配合协作共同考虑抗震的设计基础上完成。为此，要充分重视建筑设计在建筑抗震设计中的重要性，在建筑抗震设计中更好地发挥建筑设计应有的作用。

（3）在建筑施工中重视抗震设防的施工质量，健全抗震设防施工质量专项检查和监督制度，将抗震设防纳入规范化管理，只有保证建筑施工的质量，才能满足抗震设防对房屋结构的要求，才能杜绝抗震隐患。

（4）建筑设计是否考虑抗震要求，从总体上起着直接的控制主导作用。结构设计很难对建筑设计有较大的修改，建筑设计定了，结构设计原则上只能服从于建筑设计的要求。

（5）如果建筑师能在建筑方案、初步设计阶段中较好地考虑抗震的要求，则结构工程师就可以对结构构件系统进行合理的布置，建筑结构的质量和刚度分布以及相应产生的地震作用和结构受力与变形比较均匀协调，使建筑结构的抗震性能和抗震承载力得到较大的改善和提高。

（6）如果建筑师提供的建筑设计没有很好地考虑抗震要求，那就会给结构的抗震设计带来较多困难，使结构的抗震布置和设计受到建筑布置的限制，甚至造成设计的不合理。有时为了提高结构构件的抗震承载力，不得不增大构件的截面或配筋用量，造成不必要的投资浪费。由此可见，建筑设计是否考虑抗震要求，对整个建筑起着很重要的作用。

（7）众所周知，在国外，也有很多处于地震带的国家，但是往往他们都能够将灾害程度降到最低，即使发生重大地震，房屋抗震能力也是比较好的。

（8）本条对建筑师的建筑设计方案提出了强制性要求，要求业主、建筑师、结构工程师必须严格执行，优先采用符合抗震概念设计原理的、规则的设计方案；对于一般不规则的建筑方案，应按规范、规程的有关规定采取加强措施；对特别不规则的建筑方案要进行专门研究和论证，采取高于规范、规程规定的加强措施，对于特别不规则的建筑应进行严格的抗震设防专项审查；对于严重不规则的建筑方案应要求建筑师予以修改、调整。

（9）规则的建筑结构体现在体型（平面和立面的形状）简单，抗侧力体系的刚度和承载力上下变化连续、均匀，平面布置基本对称。即在平面、竖向图形或抗侧力体系上，没有明显的实质的不连续（突变）。

（10）关于规则与不规则的区分，《抗规》GB 50011-2010（2016 版）第 3.4.3 条规定了一些定量的界限，但实际上引起建筑结构不规则的因素还有很多，特别是复杂的建筑体型，很难一一用若干简化的定量指标来划分不规则程度并规定限制范围。但是，有经验的、有抗震知识素养的建筑设计人员，应该对所设计的建筑的抗震性能有所估计，要区分不规则、特别不规则和严重不规则等不规则程度，避免采用抗震性能差的严重不规则的设计方案。

（11）在实际工程中，对于混凝土结构和钢结构房屋各种不规则程度的判断与把握，可参照建质［2015］67 号文件《超限高层建筑工程抗震设防专项审查技术要点》的相关规定执行。

1）一般不规则，按建筑结构（包括某个楼层）布置上出现表 3-5-1 中一项不规则进行界定。

2）特别不规则按以下三种类型进行判断：

① 同时具有表 3-5-1 所列基本不规则的三个或三个以上；

② 具有表 3-5-2 所列的一项不规则；

③ 具有表 3-5-1 所列两项基本不规则且其中有一项接近表 3-5-2 的不规则指标。

3）严重不规则，指体型复杂，多项实质性的突变指标或界限超过《抗规》GB 50011-2010 第 3.4.4 条规定的上限值或某一项大大超过规定，具有严重的抗震薄弱环节，可能导致地震破坏的严重后果者，意味着该建筑方案在现有经济技术条件下，存在明显地震安全隐患，必须避免。

不规则建筑方案的基本类型 **表 3-5-1**

序号	不规则类型	简要涵义	备注
1a	扭转不规则	考虑偶然偏心的扭转位移比大于 1.2	参见 GB 50011-3.4.3
1b	偏心布置	偏心率大于 0.15 或相邻层质心相差大于相应边长 15%	参见 JGJ 99-3.2.2
2a	凹凸不规则	平面凹凸尺寸大于相应边长 30%等	参见 GB 50011-3.4.3
2b	组合平面	细腰形或角部重叠形	参见 JGJ 3-3.4.3
3	楼板不连续	有效宽度小于 50%，开洞面积大于 30%，错层大于梁高	参见 GB 50011-3.4.3
4a	刚度突变	相邻层刚度变化大于 70%（按《高规》考虑层高修正时，数值相应调整）或连续三层变化大于 80%	参见 GB 50011-3.4.3，JGJ 3-3.5.2
4b	尺寸突变	竖向构件收进位置高于结构高度 20%且收进大于 25%，外挑大于 10%和 4m，多塔	参见 JGJ 3-3.5.5
5	构件间断	上下墙、柱、支撑不连续，含加强层、连体类	参见 GB 50011-3.4.3
6	承载力突变	相邻层受剪承载力变化大于 80%	参见 GB 50011-3.4.3

特别不规则的项目举例 表 3-5-2

序号	简称	简要涵义
1	扭转偏大	不含裙房的楼层考虑偶然偏心的扭转位移比大于 1.4
2	抗扭刚度弱	扭转周期比大于 0.9，混合结构扭转周期比大于 0.85
3	层刚度偏小	本层侧向刚度小于相邻上层的 50%
4	高位转换	框支转换构件位置：7 度超过 5 层，8 度超过 3 层
5	厚板转换	7～9 度的厚板转换结构
6	塔楼偏置	单塔或多塔与大底盘的质心偏心距大于底盘相应边长 20%
7	复杂连接	各部分层数、刚度、布置不同的错层或连体结构
8	多重复杂	结构同时具有转换层、加强层、错层、连体和多塔类型的两种以上

（12）实施应用注意事项

1）所谓规则，包含了对建筑平、立面外形，抗侧力构件布置、质量分布，直至承载力分布等诸多因素的综合要求，很难一一用若干个简化的定量指标划分，规范第 3.4.3 条只给出基本界限。

2）设防烈度不同，规范所列举的不规则建筑方案的界限相同，但设计要求有所不同。烈度越高，不仅仅是需要采取的措施增加，体现各种概念设计的调整系数也要加大。

3）不同的结构类型，由于可采取的措施不同，不规则的定量指标也不尽相同。对砌体结构而言属于严重不规则的建筑方案，改用混凝土结构则可能采取有效的抗震措施使之转化为非严重不规则。例如，较大错层的多层砌体房屋，其总层数比没有错层时多 1 倍，则房屋的总层数可能超过砌体房屋层数的强制性限值，不能采用砌体结构；改为混凝土结构，只对房屋总高度有最大适用高度的控制。对属于严重不规则的普通钢筋混凝土结构，改为钢结构，也可能采取措施将严重不规则转化为一般不规则或特别不规则。

4）对于不落地构件通过次梁转换的问题，应慎重对待。少量的次梁转换，设计时对不落地构件（混凝土墙、砖抗震墙、柱、支撑等）的地震作用如何通过次梁传递到主梁又传递到落地竖向构件要有明确的计算，并采取相应的加强措施，方可视为有明确的计算简图和合理的传递途径。

5）结构薄弱层和薄弱部位的判别、验算及加强措施，应针对具体情况正确处理，使其确实有效。

6）一个体型不规则的房屋，要达到国家标准规定的抗震设防目标，在设计、施工、监理方面都需要投入较多的力量，需要较高的投资，有时可能是不切实际的。因此，严重不规则的建筑方案必须予以修改、调整。

5.1.2 对于混凝土结构、钢结构、钢-混凝土组合结构、木结构的房屋，应根据设防类别、设防烈度、房屋高度、场地地基条件、使用要求和建筑形体等因素综合分析选用合适的结构体系。混凝土结构房屋以及钢-混凝土组合结构房屋中，框支梁、框支柱及抗震等级不低于二级的框架梁、柱、节点核心区的混凝土强度等级不应低于 C30。

（1）本条明确混凝土结构、钢结构、钢-混凝土组合结构、木结构房屋抗震体系选用的基本原则。房屋建筑抗震体系选择的合适与否直接决定着其抗震能力的高低，本条基于抗震概念设计的基本原则，作出强制性要求是必要的。

（2）同时对框支梁、柱及抗震等级不低于二级的框架梁、柱及节点核心区提出混凝土强度等级最低要求 C30（这次增加了对二级框架的要求）。

（3）所谓框支框架是指转换构件（如框支梁）及其下面的框架柱和框架梁，不包括不直接支承转换构件的框架。框支梁一般是指部分框架剪力墙结构中支承上部不落地剪力墙的梁，是有了“框支剪力墙结构”，才有了框支梁。对于上部托柱的梁不是框支梁，而是转换梁。转换梁含托柱和托墙的梁。

5.1.3 对于框架结构房屋，应考虑填充墙、围护墙和楼梯构件的刚度影响，避免不合理设置而导致主体结构的破坏。

（1）本条明确框架填充墙不利影响的控制要求。在框架结构中，隔墙和围护墙采用实心砖、空心砖、硅酸盐砌块、加气混凝土砌块砌筑时，这些刚性填充墙将在很大程度上改变结构的动力特性，给整个结构的抗震性能带来一些有利的或不利的影响。

（2）本规范对这些隔墙和围护墙的总体设计要求是在工程设计中考虑其有利的一面，防止其不利的一面。砌体填充墙由于具有较大的抗推刚度，其布置合理与否直接关系到框架的剪力分布以及整个房屋的抗震安全。震害调查表明，如果刚性非承重墙体布置不合理，会造成主体结构不同程度的破坏，甚至倒塌。汶川和玉树地震中，框架结构大量出现楼梯构件及相应的主体结构破坏现象，为此，本条对框架结构填充墙的不利影响提出控制性要求是必要的。本条参考了欧洲规范《结构抗震设计规范》EN 1998-1：2004 第 4.3.6 节“砌体填充框架补充规定”以及第 5.9 节“砌体或混凝土填充墙的局部影响”的若干原则。

（3）应用实施注意以下几个问题：

实施对考虑填充墙不利影响的抗震设计，可根据填充墙布置的不同情况区别对待：

① 填充墙上下不均匀，形成薄弱楼层时，应按底层框架-抗震墙砌体房屋的相关要求，验算上下楼层的刚度比值，设置必要的抗震墙（混凝土或砌体），同时加强构造措施。

② 填充墙平面布置不均匀，导致结构扭转时，要调整墙体布置或结合其他专业需要，将部分砖墙改为轻质隔墙，尽量使墙体均匀、对称分布；同时，建筑边榀构件的地震作用效应应乘以扭转效应增大系数。

③ 局部砌筑不到顶，形成短柱时，应考虑填充墙的约束作用，重新核算框架柱的剪跨比，按短柱或极短柱的相关要求进行设计，箍筋全高加密；若抗剪承载能力不足，尚应

增加交叉斜向配筋。

④ 单侧布置填充墙的框架柱，上端可能冲剪破坏时，结构分析时应考虑填充墙刚度对地震剪力分配的影响，合理确定柱各部位所受的剪力和弯矩，并进行截面承载能力验算；考虑填充墙对框架柱产生的附加内力，具体计算方法可参考底部框架-抗震墙砌体房屋中底部框柱附加内力的计算规定，框架柱上端除考虑上述附加内力进行设计外，尚应加密箍筋，增设45°方向抗冲切钢筋等。

5.1.4 建造于山地和复杂地形的建筑布置应符合下列规定：

1 应根据地质、地形条件和使用要求，因地制宜设置符合抗震设防要求的边坡工程。

2 建筑基础与土质、强风化岩质边坡的边缘应留有足够的距离。

延伸阅读与深度理解

(1) 明确山地建筑的特殊要求。本条对山地建筑的边坡工程和地基安全提出了强制性要求。地震造成建筑的破坏，除了地震动直接引起结构破坏外，还有场地条件的原因，比如地表错动和断裂、地基不均匀沉降、滑坡、液化、震陷等。

(2) 山区建筑工程，应依据地形、地质条件和使用要求，从总体规划、选址、勘察、边坡工程、地基基础设计、建筑施工等各个方面给予特别的重视。本条对山地建筑的边坡工程和地基安全提出强制性要求，是十分必要的。

(3) 本条改自《抗规》GB 50011-2010 第3.3.5条。

5.1.5 隔震和消能减震房屋，其隔震装置和消能部件应符合下列规定：

1 隔震装置和消能器的性能参数应经试验确定。

2 隔震装置和消能部件的设置部位，应采取便于检查和替换的措施。

3 设计文件上应注明对隔震装置和消能器的性能要求，安装前应按规定进行抽样检测，确定性能符合要求。

延伸阅读与深度理解

(1) 本条明确隔震装置、消能部件性能的基本要求。隔震装置、消能部件性能参数的合适选择以及长期维护要求，是确保此类房屋建筑地震安全的关键，本规范提出强制性要求，是必要的。

(2) 实施应用应注意：隔震减震部件的性能参数是涉及隔震减震效果的重要设计参数，橡胶隔震支座的有效刚度与振动周期有关，动静刚度差别大，为保证隔震的有效性，需要采用相应于隔震体系基本周期的动刚度进行计算，产品应提供有关的性能参数。检验应严格把关，要求现场抽样检验100%合格。特别要求检验隔震支座的平均压应力设计值是否满足规定。隔震减震部件性能的保持和维护十分重要，除了产品自身性能保证外，在规定的结构设计使用年限内，使用时对隔震减震部件还要有检查和替换制度的保证。这一点，在结构设计说明中应特别予以注明。

(3) 住房城乡建设部《关于房屋建筑工程推广应用减隔震技术的若干意见（暂行）》（建质［2014］25号）。现将部分主要条款摘录如下：

各省、自治区住房城乡建设厅，直辖市住房城乡建设委及有关部门，新疆生产建设兵团建设局：

近年来，随着建筑工程减震隔震技术（以下简称减隔震技术）研究不断深入，我国部分地震高烈度区开展了工程应用工作，一些应用了减隔震技术的工程经受了汶川、芦山等地震的实际考验，保障了人民生命财产安全，产生了良好的社会效益。实践证明，减隔震技术能有效减轻地震作用，提升房屋建筑工程抗震设防能力。为有序推进房屋建筑工程应用减隔震技术，确保工程质量，提出如下意见。

一、加强宣传指导，做好推广应用工作

1. 各级住房城乡建设主管部门要充分认识减隔震技术对提升工程抗震水平、推动建筑业技术进步的重要意义，高度重视减隔震技术研究和实践成果，有计划，有部署，积极稳妥推广应用。

2. 位于抗震设防烈度8度（含8度）以上地震高烈度区、地震重点监视防御区或地震灾后重建阶段的新建3层（含3层）以上学校、幼儿园、医院等人员密集公共建筑，应优先采用减隔震技术进行设计。

3. 鼓励重点设防类、特殊设防类建筑和位于抗震设防烈度8度（含8度）以上地震高烈度区的建筑采用减隔震技术。对抗震安全性或使用功能有较高需求的标准设防类建筑提倡采用减隔震技术。

4. （略）

二、加强设计管理，提高减隔震技术应用水平

5. 承担减隔震工程设计任务的单位，应具备甲级建筑工程设计资质；应认真比选设计方案，编制减隔震设计专篇，确保结构体系合理，并对减隔震装置的技术性能、施工安装和使用维护提出明确要求；要认真做好设计交底和现场服务；应配合编制减隔震工程使用说明书。

6. 从事减隔震工程设计的技术人员，应积极参加相关技术培训活动，严格执行国家有关工程建设强制性标准。项目结构专业设计负责人应具备一级注册结构工程师执业资格。

7. 对于采用减隔震技术的超限高层建筑工程，各地住房城乡建设主管部门在组织抗震设防专项审查时，应将减隔震技术应用的合理性作为重要审查内容。

（以下略）。

(4) 2021年9月1日《条例》正式施行。我国建设工程抗震工作将进入目标更清晰、标准更严格、责任更明确的发展新局面，《条例》的实施为提高我国建设工程抗震能力，减轻地震灾害风险，保障人民生命财产提供了法律依据。

1) 减隔震技术在《条例》中占据的篇幅

《条例》内容共有八章分五十一条，其中包含“减隔震”字样的有四章共九条，足见减隔震在其中占据的重要分量。相关内容包含了减隔震技术应用的范围、遵循的技术标准、减隔震装置采购、勘察、设计、进场检测、安装施工、竣工验收、维护等全过程和各

环节，并在法律责任一章中明确了对减隔震装置质量检测和后期维护处罚措施，为减隔震技术的全面实施提供了完备的保障。

《条例》中关于减隔震的相关内容是《中华人民共和国建筑法》《中华人民共和国防震减灾法》所确定的基本法律制度的进一步细化，增强了现有法律制度的可操作性，完善了制度间的衔接与协调。尤其是关于减隔震技术的相关规定，与许多的地方法规相配套，形成了以法律、行政法规为基础，地方性法规、规章及相关技术标准为补充的制度体系，是工程抗震管理制度体系建设的优秀示范。

2）明确了减隔震技术的应用范围

《条例》的一个重要原则就是在于突出重点，减隔震技术的应用就是其中之一。

《条例》第十六条规定："建筑工程根据使用功能以及在抗震救灾中的作用等因素，分为特殊设防类、重点设防类、标准设防类和适度设防类。学校、幼儿园、医院、养老机构、儿童福利机构、应急指挥中心、应急避难场所、广播电视等建筑，应当按照不低于重点设防类的要求采取抗震设防措施。

位于高烈度设防地区、地震重点监视防御区的新建学校、幼儿园、医院、养老机构、儿童福利机构、应急指挥中心、应急避难场所、广播电视等建筑应当按照国家有关规定采用隔震减震等技术，保证发生本区域设防地震时能够满足正常使用要求。

国家鼓励在除前款规定以外的建设工程中采用隔震减震等技术，提高抗震性能。"

减隔震技术作为目前世界上最有效的建筑防震手段，在日本、美国等发达国家得到了广泛应用，我国自2008年汶川地震之后，也开始大面积推广。但是如何保障最好的技术能够得到充分的发挥和应用，不仅需要技术研究，还需要政策上的支持。《条例》的这一规定，直接保证了建设工程中重要建筑的功能，通过提升重要建筑的性能，大幅降低地震灾害风险，保护人民生命和财产安全，保证震后抗震救灾的顺利实施，也是"以人为本、全面设防"的突出体现。

3）具体工程是采用隔震还是减震如何选择？

减隔震一直作为一个专业词汇在建筑行业中被统称，实际它包含了两项技术：隔震和减震。隔震就是采用隔震支座将建筑和下部结构隔离，降低地震输入；减震就是采用消能减震装置来消减地震作用，降低地震反应。二者在技术路线上具有较大的差异，对整个建筑的效果和使用上都有较大影响。

从防震效果上分析，隔震是目前最有效的防震手段，没有之一。一般隔震技术能够降低地震作用60%以上，在罕遇地震水准甚至能到70%～90%，不仅对主体结构也能对内部的设备设置进行保护，国内外均有大量的地震案例。减震的效果一般很难超过20%，而对于建筑物本身的加速度响应来说，因为目前我国所应用的减震装置无一例外都会增加主体结构的刚度，所以很多减震结构的加速响应反而要大于不设置减震装置的原结构。而加速度响应的增加，将给非结构构件和设施的破坏带来不利的影响，使得"满足正常使用要求"的规定很难实现。当然，减震装置通过在主体结构未进入大幅塑性的变形阶段就先行开始发挥作用，也同样可以对主体结构有较好的地震保护作用。从建筑效果上分析，隔震技术能够降低上部结构构件截面，更有利于上部建筑的设计和使用，而减震技术需要占据上部建筑空间，需要与建筑的外立面及内部墙体设计相协调。从经济上分析，隔震工程的造价增量主要来源于单独设置的隔震层、隔震装置和地下部分，同时上部结构的工程造价会相应降低；而减震技术的造价增量一般仅来源于减震装置的使用。隔震技术的工程造价增量一般会略高于减震。

虽然要求采用减隔震技术，那么隔震还是减震该如何选择呢？为了回答这个问题，建议可从以下几个方面来思考。

首先，条例中包含了这么一个特别要求“保证发生本区域设防地震时能够满足正常使用要求”。何为“正常使用要求”？正常使用要求除了要确保结构主体在震后保持完好以外，还要求建筑内非结构构件、设备和管线能够在震后正常运转，以满足建筑震后功能可持续的目标。

那么如何达到“正常使用要求”？这就需要在建筑设计阶段对结构主体、非结构构件、设备和管线在地震作用下的损伤状态作出准确估计。不同于结构构件，非结构构件、设备和管线的损伤状态还与地震作用下的楼面最大加速度有紧密关系。北京地方标准《建筑工程减隔震技术规程》（征求意见稿）中明确给出了不同类型建筑的楼面最大加速度限值和层间位移角限值，为震后建筑正常使用的判断提供了依据。虽然标准最终版本并未定稿，相关评价指标是否获得行业共识仍有待进一步检验，但该标准对于实现正常使用要求的工程应用方法有一定参考。此外，《建筑抗震韧性评价标准》GB/T 38591 中也给出了建筑抗震韧性评价的详细流程与计算方法。

回到减震、隔震技术的选择问题上，虽然两种技术都可以保护主体结构，但隔震的效果更加显著；此外，采用隔震技术后，上部结构的地震响应为整体平动，大幅降低了各个楼层的楼面加速度和层间位移角，有效保护了建筑内的非结构构件、设备和管线，保证了发生本区域设防地震时能够满足正常使用要求。

5.1.6 建筑结构隔震层设计应符合下列规定：

1 隔震设计应根据预期的竖向承载力、水平向减震和位移控制要求，选择适当的隔震装置、抗风装置以及必要的消能装置、限位装置组成结构的隔震层。

2 隔震装置应进行竖向承载力的验算，隔震支座应进行罕遇地震下水平位移的验算。

3 隔震建筑应具有足够的抗倾覆能力，高层建筑尚应进行罕遇地震下整体倾覆承载力验算。

延伸阅读与深度理解

（1）隔震层应在罕遇地震下保持稳定，计算平均压应力设计值时，应取相应分项系数：一般情况，压应力设计值需取永久荷载分项系数 1.3、活荷载分项系数 1.5 的组合值；需要验算倾覆时，应取水平地震作用为主的基本组合，即重力荷载分项系数取 1.3，水平地震作用的分项系数为 1.4，竖向地震作用分项系数为 0.6；需要验算竖向地震作用时，应取竖向地震作用为主的基本组合，即重力荷载分项系数取 1.3，水平地震作用的分项系数取 0.6，竖向地震作用的分项系数取 1.4。

（2）隔震支座的位移控制，不仅要考虑平均位移，而且要考虑偶然偏心引起的扭转位移，罕遇地震下还要考虑重力二阶效应产生的附加位移。该位移值不得超过隔震元件的最大允许位移。隔震层以下的结构（基础或地下室）在罕遇地震作用下的验算，需取隔震后各个隔震支座底部在罕遇地震时向下传递的内力进行验算，而不是隔震前罕遇地震作用的结构底部各构件传递的内力。

（3）随着我国经济实力的不断增强，加上近些年隔震建筑在震后的良好表现（如庐山人民医院等），再加上《建设工程抗震管理条例》2021 年 9 月 1 日实施；人们开始重视隔震建筑，今后隔震建筑将会越来越多，作为结构设计人员的我们应尽快熟悉相关概念，并尽可能地应用隔震技术。以下就相关概念做简单梳理：

1）隔震设计的概念

隔震即隔离地震。在建筑物基础、底部或下部与上部结构之间设置由隔震器、阻尼装置等组成的隔离层，隔离地震能量向上部结构传递，减少输入到上部结构的地震能量，降低上部结构的地震反应，达到预期的防震要求。地震时，隔震结构的震动和变形均可控制在合理的水平，从而使建筑的安全得到更可靠的保证。表 3-5-3 和图 3-5-1 表明了隔震设计与传统抗震设计在理念上的区别。

隔震建筑和抗震建筑设计理念对比 **表 3-5-3**

类别	隔震建筑	抗震建筑
结构体系	上部结构与基础（或下部结构）柔性连接	上部结构与基础牢固连接
表现形式	地震时建筑缓慢平动 房屋加速度减小 40%	地震时建筑晃动剧烈 房屋加速度增大 250%
设计理念	隔离地震能量向建筑物输入	提高结构自身的抗震能量
方法措施	滤波	强化结构刚度与延性
保护对象	结构、装饰及设备	结构
目标	不坏，处于弹性	可坏，不倒塌

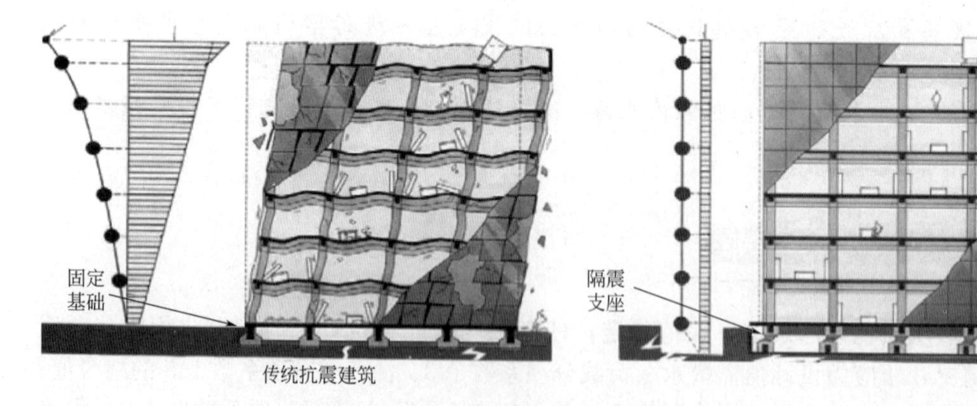

图 3-5-1 隔震建筑与抗震建筑地震反应

以前仅限于隔震层在建筑基础与上部结构之间，近些年研究和应用范围已经不再局限于基础之上。到目前为止，在国内外的大量隔震建筑中将隔震层位置设置在结构下部，如首层柱顶、多塔楼的底盘上、中间楼层（高位转换层）等。如图 3-5-2～图 3-5-7 所示，典型的工程如北京通惠家园隔震层建筑群，下部两层为地铁车辆段使用的大平台，上部 11

栋塔楼采用了隔震结构，隔震层设置在大平台与塔楼之间。

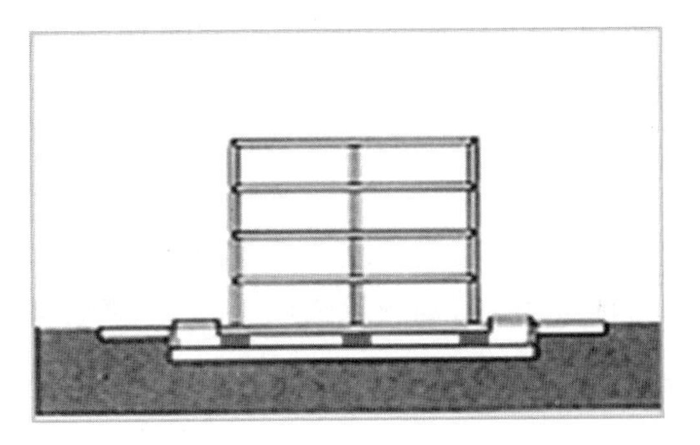

图 3-5-2 隔震层在基础顶（无地下室）

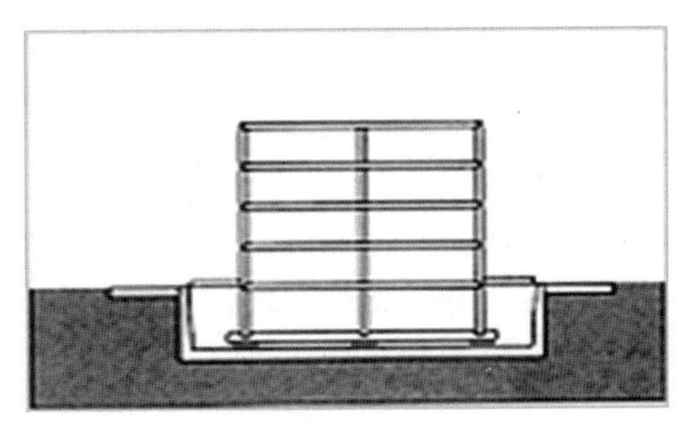

图 3-5-3 隔震层在基础和地下室之间

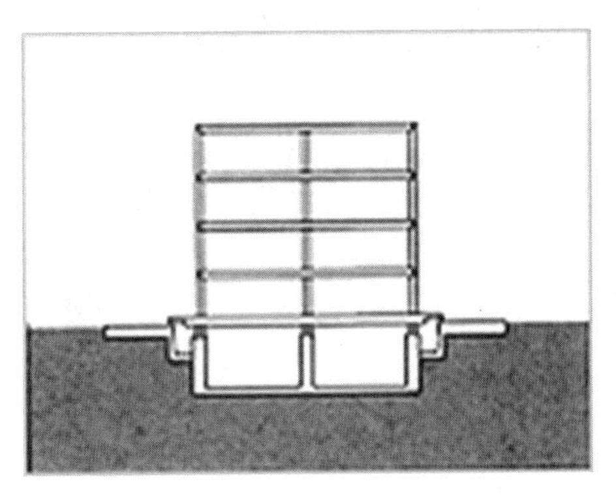

图 3-5-4 隔震层设置在地下室内

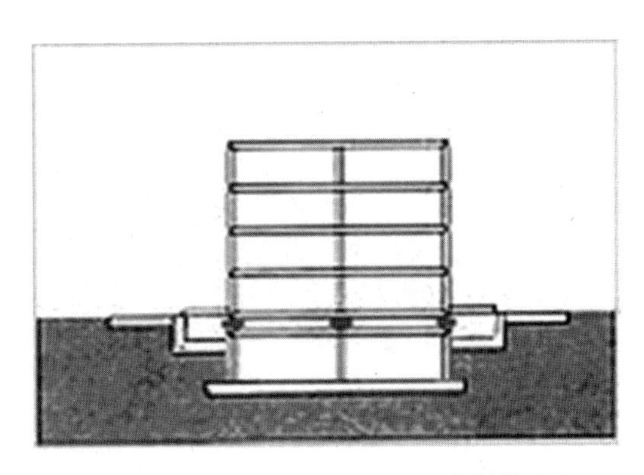

图 3-5-5 隔震层在地下室与上部结构之间

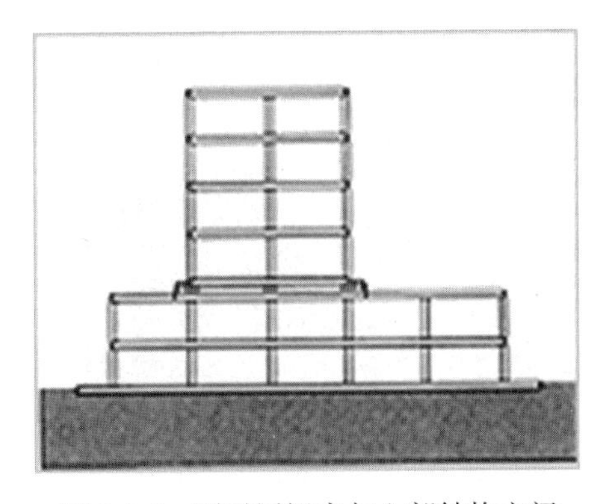

图 3-5-6 隔震层裙房与上部结构之间

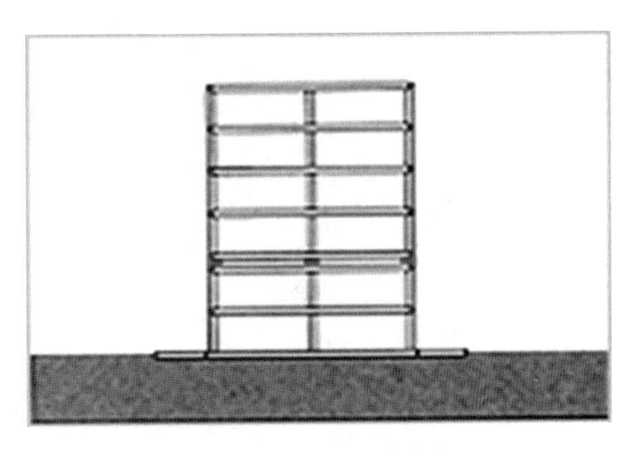

图 3-5-7 中间层隔震

隔震层一般由隔震支座和消能器组成。隔震支座一方面要支撑建筑物的竖向重量，另一方面在水平方向提供一个较小的水平刚度，并且具有自复位的功能。

根据产品标准《橡胶支座 第 3 部分：建筑隔震橡胶支座》GB 20688.3-2006 的执行经验和工程实践来看，天然橡胶支座（LNR）、铅芯橡胶支座（LRB）和高阻尼橡胶支座（HDR）已成为成熟的建筑隔震橡胶支座类型。随着隔震技术的不断普及应用，隔震支座已不限于隔震橡胶支座，弹性滑板支座（ESB）和摩擦摆隔震支座（FPS）也逐渐在建筑工程中得到使用，特别是前者，我国已经制定并发行了相应的支座标准——《橡胶支座 第5部分：建筑隔震弹性滑板支座》GB 20688.5-2014，由于其可承担的面压相对隔震橡胶支座高，现已逐渐与隔震橡胶支座配合应用于高层建筑隔震中。后者在桥梁隔震方面运用较多。

2）几种常用隔震器产品简介

① 橡胶隔震支座是由多层橡胶和多层钢板或其他材料交替叠置结合而成的隔震装置，又称叠层橡胶隔震支座，目前常用的橡胶隔震支座有两种：普通橡胶支座（图 3-5-8）和铅芯叠层橡胶支座（图 3-5-9）。

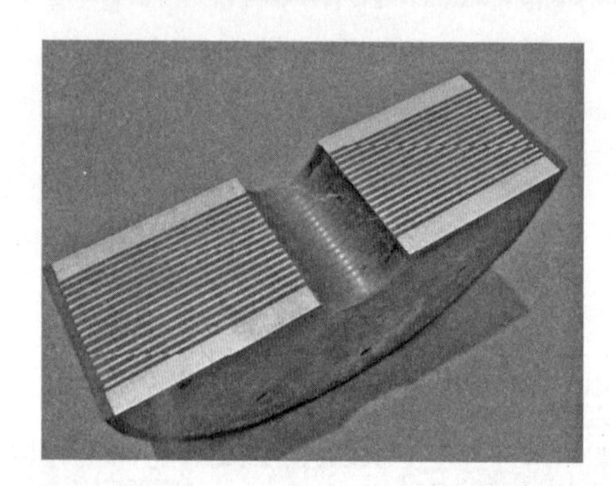

图 3-5-8 普通橡胶支座示意图

图 3-5-9 铅芯叠层橡胶支座示意图

② 滑动隔震支座，如图 3-5-10 所示。

③ 摩擦摆隔震支座是一种通过球面摆动延长结构振动周期和滑动界面摩擦消耗地震能量实现隔震功能的支座，如图 3-5-11 及图 3-5-12 所示。

3）几种常用的隔震支座性能比较

几种常用的隔震支座性能比较如表 3-5-4 所示。

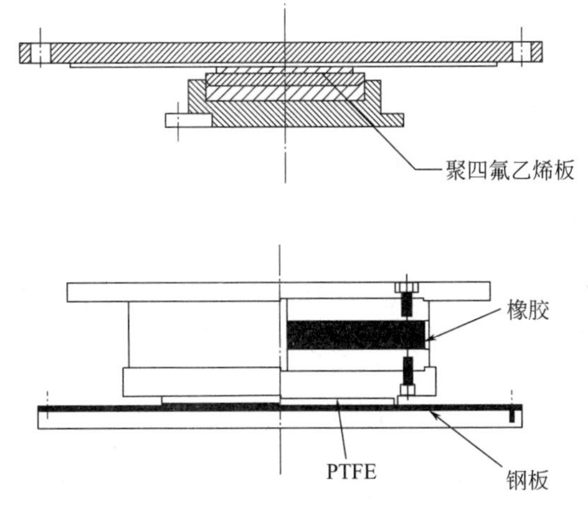

图 3-5-10 滑板隔震支座示意图

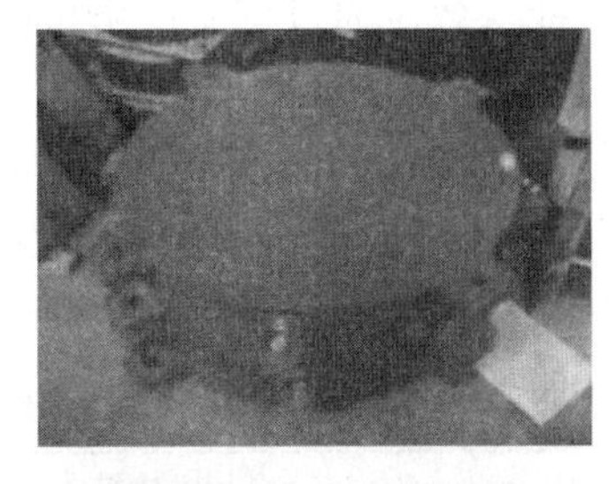

图 3-5-11 摩擦摆实物图

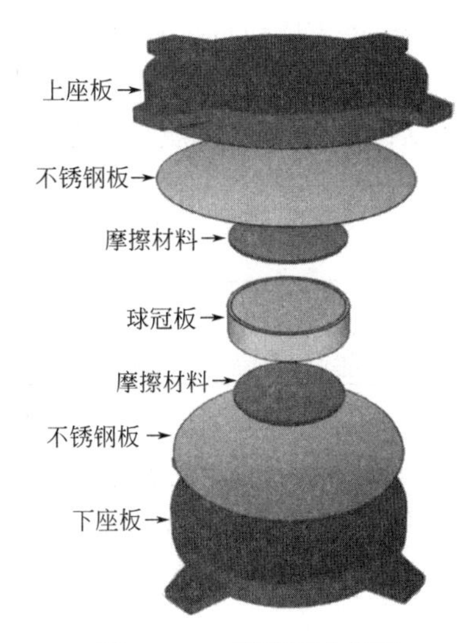

图 3-5-12 摩擦摆分解图

几种常用的隔震支座性能比较 **表 3-5-4**

隔震器	优点	缺点
普通型叠层橡胶支座	水平刚度小，上部结构的减震效果好	结构的位移较大；阻尼小，必须与有阻尼特性的装置配合使用
铅芯叠层橡胶支座	水平刚度和阻尼的性能可选范围大	在循环加载中性能会有改变
高阻尼叠层橡胶支座	可提供中等至高的阻尼	支座的应变依赖于刚度和阻尼；可供选择的刚度和阻尼参数较少
滑动支座	支座高度小，设计上容易配合；水平刚度很小，上部结构的减震效果好	结构的位移大；阻尼小，必须与有恢复力特性的装置配合作用
摩擦摆支座	支座高度小；承重能力大；可提供中等至高的阻尼；可有效地减小结构的扭转效应；隔震效果不受温度影响；防腐蚀性、耐久性佳	上部结构的加速度减小较少；支座的性能受压力和速度的影响

(4) 隔震设计的一般要求。

1) 设计方案分析

建筑结构隔震设计方法确定设计方案时，除应符合《抗规》相关隔震设计要求外，还应与采用传统抗震设计方案进行对比分析。进行方案比较时，应从安全可靠和经济合理两个方面进行综合分析。

2) 设防目标分析

采用隔震设计的设防目标理应高于传统抗震设防目标，必要时可以采用性能设计。在水平地震方面，应保证隔震结构具有比传统抗震结构至少高半度设防烈度的抗震安全储备。

3) 隔震部件检验与维护

隔震部件在建筑设计工作年限中需要定期地进行检查和维护。因此，其安装位置除考虑计算外，应采取便于检查和替换的措施。为了保证隔震部件在建筑工作年限内的效果，设计文件上应注明对隔震部件的性能要求，且隔震部件的性能参数应通过试验严格检验。

4) 隔震支座应进行竖向承载力验算

目前的橡胶支座主要是隔离水平地震作用，尚不能有效隔离结构的竖向地震作用，导致隔震后结构的竖向地震作用有可能会大于水平地震作用，因此竖向地震影响不可忽略。现行《抗规》GB 50011 要求：竖向平均压应力设计值不应超过表 3-5-5 中的规定。

橡胶隔震支座压应力限值 **表 3-5-5**

建筑类别	甲类建筑	乙类建筑	丙类建筑
平均压应力限值(MPa)	10	12	15

注：当隔震支座外径小于 300mm 时，其平均压应力限值对丙类建筑为 10MPa。

隔震装置应进行竖向承载力的验算，隔震支座应进行罕遇地震下水平位移的验算。这个水平位移在现行《抗规》GB 50011 中这样规定：橡胶支座在竖向平均压应力设计限值下的极限水平变位，应大于其有效直径的 0.55 倍（$0.55d$）和橡胶层总厚度 3 倍两者的较大值。

(5) 对高层建筑进行结构整体抗倾覆验算时，应按罕遇地震作用计算倾覆力矩，并按上部结构重力代表值计算抗倾覆力矩。抗倾覆安全系数应大于 1.1。

5.1.7 隔震层以上结构应符合下列规定：

1 隔震层以上结构的总水平地震作用，不得低于 6 度设防非隔震结构的总水平地震作用；各楼层的水平地震剪力尚应符合本规范第 4.2.3 条的规定。

2 隔震层以上结构的抗震措施，应根据隔震后上部结构地震作用的降低幅度确定。

延伸阅读与深度理解

(1) 水平向减震系数概念

隔震层上部结构应基于“水平向减震系数”来进行抗震设计。水平减震系数的计算和取值涉及上部结构的安全，涉及隔震层结构抗震设防目标的实现。

“水平向减震系数”即隔震结构与非隔震结构最大水平剪力或倾覆力矩的比值，一般要求采用时程分析法进行计算对比。

（2）水平向减震系数计算模型

在小震下的结构设计中采用分部设计方法和水平向减震系数。分部设计方法把整个隔震结构体系分成上部结构（隔震层以上结构）、隔震层、隔震层以下结构和基础四部分，分别进行设计。

（3）上部结构水平地震作用计算

隔震层以上结构的水平作用可由非隔震结构的水平地震作用乘以水平向减震系数来确定。同时要求隔震层以上结构的总水平地震作用，不得低于6度设防非隔震结构的总水平地震作用。从宏观的角度，可以将隔震后上部结构的水平地震作用大致归纳为比非隔震时降低半度、一度和一度半三个档次。

（4）上部结构抗震措施

现行《抗规》GB 50011是按水平向减震系数0.40（设置阻尼器时为0.38）作为降低隔震层上部结构抗震措施的分界线，并明确降低的要求不得超过一度，对于不同的设防烈度可按表3-5-6所示选取水平向减震系数。

水平向减震系数与隔震后上部结构抗震措施对应烈度的分档　　表3-5-6

本地区设防烈度（设计基本加速度）	水平向减震系数	
	≥0.40	<0.40
7(0.10g)	7(0.10g)	6(0.05g)
7(0.15g)	7(0.10g)	低于7(0.10g)
8(0.20g)	7(0.15g)	7(0.10g)
8(0.30g)	8(0.20g)	7(0.15g)
9(0.40g)	8(0.30g)	8(0.20g)

注意：由于现行《抗规》的抗震措施没有8度（0.30g）和7度（0.15g）的具体规定，因此不仅当减震系数≥0.40时抗震措施不降低，对于7度（0.15g）设防时，即减震系数<0.40，隔震后的抗震措施基本也不降低。

5.1.8　隔震层以下结构应能保证隔震层在罕遇地震下安全工作，并应符合下列规定：

1　直接支承隔震装置的支墩、支柱及相连构件，应采用隔震结构罕遇地震下的作用效应组合进行承载力验算。

2　隔震层以下、地面以上的结构，在罕遇地震下的层间位移角不应大于表5.1.8的限值要求。

表5.1.8　隔震层以下、地面以上结构在罕遇地震作用下层间位移角限值

下部结构类型	$[\theta_p]$
钢筋混凝土框架结构和钢结构	1/100
钢筋混凝土框架-抗震墙	1/200
钢筋混凝土抗震墙	1/250

延伸阅读与深度理解

（1）本条由《抗规》GB 50011-2010（2016版）第12.2.9条修改而来。

（2）隔震层以下的结构主要设计要求：保证隔震设计能在罕遇地震（大震）下发挥隔震效果。

（3）隔震层以下、地面以上的结构，在罕遇地震下的层间位移角限值，较抗震结构要求提高了一倍，以体现隔震建筑具有更好的抗震性能。

5.1.9　隔震支座与上、下部结构之间的连接，应能传递罕遇地震下隔震支座的最大反力。

延伸阅读与深度理解

（1）本条由《抗规》GB 50011-2010（2016版）第12.2.8条（非强条）整合调整提炼而来。

（2）为保证隔震层能够协调上下结构工作，隔震层顶部应设置平面内刚度足够大的梁板体系。当采用装配整体式钢筋混凝土楼盖时，为使纵横梁体系能传递竖向荷载并协调横向剪力在每个隔震支座的合理分配，支座上方的纵横梁体系应现浇。为了增大隔震层顶部梁板的平面内刚度，需要加大梁的截面尺寸和配筋。

（3）隔震支座附近的梁、柱（墩）受力状态复杂，地震时还会受到冲切，梁、柱（墩）箍筋应加密，必要时配置网状钢筋。

（4）上部结构的底部剪力通过隔震支座传递给基础结构，因此，上部结构与隔震支座的连接件，隔震支座与基础的连接件应能传递罕遇地震下隔震支座的最大反力。

5.1.10　隔震建筑地基基础的抗震验算和地基处理仍应按本地区抗震设防烈度进行，甲、乙类建筑的抗液化措施应提高一个液化等级确定，直至全部消除液化沉陷。

延伸阅读与深度理解

本条是由《抗规》GB 50011-2010（2016版）第12.2.9条第3款（强条）而来；要求隔震的甲、乙类建筑的抗液化处理比抗震建筑提高一个等级，体现隔震建筑更好的抗震性能。

【隔震工程案例】廊坊大厂城市科技广场

项目概况：公建1号楼，地上8层不等，框架-剪力墙结构，设计使用年限50年。

设防烈度：8度（0.30g）第二组，距离断裂带小于5km，地震影响系数需要放大1.5倍。

场地类别：Ⅲ类，抗震设防分类为丙类。

业主诉求：考虑断裂带影响后项目地震作用较大，经初步计算构件截面尺寸过大，严重影响建筑功能，建议采取措施。

解决方案：采用隔震技术。

本工程通过分析比选共使用了34个支座，为了节省投资，采用有铅芯隔震支座与无铅芯隔震支座混用，隔震结构屈重比为0.020。各类型支座数量及力学性能详见表3-5-7、表3-5-8。隔震支座平面布置见图3-5-13。

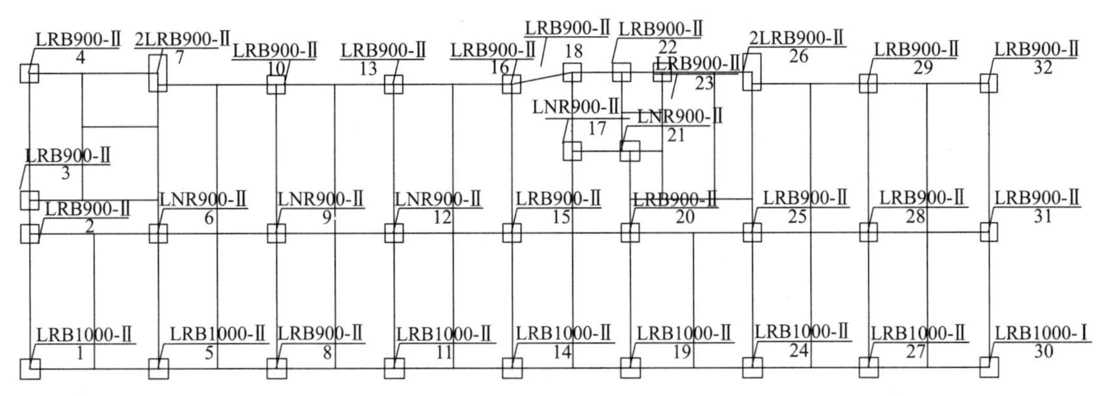

图3-5-13 橡胶隔震支座编号及布置图

有铅芯隔震支座力学性能参数 **表3-5-7**

类别	符号	单位	LRB900-Ⅱ	LRB1000-Ⅱ
使用数量	N	套	20	9
剪切模量	G	MPa	0.392	0.392
有效直径	D	mm	900	1000
第一形状系数	S_1	—	≥15	≥15
第二形状系数	S_2	—	≥5	≥5
竖向刚度	K_v	kN/mm	3500	4200
等效水平刚度(剪应变)	K_{eq}	kN/mm	2.37(100%)	2.77(100%)
等效阻尼比	ξ	%	23	24
屈服前刚度	K_u	kN/mm	19.67	21.67
屈服后刚度	K_d	kN/mm	1.51	1.67
屈服力	Q_d	kN	141	203
橡胶层总厚度	T_r	mm	≥168	≥186
法兰板厚度	d	mm	41	46
支座总高度	H	mm	353	390

无铅芯隔震支座力学性能参数 **表3-5-8**

类别	符号	单位	LNR900-Ⅱ
使用数量	N	套	5
剪切模量	G	MPa	0.392

续表

类别	符号	单位	LNR900-Ⅱ
有效直径	D	mm	900
第一形状系数	S_1	—	≥15
第二形状系数	S_2	—	≥5
竖向刚度	K_v	kN/mm	3300
等效水平刚度(剪应变)	K_h	kN/mm	1.51(100%)
橡胶层总厚度	T_r	mm	≥167
法兰板厚度	d	mm	41
支座总高度	H	mm	353

大厂项目为框架剪力墙结构，位于8度（0.3g）地区，为提高该建筑物的抗震安全性，降低地震反应，对该建筑采用了基础隔震计算。通过计算和分析，得到以下主要结论：

（1）分析软件可靠，计算模型合理

利用有限元软件Etabs建立了非隔震结构和隔震结构的三维有限元模型，并对其分别进行了结构动力特性分析。计算表明，所建立的模型能够准确地反映结构的动力特性，可为动力分析提供可靠的计算结果。

（2）时程分析所选用的地震波合适

时程分析选用5组天然地震动，2组人工地震动。其中5组天然地震动是实际的强震观测记录。每组时程曲线计算所得弹性非隔震结构的底部地震剪力均大于反应谱法计算结果的65%，7组时程曲线计算得到的结构底部剪力均大于反应谱法计算结果的80%。采用7组时程曲线作用下地震响应值平均值作为时程分析的最终计算值，结果可靠，可以用于工程设计。

（3）隔震层设计合理，隔震支座工作状态良好

隔震支座配置合理，隔震层具有足够的初始刚度保证结构在风荷载、较小地震或其他非地震水平荷载作用下的稳定性，而且隔震层屈服后比屈服前提供了较低的水平刚度，保证结构在较大地震下能很好地减小地震反应。

（4）隔震层以上结构地震剪力大幅度减小

隔震层以上结构在8度（0.3g）设防地震作用下各楼层地震剪力，均小于非隔震结构在8度（0.3g）设防地震作用下地震剪力的0.31倍，减震系数为0.31，采用隔震结构可大幅度减小上部结构地震剪力，保证结构安全。上部结构可以按照降低一度进行设计。

（5）隔震方案技术、经济效益以及附加值显著

采用隔震技术，大大降低了上部结构地震作用，显著减小了结构构件断面尺寸和配筋量，提高了建筑使用功能，同时增强了建筑物的抗震安全性能。隔震层以上结构在设防地震作用下，基本处于弹性状态。在罕遇地震作用下，结构破坏程度大大减轻，不至于发生严重破坏。考虑到地震后建筑物损伤修复的费用，建筑的全寿命使用周期中，采用隔震方案具有明显的经济效益。

【隔震设计知识拓展】《抗规》与《隔标》的对比

（1）设防目标：《抗规》隔震设计目标是：小震不坏，中震可修，大震不倒；而《隔标》的设防目标是：中震不坏，大震可修，巨震不倒；显然《隔标》的目标远高于《抗规》对减震隔震的要求；

（2）抗震承载力设计：《抗规》采用小震验算；《隔标》采用中震验算（但采用地震作用和承载均位标准值）。

（3）反应谱：《隔标》设计反应谱的长周期段（周期大于 $5T_g$）采用指数下降曲线替代《抗规》原直线下降段。地震加速度时程曲线体现了相位和阻尼的影响，如图 3-5-14 所示。

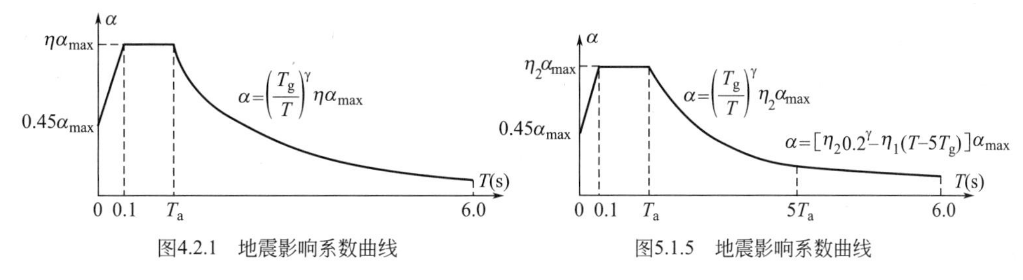

图 3-5-14 《隔标》图 4.2.1 与《抗规》图 5.1.5 地震影响系数曲线

（4）地震作用计算方法：《抗规》是振型分解反应谱法；《隔标》是“振型分解反应谱法+复振型分解反应谱法”，并规定各计算方法的适用条件。取消了《抗规》的减震系数法。

（5）《抗规》隔震设计采用隔震层及上、下结构分部的设计方法；而《隔标》采用整体一体化直接设计方法。这种一体化设计类似于传统的抗震设计方法，使得隔震设计流程更加简洁方便，地震作用分布更加合理。

（6）性能化设计：《抗规》是 4 个性能目标和 5 个性能水准；《隔标》是 4 个性能目标和 6 个性能水准。

（7）关于《隔标》实施以来业界关注的几个热点问题：

《建筑隔震设计标准》GB/T 51408-2021 与《建设工程抗震管理条例》在 2021 年 9 月 1 日同一天实施，其中“中震基本弹性”的设计要求与条例中“保证发生本区域设防地震时能够满足正常使用要求”的规定不谋而合。《隔标》于 2021 年 10 月 25 日在北京召开宣贯会，并在会后向社会广泛征求实施过程中的意见。收到超过 30 家设计院、200 条意见反馈。主编单位广州大学与中国建筑标准设计研究院针对反馈问题进行了专题研讨，并对其中关注度较高、对工程设计影响较大的几个问题进行说明，希望对工程人员在设计上有一定的帮助和指导。

业界关注点 1：隔震结构应依据哪些规范进行设计？

编委回复：对于隔震结构设计，应优先考虑《隔标》中的相关设计方法。对于《隔标》中未涉及的部分，可参考其他规范或标准中的相关要求。

解释：根据《条例》关于保持建筑保持正常使用功能的要求，需要保证建筑在中震下的性能。对比《抗规》和《隔标》，隔标设计方法可以通过一次设计满足相关要求；而采用《抗规》方法不能直接保证结构在中震水准的性能。

笔者由这个答复作以下理解：今后对于《条例》提及的8类建筑，应采用《隔标》进行隔震设计；对于其他建筑可采用《抗规》相关规定进行隔震设计，但切记两个标准不能混用，也无需包络设计。

业界关注点2：隔震支座重力荷载代表值下的竖向压应力设计值是否需要考虑荷载分项系数？

编委回复：隔震支座在重力荷载代表值作用下的竖向压应力设计值不需考虑分项系数。

解释：隔震支座重力荷载代表值下的竖向压应力设计考虑的是保证支座在长期荷载作用下的蠕变变形以及稳定性能，属于正常使用极限状态设计。根据《建筑结构荷载规范》中第3.2.10条规定，荷载组合为准永久组合，采用重力荷载代表值不需要考虑荷载分项系数。

笔者提醒：这个仅适合采用《隔标》进行隔震设计，不适合采用《抗规》进行隔震设计。

业界关注点3：隔震结构设计是否需要考虑扭转周期比？

编委回复：隔震结构设计不考虑扭转周期比。

解释：控制结构扭转周期比的目的在于对结构整体布置进行合理性的把控，而对于隔震结构来说，由于隔震层相对于上部结构的刚度要小很多，结构的扭转周期比取决于支座的布置。一般地，通过控制隔震层的偏心率和将大刚度支座分布在结构四周，能够保证结构的第一阶振型为平动，且前三阶周期十分接近，扭转周期比小于1.00但大于0.90。此外，《隔标》第4.3.2条中给出了考虑扭转耦联影响的计算方法，能够有效计算结构扭转的影响。综上所述，隔震结构设计可不考虑扭转周期比。

笔者解读理解：这个对于采用《隔标》及《抗规》均适用。

业界关注点4：隔震结构是否考虑扭转位移比？

编委回复：隔震结构不考虑扭转位移比的限值要求。

解释：隔震结构的扭转变形可分为隔震层和上部结构。对于隔震层，不采用扭转位移比来控制隔震层的扭转变形，而是通过设防地震下隔震层偏心率以及隔震支座在罕遇地震下考虑扭转影响的水平位移进行控制；对于隔震结构来说，隔震层是结构体系中刚度最低的部位，地震中结构不规则带来的扭转变形将主要反映在隔震层，在进行了包括大震弹塑性在内的详细地震作用分析，且隔震层已经充分考虑了结构带来的附加扭转效应的情况下，上部结构本身可不考虑其不规则性带来扭转影响。因此，隔震结构不考虑扭转位移比的限值要求。

笔者解读理解：这个对于采用《隔标》及《抗规》均适用。

业界关注点5：框架结构首层柱是否算关键构件？

编委回复：根据结构形式分为基底隔震和层间隔震进行讨论。对于基底隔震，首层柱是指隔震层以上第一层的框架柱，不算关键构件；对于层间隔震结构，隔震层以下、室外地坪标高以上的竖向构件为关键构件。

解释：对于基底隔震，由于隔震层楼板的参与，一般认为隔震层梁板具有较强的类似“嵌固端”作用，为保证上部结构的变形破坏模式与一般框架结构保持一致，首层柱不按关键构件考虑；对于层间隔震，首层柱属于隔震层以下、地面以上构件，对防止结构连续倒塌和保护生命安全均具有重要作用，应按关键构件考虑。《隔标》中的关键构件是指隔震层中的支墩、支柱及其相连构件（注意是隔震层中的构件），底部加强部位的重要竖向构件、水平转换构件及与其相连竖向支承构件等。

笔者解读理解：这个对于采用《隔标》及《抗规》均适用。

业界关注点 6：隔震结构是否考虑周期折减？

编委回复：隔震结构可不考虑周期折减。

解释：周期折减目的在于考虑非承重墙体的刚度影响。隔震结构周期计算的刚度贡献可分为隔震层和上部结构，其中隔震层不存在非承重墙贡献无需折减，上部结构考虑非承重墙体贡献可进行折减。因此，折减后的隔震结构周期计算方法应为隔震层（不折减）＋上部结构（折减）。隔震结构设计考虑的是设防地震水准，通过大量算例分析发现周期折减对上部结构的地震反应影响很小（基底剪力影响忽略不计，上部结构楼层剪力影响一般小于 2%），为简单起见可以不考虑周期折减。

笔者解读理解：这个仅适合采用《隔标》进行隔震设计，不完全适合采用《抗规》进行隔震设计。

业界关注点 7：隔震结构在罕遇地震下计算方法应如何选取？

编委回复：隔震支座在罕遇地震、极罕遇地震下的拉压应力应采用弹塑性时程分析方法计算结果。

解释：隔震结构在罕遇、极罕遇地震下，上部结构可能会进入塑性状态，隔震支座可能会出现拉应力或提离，导致振型分解反应谱方法不再适用。因此，在计算隔震支座在罕遇、极罕遇地震下的拉压应力时，应采用弹塑性时程分析方法。

笔者解读理解：本解释仅适合采用《隔标》进行隔震设计的工程，依据《抗规》进行隔震设计时，应按《抗规》相关要求设计。

业界关注点 8：隔震结构地基基础设计应如何考虑？

编委回复：地基基础设计应按设防地震作用进行设计。其中，地基部分应按照设防地震作用进行地基承载力验算；基础部分应按普通竖向构件和重要水平构件（《隔标》第 4.4.6 条第 2 款）的要求进行设计，当基础构件（如筏板、基础梁等）与下支墩直接相连时，尚应按照《隔标》第 4.7.2 条进行大震包络设计。地基基础部分设计示意图如图 3-5-15 所示。

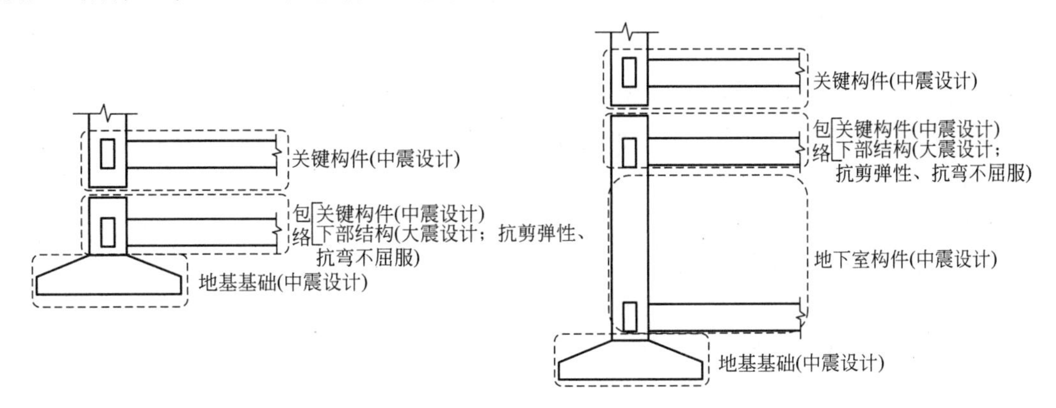

图 3-5-15　地基基础部分示意图

笔者解读理解：本解释仅适合采用《隔标》进行隔震设计的工程，依据《抗规》进行隔震设计时，应按《抗规》相关要求设计。

业界关注点 9：隔震建筑的建筑高度应如何取值？

编委回复：隔震建筑的建筑高度应与一般抗震建筑高度保持一致，从室外地面算起。

解释：房屋高度在隔震建筑设计中主要涉及两个问题，一个是结构体系的适用高度，另一个是结构抗震等级。对于隔震建筑来说，其对高宽比的控制、大震工况的验算，能够有效保证结构体系的整体刚度、抗倾覆能力、整体稳定、承载能力等的宏观控制指标，隔震层位置可能会有一定的差异，但是对于不同结构体系的适用高度是能够保证的。而对于抗震等级来说，在《抗规》《高规》中均有关于“接近高度分界”的表述，说明对于一些抗震有利的建筑，其抗震构造等级是可以适当调整的，隔震建筑在结构规则性、地震作用、可能的损伤模式上，均较常规抗震结构更加有利。因此，隔震建筑高度从室外地面算起是合理的。

笔者解读理解：这个对于采用《隔标》及《抗规》均适用。

5.1.11 建筑消能减震设计尚应符合下列规定：

1 消能减震结构的总水平地震作用，不得低于 6 度设防的非消能结构的总水平地震作用；各楼层的水平地震剪力尚应符合本规范第 4.2.3 条的规定。

2 主体结构构件的截面抗震验算，应符合本规范第 4.3.1 条的规定。其中，与消能部件相连的梁、柱等结构构件尚应采用罕遇地震下的标准效应组合进行极限承载力验算。

3 消能减震结构应进行多遇地震和罕遇地震下的层间变形验算。

4 消能减震结构，其抗震措施应根据减震后地震作用的降低幅度确定。

延伸阅读与深度理解

（1）明确消能减震结构抗震设计的特殊要求，包括地震作用与抗震验算、变形验算、构造措施等基本要求。

（2）改自《抗规》GB 50011-2010 第 12.3 节（非强条）。

（3）特别注意对于消能减震建筑必须进行罕遇地震（大震）变形验算。

（4）消能减震设计的概念

1）在建筑物的抗侧力体系中设置消能部件（由阻尼器、连接支撑或其他连接构件等组成），通过阻尼器的变形吸收和消耗地震能量，给结构提供附件阻尼，减小结构的地震响应，提高结构抗震能力，这种措施称为“消能减震技术”；对附加消能减震器的结构和消能器进行抗震设计称为“消能减震设计”。

2）采用消能减震设计时，输入到建筑物的地震能量一部分被阻尼器所消耗，其余部分则转换为结构的动能和变形能。这样，可以实现降低结构地震反应的目的。

3）建筑结构的消能减震设计包括阻尼器类型、阻尼器安装位置、安装数量、阻尼器最大阻尼力、阻尼器的其他特征参数、建筑物的抗震设计等。

（5）消能减震技术的特点

消能减震通过附加阻尼及阻尼器的非线性滞变耗能减小结构的地震反应，从而保护主体建筑结构安全。一般消能器不承受结构重力荷载，因此，地震后即使消能部件发生了塑性变形，也不会影响结构的承重，相当于采用非结构构件来保护主体结构；地震后消能器部件易于更换。采用消能减震方案也可以有效减小在风荷载作用下的位移和加速度响应，大量试验研究结果和数值分析结果也表明消能器减震技术对减小结构水平地震反应也是十分有效的。

（6）消能减震技术的适用范围

消能减震技术可以应用于多种结构类型。一般不受结构类型、结构动力特性、结构高度等的限制，可以在新建和改造加固建筑中广泛应用。

由于一般消能减震部件发挥耗能作用需要一定的变形，因此，实际消能减震技术应尽量应用于延性结构（钢结构、钢筋混凝土结构、混合结构等），其应用于脆性变形较小或变形较小的结构时，耗能减震作用不能得到充分发挥。

（7）消能减震设计的一般规定

1）设计方案分析。

建筑结构消能减震设计确定设计方案时，除应符合规范相关的规定外，还需要与仅采用抗震设计的方案进行对比分析，通过结构抗震性能、经济性和施工性能等的综合比较，确定合理的设计方案。

消能部件可根据需要沿结构的两个主轴方向分别设置；若结构地震反应明显存在扭转效应，则消能部件的布置位置宜尽量减小结构质量中心和刚度中心的不重合程度，同时在减小结构两个主轴方向的水平地震的同时，尚需要兼顾扭转效应的控制。

消能部件宜设置在变形较大的位置，其数量和分布应通过综合分析合理确定，并有利于提高整个结构的消能减震能力，形成均匀合理的受力体系。

2）设防目标。

建筑结构的消能减震设计，应符合相关专门标准的规定；也可按抗震性能目标的要求进行性能化设计。

消能减震结构的层间弹塑性位移角限值，应符合预期的变形控制要求，宜比非消能减震结构适当减小，以体现消能减震结构具有更好的抗震性能。本次修订，不具体规定层间弹塑性位移角的控制数据。

3）消能减震部件的检验和维护。

消能减震部件的性能参数需要通过相应的试验确定；消能减震部件的安装位置应尽可能不影响结构的使用功能，尽可能减少结构的造价，应便于检查和替换。

设计文件上应注明消能减震部件的性能要求，安装前应按规范或相应的国家标准进行检测，检测的性能及误差应在规范规定的范围之内。

【消能减震案例】河北廊坊大厂某工程

本项目位于河北省廊坊市，总建筑面积约 19 万 m^2，其中 3 号建筑总高 64.4m，平面为长方形，长 67.56m（中间设有一道防震缝），宽 15.9m。地下 1 层，地上主体建筑 24 层（含设备层），地下一层层高 4.6m，地上结构层高为 2.8m。由于 2015 版《区划图》调整之前项目原为 8 度 0.2g 调整为 8 度 0.3g，使得该原设计方案在新要求下难以实现，为了不过度加大构件截面厚度，确定采用减震技术，因此对其进行减震优化设计。3 号楼标准层建筑平面图见图 3-5-16，剖面图见图 3-5-17。

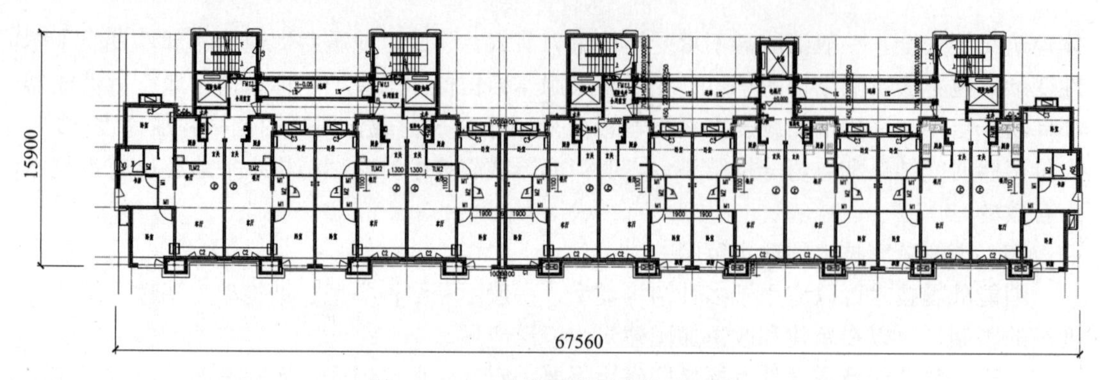

图 3-5-16　3 号楼标准层建筑平面图

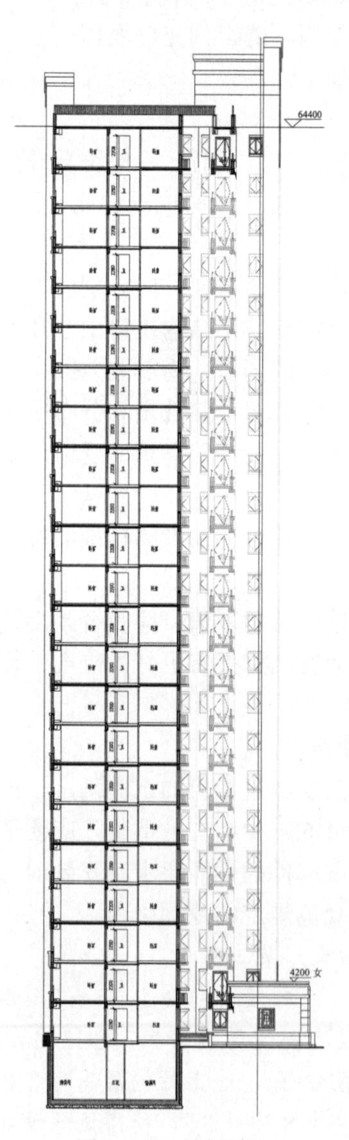

图 3-5-17　剖面图

减震设计及阻尼器选型：

对原结构进行构件验算和减震设计，本工程共设计 39 片粘滞阻尼器。粘滞阻尼器的工作原理如图 3-5-18 所示，在中间钢板和外侧钢板间填充阻尼粘滞液，通过中间钢板与外侧钢板的相对运动产生粘滞阻尼力。作为剪切阻抗式粘滞阻尼器的一种，其示意图如图 3-5-19 所示。

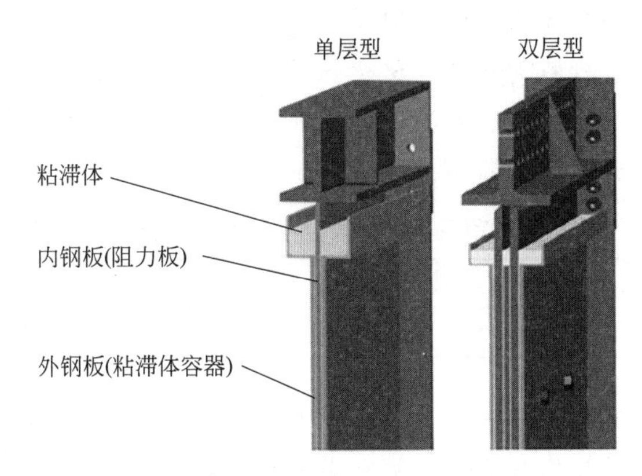

图 3-5-18 粘滞阻尼墙示意图

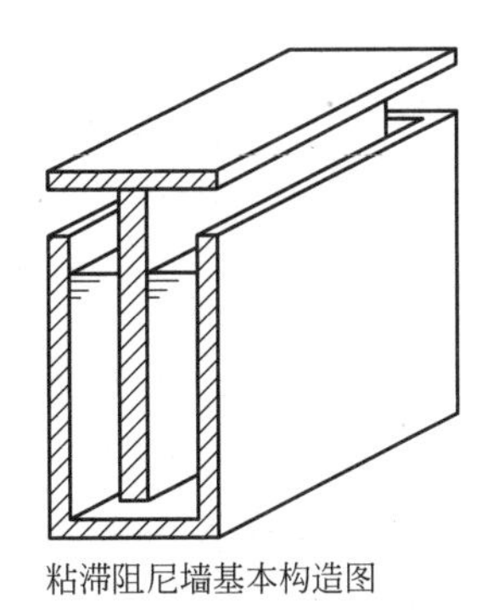

粘滞阻尼墙基本构造图

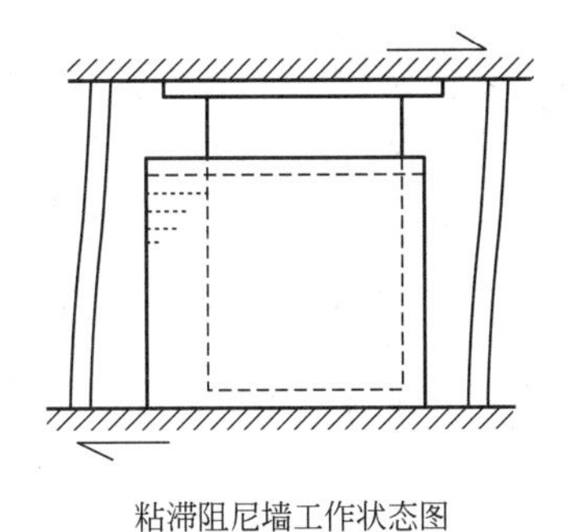

粘滞阻尼墙工作状态图

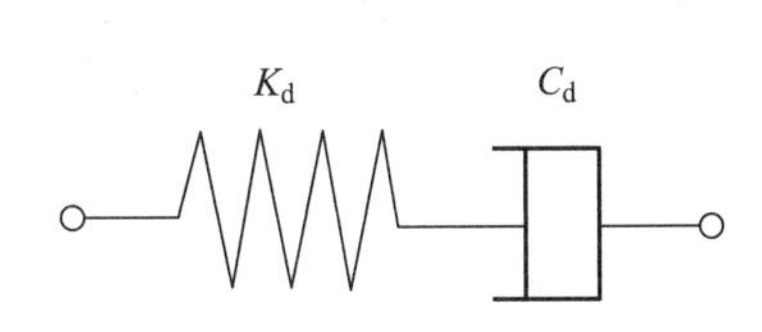

$F=CV^{\alpha}$

F—阻尼力；C—阻尼系数；α—速度指数；常取0.3～1.0之间

图 3-5-19 粘滞阻尼器示意图及其力学模型

根据结构特点和本工程性质，本工程采用粘滞阻尼器进行减震设计。粘滞阻尼器设计荷载为85t，一共布置了51个。本工程布置原则：

（1）选择将耗能粘滞阻尼器设置在会产生较大层间位移和较大相对速度的楼层，震动控制效果最好，性价比最高，因此本方案楼层布置粘滞阻尼器；

（2）本方案粘滞阻尼器都尽量在结构的主轴方向上对称设置；

（3）综合考虑建筑使用功能和阻尼器减震效果；

（4）粘滞阻尼器布置过程需要不断优化和调整，本方案已经综合对比了多种情况，如不同楼层、不同粘滞阻尼器个数、粘滞阻尼器布置的位置，最后确定结合加强薄弱层和速度变形较大层阻尼进行粘滞阻尼器布置（表3-5-9）。

为本项目选用粘滞阻尼器的设计参数 **表3-5-9**

阻尼器型号	阻尼系数 $C(kN/(m^{a}\cdot s^{-a}))$	阻尼指数 α	行程(mm)
85t阻尼器	2000	0.45	60

本项目位于河北省廊坊市，由于地震烈度区划调整，原结构方案难以实现抗震要求，常规提供抗震性能方案在结构和建筑上难以实施，因此，在本工程中采用土建与消减震相结合措施是十分必要的。通过本项目系统的结构优化和减震设计计算分析，可以得到以下主要结论：

（1）结构主要受力构件优化

增加少量结构构件和设置粘滞阻尼器后的减震结构，在8度（0.3g）设计条件下各项指标满足规范设计要求。

（2）结构减震设计

根据结构规范设计指标及抗震性能设计要求，通过阻尼器数量、位置的多轮时程分析、优化调整后，本工程共设置85t粘滞阻尼器51个，左模型布置楼层范围为10～14层，其中X向不布置、Y向布置范围为10～14层。配置阻尼器后，结构X向附加阻尼比为0、Y向附加阻尼比为3.08%，减震结构在各楼层地震剪力分布合理，两个方向的最大层间位移角均小于1/1000，结构设计各项指标均满足规范要求，满足我国《抗规》限值的要求，减震结构具有较好的抗震性能，右模型布置楼层范围为9～16层，其中X向布置范围为9～16层、Y向布置范围为10～16层。配置阻尼器后，结构X向附加阻尼比为0.73%、Y向附加阻尼比为3.10%，减震结构在各楼层地震剪力分布合理，两个方向的最大层间位移角均小于1/1000，结构设计各项指标均满足规范要求，满足我国《抗规》限值的要求，减震结构具有较好的抗震性能。

（3）弹性时程分析与反应谱对比结果

共采用了5条天然地震动和2条人工地震动。每条时程曲线计算所得未减震结构的底部地震剪力均大于反应谱法计算结果的65%，7条时程曲线计算所得结构底部地震剪力的平均值大于反应谱法计算结果的80%。采用7条时程曲线作用下各自最大地震响应值的平均值作为时程分析的最终计算值，满足规范要求。

（4）多遇地震下减震效果及耗能情况

多遇地震作用下，消能减震结构左模型X、Y向主体结构最大层间位移角分别为1/1047和1/1299，减震结构层间位移角小于限值1/1000，满足消能减震结构设防目标；

原结构右模型时程结果X、Y向主体结构最大层间位移角分别为1/1001和1/897，消能减震结构右模型X、Y向主体结构最大层间位移角分别为1/1054和1/1090，减震结构层间位移角小于限值1/1000，满足消能减震结构设防目标。通过设置阻尼器后，左模型结构地震响应有明显减小，Y向结构的加速度减震率为12%～26%；Y向结构的层间位移减震率为11%～18%；Y向结构的层间剪力减震率在11%～18%。右模型结构地震响应有明显减小，X向结构的加速度减震率在5%～10%，Y向结构的加速度减震率在11%～25%。X向结构的层间位移减震率在3%～5%，Y向结构的层间位移减震率在10%～19%。X向结构的层间剪力减震率在3%～5%，Y向结构的层间剪力减震率在10%～19%。在多遇地震下阻尼器进入工作，其滞回曲线饱满，消耗地震能量，保护结构安全。

(5) 罕遇地震作用下满足设计要求

本章计算得到左模型结构在罕遇地震作用下的层间位移角X向为1/279、Y向为1/286，右模型结构在罕遇地震作用下的层间位移角X向为1/243、Y向为1/260，满足规范规定的弹塑性位移角限值1/120，从而保证结构不发生整体倒塌，在罕遇地震作用下结构的抗震性能可达到“大震不倒”的目标。阻尼器罕遇地震作用下的最大出力为586kN，最大位移11.5mm，在阻尼器最大行程60mm以内，在罕遇地震作用下阻尼器的位移小于阻尼器极限位移的抗震性能目标。

(6) 减震结构建筑使用功能

本工程使用的阻尼器为墙型阻尼器，其外围尺寸与剪力墙一致，不影响和改变建筑使用功能，即使强震后，无破坏的阻尼器也无需更换，可继续使用。

通过对结构减震设计优化计算分析，使其结构各项指标满足规范规定要求，并按抗震性能设计要求进行中震和大震验算，结构构件均满足性能目标的要求，其经济性和技术性能优良。

(7) 非减震与减震主要材料耗量对比

如表3-5-10所示。

不同阻尼下材料用量表（地上计算面积22152m²） **表3-5-10**

类别	非减震模型	附加3%阻尼
混凝土总用量(m^3)	5162.46	3799.88
钢筋总用量(kg)	575090	450616.5
混凝土单位面积用量(m^3/m^2)	0.487	0.358
钢筋单位面积用量(kg/m^2)	54.21	42.48
阻尼套数(85t)	—	51
造价对比	非减震比减震消耗混凝土及钢筋多77.4+70.38≈148(元/m^2) 减震阻尼器51×65000/22152≈150(元/m^2)	

说明：1. 其中附加3%阻尼整体指标计算结果是基本通过，其余两种情况为整体计算指标完全通过。

2. 混凝土按600元/m^3，钢筋按6元/kg，阻尼器（85t）按65000元/套。

5.1.12 建筑的非结构构件及附属机电设备，其自身及与结构主体的连接，应进行抗震设防。

延伸阅读与深度理解

(1) 本条明确建筑非结构构件和附属机电设备的抗震设防要求和范围。非结构构件在抗震设计时往往容易被忽略，但从震害调查来看，非结构构件处理不好往往在地震时倒塌伤人，砸坏设备财产，破坏主体结构，特别是现代建筑，装修造价占总投资的比例很大。因此，非结构构件的抗震问题应该引起重视。抗震设计中的非结构构件通常包括建筑非结构构件和固定于建筑结构的建筑附属机电设备支架。

1) 建筑非结构构件指建筑中除承重骨架体系以外的固定构件和部件，主要包括非承重填充墙，附着于楼面和屋面结构的构件、装饰构件和部件、固定于楼面的大型储物架等。

2) 建筑附属机电设备指与建筑使用功能有关的附属机械、电气构件、部件和系统，主要包括电梯、照明和应急电源、通信设备、管道系统、空气调节系统、烟火检测和消防系统、公用天线等。

3) 非结构构件的抗震设计所涉及的设计领域较多，非结构构件的抗震设计应由相关专业的设计人员完成，而不是一概由结构专业完成。一般由相应的建筑设计、室内装修设计、建筑设备等有关专业设计人员分别完成。如目前已有玻璃幕墙、金属幕墙、石材幕墙、复合板墙、电梯、管道等的设计标准。

4) 世界各国的抗震规范、规定中，大约60%以上规定了要对非结构构件的地震作用进行计算，而只有28%左右的国家仅要求对非结构构件采取构造加强措施。我国由2001版《抗规》开始，就对非结构构件抗震计算做出了规定，且2012年还发布了《非结构构件抗震设计规范》JGJ 339-2015，尽可能反映各种必需的计算，包括结构体系计算时如何计入非结构构件的影响，非结构构件地震作用的基本计算方法，非结构构件地震作用效应的组合，以及抗震验算基本要求。

5) 对于设备和管线，抗震设计内容主要指锚固和连接。对于砌体填充墙，主要指其本身的构造及与主体结构的拉结和连接。

(2) 非结构构件的抗震对策，可根据不同情况区别对待：

1) 做好细部构造，让非结构构件成为抗震结构的一部分，在计算分析时，充分考虑非结构构件的质量、刚度、强度和变形能力。

2) 与上述相反，在构造做法上防止非结构构件参与工作，抗震计算时只考虑其质量，不考虑其强度和刚度。

3) 防止非结构构件在地震作用下出平面倒塌。

4) 对装饰要求高的建筑选用适合的抗震结构，主体结构要具有足够的刚度，以减小主体结构的变形量，使之符合本规范要求，避免装饰破坏。

5) 加强建筑附属机电设备支架与主体结构的连接与锚固，尽量避免发生次生灾害。

5.1.13 建筑主体结构中，幕墙、围护墙、隔墙、女儿墙、雨篷、商标、广告牌、顶篷支架、大型储物架等建筑非结构构件的安装部位，应采取加强措施，以承受由非结构构件传递的地震作用。

延伸阅读与深度理解

本条明确结构设计时，非结构安装部位的加强要求。主体结构中非结构构件的安装部位，一般会伴随着应力集中现象，同时，也是非结构构件地震作用向主体结构传递的关键节点，需要采取加强措施。

（1）非结构构件对结构整体的影响

1）主体结构体系抗震计算时，应计入支承于结构构件的建筑构件和建筑附属设备机电设备重量。

2）对于建筑构件及填充墙，与主体柔性连接时可不计入其自身刚度对主体结构的影响；否则应考虑其对主体结构的刚度贡献，目前常采用周期折减体现。

3）对于自身重力较大的建筑附属机电设备或高大的建筑装饰构架，需要考虑非结构构件与主体结构的相互影响。

4）主体结构中直接支承非结构构件的部位，应计入非结构构件地震作用所产生的附加作用。

（2）非结构构件自身的抗震计算

1）非结构构件自身的地震作用应施加于其重心，其水平地震作用可能沿任一水平方向，因此需要考虑最不利方向。

2）非结构构件自身重力产生的地震作用，一般情况只考虑水平方向并采用等效侧力法计算；当附属设备（含支架）的体系自振周期大于 0.1s 且其重力超过所在楼层重力的 1%时，或建筑附属设备的重力超过所在楼层重力 10%时，如巨大的高位水箱、出屋面的大型塔架等，则需要采用合适的简化计算模型加入整体结构体系的计算模型中或采用楼面谱方法进行计算。

3）与楼盖非弹性连接的较大设备，可直接将设备与楼盖作为一个质点计入整个结构的分析中得到设备所受的地震作用。

4）一些建筑结构在其上部采用钢结构加层或塔冠，由于上下结构材料不同，材料自身的阻尼比不同，地震作用下加层或塔冠部分结构受力类似于出屋面的钢结构塔架，也需要采用楼面谱方法计算。

5）非结构构件的地震作用，除了自身质量产生的惯性力外，还有地震时构件支座之间相对位移——层间位移或防震缝两侧的相对位移所产生的附加作用，二者需要同时组合计算。

（3）关于等效侧力法计算、楼面谱法计算等可参考《抗规》及《非结构构件抗震设计规范》JGJ 339-2015。

5.1.14 围护墙、隔墙、女儿墙等非承重墙体的设计与构造应符合下列规定：

1 采用砌体墙时，应设置拉结筋、水平系梁、圈梁、构造柱等与主体结构可靠拉结。

2 墙体及其与主体结构的连接应具有足够变形能力，以适应主体结构不同方向的层间变形需求。

3 人流出入口和通道处的砌体女儿墙应与主体结构锚固，防震缝处女儿墙的自由端应予以加强。

延伸阅读与深度理解

(1) 本条明确非承重墙体的基本构造要求。汶川、玉树等大地震中，大量出现填充墙、围护墙、女儿墙等非承重墙体破坏的现象，造成了相当大的人员伤亡和财产损失。因此，对于非承重墙体的抗震问题应该给予足够的重视。

(2) 本条对非承重墙体与主体结构的拉结、墙体本身及其与主体结构连接的变形能力等提出原则性要求，是非常必要的。

(3) 本条改自《抗规》GB 50011-2010 第 13.3.2 条。

(4) 非结构构件的具体设计方法及要求可参考《抗规》GB 50011 及《非结构构件抗震设计规范》JGJ 339-2015 相关规定。

5.1.15 建筑装饰构件的设计与构造应符合下列规定

1 各类顶棚的构件及与楼板的连接件，应能承受顶棚、悬挂重物和有关机电设施的自重和地震附加作用；其锚固的承载力应大于连接件的承载力。

2 悬挑构件或一端由柱支承的构件，应与主体结构可靠连接。

3 玻璃幕墙、预制墙板、附属于楼屋面的悬臂构件和大型储物架的抗震构造应符合抗震设防类别和烈度的要求。

延伸阅读与深度理解

本条明确建筑装饰构件的基本构造要求。汶川、玉树等地震中，建筑顶棚等建筑装饰构件出现大量破坏，严重影响建筑使用功能，甚至造成人员伤亡。本条对建筑装饰构件的基本构造要求提出原则性要求，是非常必要的。

5.1.16 建筑附属机电设备不应设置在可能致使其功能障碍等二次灾害的部位；设防地震下需要连续工作的附属设备，应设置在建筑结构地震反应较小的部位。

延伸阅读与深度理解

(1) 本条明确机电设备布局的基本要求。附属设备，特别是应急系统的备用电源、存储有害物质的容器等，不应设置在容易导致使用功能发生障碍等二次灾害的部位，包括房门、人流出入口和通道附近。

(2) 设防地震下需要连续工作的附属设备，包括烟火检测和消防系统，其支架应能保证在设防地震下的正常工作，应设置在结构地震反应较小的部位。

5.1.17 管道、电缆、通风管和设备的洞口设置，应减少对主要承重结构构件的削弱；洞口边缘应有补强措施。管道和设备与建筑结构的连接，应具有足够的变形能力，以满足相对位移的需要。

（1）本条明确管道设备的基本构造要求。当管道、电缆、通风管和设备的洞口设置不合理时，将削弱主要承重构件的抗震能力，必须予以防止。

（2）地震时，各种管道自身的损坏并不多见，主要是管道支架之间或支架与设备之间的相对位移造成的连接损坏。因此，合理设计各种支架、支座及其连接，除了增设斜杆以提高支架刚度、整体性和承载力外，采取增加连接变形能力的措施也是必要的。

5.1.18 建筑附属机电设备的基座或支架，以及相关连接件和锚固件应具有足够的刚度和强度，应能将设备承受的地震作用全部传递到建筑结构上。

建筑结构中，用以固定建筑附属机电设备预埋件、锚固件的部位，应采取加强措施，以承受附属机电设备传给主体结构的地震作用。

（1）本条明确设备支架的基本构造要求。

（2）附属机电设备地震破坏的一个主要原因是基座或支架与主体结构连接不牢或固定不足造成设备移位或滑落，因此，对附属机电设备的基座或支架以及相关连接件和锚固件的抗震性能提出原则性要求是必要的。同时，结构体系中，用以固定建筑附属机电设备预埋件、锚固件的部位，也应采取加强措施，以承受附属机电设备传给主体结构的地震作用。

5.2 混凝土结构房屋

5.2.1 钢筋混凝土结构房屋应根据设防类别、设防烈度、结构类型和房屋高度采用不同的抗震等级，并应符合相应的内力调整和抗震构造要求。抗震等级应符合下列规定：

1 丙类建筑的抗震等级应按表 5.2.1 确定。

表 5.2.1 丙类混凝土结构房屋的抗震等级

结构类型		设防烈度						
		6 度		7 度		8 度		9 度
框架	高度（m）	≤24	25～60	≤24	25～50	≤24	25～40	≤24
	框架	四	三	三	二	二	一	一
	跨度不小于 18m 的框架	三		二		一		一

续表

<table>
<tr><td colspan="3" rowspan="2">结构类型</td><td colspan="10">设防烈度</td></tr>
<tr><td colspan="2">6度</td><td colspan="3">7度</td><td colspan="3">8度</td><td colspan="2">9度</td></tr>
<tr><td rowspan="3">框架-抗震墙</td><td colspan="2">高度（m）</td><td>≤60</td><td>61～130</td><td>≤24</td><td>25～60</td><td>61～120</td><td>≤24</td><td>25～60</td><td>61～100</td><td>≤24</td><td>25～50</td></tr>
<tr><td colspan="2">框架</td><td>四</td><td>三</td><td>四</td><td>三</td><td>二</td><td>三</td><td>二</td><td>一</td><td>二</td><td>一</td></tr>
<tr><td colspan="2">抗震墙</td><td colspan="2">三</td><td>三</td><td colspan="2">二</td><td>二</td><td colspan="2">一</td><td colspan="2">一</td></tr>
<tr><td rowspan="2">抗震墙</td><td colspan="2">高度（m）</td><td>≤80</td><td>81～140</td><td>≤24</td><td>25～80</td><td>81～120</td><td>≤24</td><td>25～80</td><td>81～100</td><td>≤24</td><td>25～60</td></tr>
<tr><td colspan="2">抗震墙</td><td>四</td><td>三</td><td>四</td><td>三</td><td>二</td><td>三</td><td>二</td><td>一</td><td>二</td><td>一</td></tr>
<tr><td rowspan="4">部分框支抗震墙</td><td colspan="2">高度（m）</td><td>≤80</td><td>81～120</td><td>≤24</td><td>25～80</td><td>81～100</td><td>≤24</td><td>25～80</td><td></td><td colspan="2"></td></tr>
<tr><td rowspan="2">抗震墙</td><td>一般部位</td><td>四</td><td>三</td><td>四</td><td>三</td><td>二</td><td>三</td><td>二</td><td></td><td colspan="2"></td></tr>
<tr><td>加强部位</td><td>三</td><td>二</td><td>三</td><td>二</td><td>一</td><td>二</td><td>一</td><td></td><td colspan="2"></td></tr>
<tr><td colspan="2">框支层框架</td><td colspan="2">二</td><td colspan="2">二</td><td>一</td><td colspan="2">一</td><td></td><td colspan="2"></td></tr>
<tr><td rowspan="3">框架-核心筒</td><td colspan="2">高度（m）</td><td colspan="2">≤150</td><td colspan="3">≤130</td><td colspan="3">≤100</td><td colspan="2">≤70</td></tr>
<tr><td colspan="2">框架</td><td colspan="2">三</td><td colspan="3">二</td><td colspan="3">一</td><td colspan="2">一</td></tr>
<tr><td colspan="2">核心筒</td><td colspan="2">二</td><td colspan="3">二</td><td colspan="3">一</td><td colspan="2">一</td></tr>
<tr><td rowspan="3">筒中筒</td><td colspan="2">高度</td><td colspan="2">≤180</td><td colspan="3">≤150</td><td colspan="3">≤120</td><td colspan="2">≤80</td></tr>
<tr><td colspan="2">外筒</td><td colspan="2">三</td><td colspan="3">二</td><td colspan="3">一</td><td colspan="2">一</td></tr>
<tr><td colspan="2">内筒</td><td colspan="2">三</td><td colspan="3">二</td><td colspan="3">一</td><td colspan="2">一</td></tr>
<tr><td rowspan="3">板柱-抗震墙</td><td colspan="2">高度（m）</td><td>≤35</td><td>36～80</td><td colspan="2">≤35</td><td>36～70</td><td colspan="2">≤35</td><td>36～55</td><td colspan="2" rowspan="3"></td></tr>
<tr><td colspan="2">框架、板柱的柱</td><td>三</td><td>二</td><td colspan="2">二</td><td>二</td><td colspan="3">一</td></tr>
<tr><td colspan="2">抗震墙</td><td>二</td><td>二</td><td colspan="2">二</td><td>一</td><td colspan="2">二</td><td>一</td></tr>
</table>

2　甲、乙类建筑的抗震措施应符合本规范第2.4.2条的规定；当房屋高度超过本规范表5.2.1相应规定的上限时，应采取更有效的抗震措施。

3　当房屋高度接近或等于表5.2.1的高度分界时，应结合房屋不规则程度及场地、地基条件确定合适的抗震等级。

延伸阅读与深度理解

（1）本条明确混凝土房屋抗震等级的基本规定。钢筋混凝土房屋的抗震等级是重要的设计参数，抗震等级不同，不仅计算时相应的内力调整系数不同，对配筋、配箍、轴压比、剪压比的构造要求也有所不同，体现了不同延性要求和区别对待的设计原则。本条综合考虑设防烈度、设防类别、结构类型和房屋高度四个因素给出抗震等级的基本规定是必要的。

（2）本条改自《抗规》GB 50011-2010 第 6.1.2（强条）、6.1.3 条（非强条）等。

（3）关于高度分界数值的把握，根据《工程建设标准编写规定》（建标〔2008〕182 号）的规定，“标准中标明量的数值，应反映出所需的精确度”，因此，本规范中关于房屋高度界限的数值规定，均应按有效数字控制，即本规范中给定的高度数值均为某一有效区间的代表值，比如，24m 代表的有效区间为 23.5～24.4m。实际工程设计操作时，房屋总高度按有效数字取整数控制，小数位四舍五入。因此对于框架-抗震墙结构、抗震墙结构等类型的房屋，高度在 24～25m 之间时应采用四舍五入法来确定其抗震等级。比如，高度为 24.4m，取整时为 24m；高度为 24.5m，取整时为 25m。

（4）如何理解关于高度分界数值的不连贯问题？

以 8 度设防区的剪力墙结构为例，各规范高度分界列举对比如表 3-5-11 所示。

高度分界列举 **表 3-5-11**

规范名称	结构高度分界		
	抗震等级三级	抗震等级二级	抗震等级一级
《建筑与市政工程抗震通用规范》GB 55002-2021	≤24	25～80	81～100
《抗规》GB 50011-2010(2016 版)	≤24	25～80	>80
《混凝土结构设计规范》GB 50010-2010(2015 版)	≤24	>24 且≤80	>80
《高规》JGJ 3-2010	—	≤80	>80

从表 3-5-11 可以看出，本规范有个高度上限，就是不超过 100m，这与《高规》JGJ 3 的 A 级高度高层建筑的高度上限是对应的，因为≤24m 不属于高层，所以《高规》没有≤24m 的分界值；另外一个区别是高度分界值的表述不太统一。《混凝土结构设计规范》的“>24 且≤80”与《抗规》的“25～80”显然不容易理解。根据住房和城乡建设部《工程建设标准编写规定》（建标〔2008〕182 号）的第八十五条规定，“标准中标明量的数值，应反映出所需的精确度。数值的有效位数应全部写出。例如：级差为 0.25 的数列，数列中的每一个数均应精确到小数点后第二位。正确的书写：1.50，1.75，2.00；不正确的书写：1.5，1.75，2”，所以上述各规范中关于房屋高度界限的数值规定，均应按有效数字控制，因此给定的高度数值均为某一有效区间的代表值，而规范每一个高度分界值均是精确到整数位的，则实际结构高度应四舍五入到整数位去和规范表格去对比，也就是说当结构高度为 24.5～25.4m 时，均可按 25m 去查规范表格，故《混凝土结构设计规范》的“>24 且≤80”与其他规范的“25～80”是一个意思。

（5）如何正确理解关于高度“接近”的问题？举例说明。

关于本规范第 5.2.1-3 条：“当房屋高度接近或等于表 5.2.1 的高度分界时，应结合房屋不规则程度及场地、地基条件确定抗震等级”，其中关于“接近高度分界”并没有进一步的补充说明，实际工程如何把握，往往是困扰工程设计人员的一个问题。

规范做此规定的原因是，房屋高度的分界是人为划定的一个界限，是一个便于工程管理与操作的相对界限，并不是绝对的。从工程安全角度来说，对于场地、地基条件较好的均匀、规则房屋，尽管其总高度稍微超出界限值，但其结构安全性仍然是有保证的；相反地，对于场地、地基条件较差且不规则的房屋，尽管总高度低于界限值，但仍可能存在安全隐患。因此，本规范明确规定，当房屋的总高度“接近或等于高度分界时，应结合房屋不规则程度及场地、地基条件适当确定抗震等级”。

这一规定的宗旨是，对于不规则的且场地地基条件较差的房屋，尽管其高度稍低于（接近）高度分界，抗震设计时应从严把握，按高度提高一档确定抗震等级；对于均匀、规则且场地地基条件较好的房屋，尽管其高度稍高于（接近）高度分界，但抗震设计时亦允许适当放松要求，可按高度降低一档确定抗震等级。

实际工程操作时，“接近”一词的含义可按以下原则进行把握：如果在现有楼层的基础再加上（或减去）一个标准层，则房屋的总高度就会超出（或低于）高度分界，那么现有房屋的总高度就可判定为“接近于”高度分界。

【案例 1】位于 7 度区的某 7 层钢筋混凝土框架结构，平面为规则的矩形，长宽尺寸为 36m×18m，柱距 6m，总高度 25.6m，其中首层层高 4.6m，其他各层层高均为 3.5m。该建筑位于Ⅰ类场地，基础采用柱下独立基础，双向设有基础拉梁。试确定该房屋中框架的抗震等级。

【解析】

① 该建筑的总高为 25.6m，去掉一个标准层后高度为 25.6－3.5＝22.1m＜24m，接近 24m 分界；

② 该建筑平面为规则的矩形，长宽尺寸为 36m×18m，柱距 6m，结构布置均匀，规则；

③ Ⅰ类场地，基础采用柱下独立基础，双向设有基础拉梁，场地、基础条件较好。

综上分析，该建筑中框架的抗震等级可按 7 度、≤24m 查表，抗震等级为三级。

【案例 2】某工程 6 层钢筋混凝土框架结构位于 7 度区Ⅳ类场地，地下有不小于 30m 厚的淤泥冲积层。结构计算分析时楼层最大扭转位移比为 1.45。该建筑总高度 22.8m，其中首层层高 4.8m，其他各层层高均为 3.6m。试确定该房屋中框架的抗震等级。

【解析】

① 该建筑的总高为 22.8m，加上一个标准层后高度为 22.8＋3.6＝26.4m＞24m，接近 24m 分界；

② 楼层最大扭转位移比为 1.45，属于扭转特别不规则结构；

③ Ⅳ类场地，且地下有不小于 30m 厚的淤泥冲积层，场地条件较差。

综上分析，该建筑中框架的抗震等级应按 7 度、＞24m 查表，抗震等级应为二级。

（6）实际工程设计时应注意以下几点：

1）结构设计总说明和计算书中，混凝土结构的抗震等级应明确无误。

2）处于Ⅰ类场地的情况，要注意区分内力调整的抗震等级和构造措施的抗震等级。

3）主楼与裙房不论是否分缝，主楼在裙房顶板对应的相邻上下楼层（共 2 个楼层）的构造措施应适当加强，但不要求各项措施均提高一个抗震等级。

4）抗震设防类别为甲、乙类建筑提高一度查表确定抗震等级时，当房屋高度大于本规范表 5.2.1 规定的高度时，应采取比一级更有效的抗震构造措施。

5.2.2 框架梁和框架柱的潜在塑性铰区应采取箍筋加密措施；抗震墙结构、部分框支抗震墙结构、框架-抗震墙结构等结构的墙肢、连梁、框架梁、框架柱以及框支框架等构件的潜在塑性铰区和局部应力集中部位应采取延性加强措施。

延伸阅读与深度理解

（1）到目前为止，能力设计方法仍然是钢筋混凝土结构实现整体屈服机制的重要手段，本条基于能力设计方法的基本概念，对节点的屈服机制（强柱弱梁）、构件的屈服形态（强剪弱弯）、关键构件（角柱）和关键部位（柱根）的冗余设计等提出原则性要求和最低控制标准，是保障混凝土框架结构地震安全的重要措施，十分必要。

（2）本条明确框架结构基本构造要求。构造措施是抗震设计的重要内容和不可或缺的组成部分，也是工程结构抗震能力的重要保障。对框架结构的构件断面、潜在塑性铰区的箍筋加密要求、梁柱和节点的配筋构造、非结构墙体的布局与拉结等角度提出原则性要求，是保障混凝土框架结构房屋抗震能力的重要手段，是必要的。

（3）本条同时明确抗震墙结构、部分框支抗震墙结构、框架-抗震墙结构的基本构造要求。构造措施是抗震设计的重要内容和不可或缺的组成部分，也是工程结构抗震能力的重要保障。对抗震墙的厚度、配筋率、框支柱和框架柱的配筋率等提出最低要求，以及各类构件的箍筋加密和配筋构造的原则性要求作出强制性规定，是保障此类混凝土房屋抗震能力的重要手段，是必要的。

（4）本条基于能力设计方法的基本概念对墙肢的潜在塑性铰区（底部加强部位）提出基本设计原则和控制要求，对墙肢和连梁的屈服破坏形态提出控制性要求（强剪弱弯）和相应的最低设计标准，是保障混凝土抗震墙结构地震安全的重要措施，是必要的。如相关规范规定：

1）剪力墙墙肢的设计应能保证其底部加强部位先于其他部位进入正截面受压破坏状态，底部加强部位以上的墙肢组合弯矩设计值和组合剪力设计值应乘以不小于 1.1 的增大系数。

2）墙肢的底部加强部位应从地下室顶板算起，向上延伸高度不小于总高度的 1/10，且不得少于 2 层，当建筑总高度不超过 24m 时，允许仅取底部 1 层；向下延伸到计算嵌固端。

3）连梁和墙肢的抗震设计应能保证其正截面破坏先于斜截面受剪破坏。连梁的端部组合和墙肢底部加强部位的组合剪力设计值应根据能力设计原则和内力平衡条件确定。

5.2.3 框架-核心筒结构、筒中筒结构等筒体结构，外框架应有足够刚度，确保结构具有明显的双重抗侧力体系特征。

延伸阅读与深度理解

（1）明确框架-核心筒、筒中筒结构等双重体系的基本设计原则。

（2）框架-核心筒结构、筒中筒结构等双重抗侧力体系结构的设计难点在于多道抗震防线的设置与控制，以及各道防线本身的能力设计准则。

（3）本条文对双重侧力体系结构的第二道防线——框架部分的抗剪承载能力提出基本原则要求和设计控制标准，并给出各道防线的能力设计准则，对保障此类结构地震安全是十分必要的。

（4）如何保证外框架具有足够的刚度呢？本规范没有给出具体规定，笔者建议参考《高规》JGJ 3-2010对框架-核心筒的相关要求。

5.2.4 板柱-抗震墙结构抗震应符合下列规定：

1 板柱-抗震墙结构的抗震墙应具备承担结构全部地震作用的能力；其余抗侧力构件的抗剪承载能力设计值不应低于本层地震剪力设计值的20%。

2 板柱节点处，沿两个主轴方向在柱截面范围内应设置足够的板底连续钢筋，包含可能的预应力筋，防止节点失效后楼板跌落导致的连续性倒塌。

延伸阅读与深度理解

（1）明确板柱-抗震墙结构的基本构造要求。

（2）构造措施是抗震设计的重要内容和不可或缺的组成部分，也是工程结构抗震能力的重要保障。

（3）本次对所有板柱-抗震墙均提出：抗震墙应能承担全部地震作用的能力，且其余抗侧力构件要能够承担本层地震剪力设计值的20%。显然比《抗规》GB 50011-2010（2016版）要求更加严格。

《抗规》GB 50011-2010（2016版）要求如下：

各结构构件的抗震承载能力应满足下列规定：

1）房屋高度大于12m时，抗震墙、支撑框架或抗弯框架应具备承担结构全部地震作用的能力；

2）各层板柱和框架部分至少应能承担本层地震剪力的20%。

5.2.5 对钢筋混凝土结构，当施工中需要以不同规格或型号的钢筋替代原设计中的纵向受力钢筋时，应按照钢筋受拉承载力设计值相等的原则换算，并应符合本规范规定的抗震构造要求。

延伸阅读与深度理解

（1）本条给出施工过程中材料代换的基本原则。

（2）本条明确混凝土结构施工过程中钢筋代换的原则要求。

混凝土结构施工中，实际工程中经常会因缺乏设计规定的钢筋型号（规格）而采用另外型号（规格）的钢筋代替，对于抗震结构，应吸取某些结构局部加固后倒塌的教训，为了避免代换后纵向钢筋实际的总承载力提高过多，导致邻近部位形成新的超出设计估计的薄弱环节而在地震中出现塑性变形集中，或构件在影响部位的实际受弯承载力大于实际受剪承载力而发生混凝土的脆性破坏（混凝土压碎、剪切破坏）。为此规范要求代换后的纵向钢筋的总承载力设计值不应高于原设计的纵向钢筋总承载力设计值，以免造成薄弱部位的转移，以及构件在有影响的部位发生混凝土的脆性破坏（混凝土压碎、剪切破坏等）。除按照上述等承载力原则换算外，还应满足最小配筋率和钢筋间距等构造要求，并应注意由于钢筋的强度和直径改变而影响正常使用阶段的挠度和裂缝宽度。施工工艺和施工质量是确保工程抗震质量的关键环节，对显著影响工程抗震质量的关键工序作出强制性规定是必要的。

（3）实施与检查控制注意事项：

1）等强换算是指：全部受力钢筋的总截面面积与钢筋抗拉强度设计值的乘积相等。

2）等强代换后，仍需满足最小配筋率、最大纵筋间距要求，必要时需进行构件挠度和抗裂度验算。

3）等强代换后的钢筋尚应满足相关的材料性能指标要求，如保证构件能够实现强剪弱弯的抗震理念等。

4）应有完整的设计变更通知，并提供相应的计算数据。

（4）特别提醒：是构件的纵向钢筋而不是箍筋替代后总承载力设计值保持不变，即可以理解为如果箍筋替换，是可以以强度高的钢筋按等面积替代的。

（5）更应注意由于以强度高的钢筋替代强度低的钢筋时对抗震概念设计的影响，比如“强剪弱弯、强柱弱梁、强节点弱构件”等的不利影响。

【举例说明】一级注册建筑师考结构知识，有这样一道题：

地震区某框架柱的纵向钢筋原设计是 12Φ25（HRB335），由于现场只有 12Ф25（HRB400）的钢筋，试问用 12Ф25 直接替代 12Φ25 是否可行？

据说当年 100％的建筑师都选择“可行”，笔者曾将这个问题放在微博上，几乎有 80％的结构设计师回答也是可以的。实际上是不可行的，这个违反了“强剪弱弯”的抗震概念设计。

为此，作者再次提醒各位设计师：在地震区，梁、柱及剪力墙连梁中的纵向钢筋不要任意放大，笔者的观点是宁少勿多。

5.3 钢结构房屋

5.3.1 钢结构房屋应根据设防类别、设防地震和房屋高度采用不同的抗震等级，并应符合相应的内力调整和抗震构造要求。抗震等级确定应符合下列规定：

1 丙类建筑的抗震等级应按表 5.3.1 确定。

表 5.3.1 丙类钢结构房屋的抗震等级

房屋高度	烈 度			
	6 度	7 度	8 度	9 度
≤50m	—	四	三	二
＞50m	四	三	二	一

2 甲、乙类建筑的抗震措施应符合本规范第 2.4.2 条的规定。

3 当房屋高度接近或等于表 5.3.1 的高度分界时，应结合房屋不规则程度及场地、地基条件确定抗震等级。

延伸阅读与深度理解

(1) 钢结构抗震等级的基本规定。本条改自《抗规》GB 50011-2010（2016 版）第 8.1.3 条（强条）。

(2) 抗震等级是我国钢结构房屋抗震设计的重要参数。抗震等级的引入，将有助于熟悉混凝土结构设计的设计者进行钢结构的抗震设计，也有利于实现考虑不同结构延性要求的设计。

(3) 钢结构不同的抗震等级体现不同的延性要求，按抗震等能量的概念，当构件的承载力明显提高，能满足烈度提高一度的地震作用的要求时，延性可以适当降低，故《抗规》GB 50011-2010（2016 版）明确规定允许降低其抗震等级。这意味着：依据抗震性能化的方法，当以提高一度的地震内力进行构件抗震承载力（包含强度和稳定）的验算时，则可以按降低的抗震等级检查该构件的延性构造要求。

(4) 6 度设防高度 50m 以下的钢结构房屋，参照美国 AISC 对低烈度的规定，只要求执行非抗震设计的构造要求。

(5) 抗震等级不同表征的是结构或构件延性要求的差别，这里的延性包括两个层面的基本内容，即整体延性条件和局部延性条件，前者主要指的是能力设计相关内容（强柱弱梁、强剪弱弯、强节点弱杆件等），后者主要指的是构件本身的延性性能改善要求，多为构造要求。抗震设计时，根据抗震等级不同，对能力设计相关的内力调整以及延性改善相关的构造措施采取不同的对策，体现了区别对待的设计原则。

(6) 本条综合考虑设防烈度、设防类别和房屋高度三个因素给出抗震等级的基本规定是必要的。注意钢结构房屋抗震等级与结构体系无关。

5.3.2 框架结构以及框架-中心支撑结构和框架-偏心支撑结构中的无支撑框架，框架梁潜在塑性铰区的上下翼缘应设置侧向支承或采取其他有效措施，防止平面外失稳破坏。当房屋高度不高于 100m 且无支撑框架部分的计算剪力不大于结构底部总地震剪力的 25% 时，其抗震构造措施允许降低一级，但不得低于四级。框架-偏心支撑结构的消能梁段的钢材屈服强度不应大于 355MPa。

延伸阅读与深度理解

(1) 本条是新增加的条款，是对框架梁潜在塑性铰区的构造要求。

(2) 本条明确钢框架结构的基本构造要求。构造措施是抗震设计的重要内容，是不可或缺的组成部分，也是工程结构抗震能力的重要保障。

(3) 对钢框架结构潜在塑性铰区的构造要求、柱长细比、梁柱板件的宽厚比、连接构造以及非结构墙体的布局与拉结等提出原则性要求，是保障钢框架结构房屋抗震能力的重要手段，是必要的。

（4）本条同时明确钢框架-中心支撑结构的基本构造要求。钢框架-中心支撑结构与钢框架结构相比，区别在于支撑杆件及其连接的设计要求，除无支撑框架的构造要求保持与框架结构相同外，对中心支撑的长细比和板件宽厚比以及节点连接构造提出原则性要求，是保障钢框架-中心支撑结构房屋抗震能力的重要手段，是必要的。

（5）采用屈曲约束支撑时，当屈曲约束支撑在多遇地震下不发生屈服或屈曲时，可按中心支撑进行设计，当屈曲约束支撑作为消能构件使用时，可按照位移型阻尼器的相关要求进行设计。

（6）对于钢框架-偏心支撑结构的基本构造要求，钢框架-偏心支撑结构与钢框架结构相比，区别在于消能梁段、偏心支撑杆件及其连接的设计要求，除无支撑框架的构造要求保持与框架结构相同外，对偏心支撑的长细比和板件宽厚比、节点连接构造、消能梁段的细部构造提出原则性要求，是保障钢框架-偏心支撑结构房屋抗震能力的重要手段，是必要的。

5.4 钢-混凝土组合结构房屋

5.4.1 钢-混凝土组合结构房屋应根据设防类别、设防烈度、结构类型和房屋高度按下列规定采用不同的抗震等级，并应符合相应的内力调整和抗震构造要求。

1 丙类建筑的抗震等级应按表5.4.1确定。

表5.4.1 丙类钢-混凝土组合结构房屋的抗震等级

<table>
<tr><td colspan="3" rowspan="2">结构类型</td><td colspan="10">设防烈度</td></tr>
<tr><td colspan="2">6度</td><td colspan="3">7度</td><td colspan="3">8度</td><td colspan="2">9度</td></tr>
<tr><td rowspan="3">框架结构</td><td colspan="2">房屋高度（m）</td><td>≤24</td><td>25～60</td><td colspan="2">≤24</td><td>25～50</td><td colspan="2">≤24</td><td>25～40</td><td colspan="2">≤24</td></tr>
<tr><td colspan="2">框架</td><td>四</td><td>三</td><td colspan="2">三</td><td>二</td><td colspan="2">二</td><td>一</td><td colspan="2">一</td></tr>
<tr><td colspan="2">跨度不小于18m的框架</td><td colspan="2">三</td><td colspan="3">二</td><td colspan="3">一</td><td colspan="2">一</td></tr>
<tr><td rowspan="3">框架-抗震墙结构</td><td colspan="2">房屋高度（m）</td><td>≤60</td><td>61～130</td><td>≤24</td><td>25～60</td><td>61～120</td><td>≤24</td><td>25～60</td><td>61～100</td><td>≤24</td><td>25～50</td></tr>
<tr><td colspan="2">钢管（型钢）混凝土框架</td><td>四</td><td>三</td><td>四</td><td>三</td><td>二</td><td>三</td><td>二</td><td>一</td><td>二</td><td>一</td></tr>
<tr><td colspan="2">钢筋混凝土抗震墙</td><td>三</td><td>三</td><td>三</td><td>二</td><td>二</td><td>二</td><td>一</td><td>一</td><td>一</td><td>一</td></tr>
<tr><td rowspan="2">抗震墙结构</td><td colspan="2">房屋高度（m）</td><td>≤80</td><td>81～140</td><td>≤24</td><td>25～80</td><td>81～120</td><td>≤24</td><td>25～80</td><td>81～100</td><td>≤24</td><td>25～50</td></tr>
<tr><td colspan="2">型钢混凝土抗震墙</td><td>四</td><td>三</td><td>四</td><td>三</td><td>二</td><td>三</td><td>二</td><td>一</td><td>二</td><td>一</td></tr>
<tr><td rowspan="4">部分框支抗震墙结构</td><td colspan="2">房屋高度（m）</td><td>≤80</td><td>81～120</td><td>≤24</td><td>25～80</td><td>81～100</td><td>≤24</td><td>25～80</td><td rowspan="4"></td><td colspan="2" rowspan="4"></td></tr>
<tr><td rowspan="2">抗震墙</td><td>一般部位</td><td>四</td><td>三</td><td>四</td><td>三</td><td>二</td><td>三</td><td>二</td></tr>
<tr><td>底部加强部位</td><td>三</td><td>二</td><td>三</td><td>二</td><td>一</td><td>二</td><td>一</td></tr>
<tr><td colspan="2">钢管（型钢）混凝土框支框架</td><td>二</td><td>二</td><td>二</td><td>二</td><td>一</td><td>一</td><td>一</td></tr>
</table>

续表

<table>
<tr><th colspan="2" rowspan="2">结构类型</th><th colspan="7">设防烈度</th></tr>
<tr><th colspan="2">6 度</th><th colspan="2">7 度</th><th colspan="2">8 度</th><th>9 度</th></tr>
<tr><td rowspan="3">框架-核心筒结构</td><td>房屋高度（m）</td><td>≤150</td><td>151～220</td><td>≤130</td><td>130～190</td><td>≤100</td><td>101～170</td><td>≤70</td></tr>
<tr><td>钢、钢管（型钢）混凝土框架</td><td>三</td><td>二</td><td>二</td><td>一</td><td>一</td><td>一</td><td>一</td></tr>
<tr><td>钢筋混凝土核心筒</td><td>二</td><td>二</td><td>二</td><td>一</td><td>一</td><td>特一</td><td>特一</td></tr>
<tr><td rowspan="3">筒中筒结构</td><td>房屋高度（m）</td><td>≤180</td><td>181～280</td><td>≤150</td><td>151～230</td><td>≤120</td><td>121～170</td><td>≤90</td></tr>
<tr><td>钢管（型钢）混凝土外筒</td><td>三</td><td>二</td><td>二</td><td>一</td><td>一</td><td>一</td><td>一</td></tr>
<tr><td>钢筋混凝土核心筒</td><td>二</td><td>二</td><td>二</td><td>一</td><td>一</td><td>特一</td><td>特一</td></tr>
<tr><td rowspan="3">板柱-抗震墙</td><td>高度（m）</td><td>≤35</td><td>36～80</td><td>≤35</td><td>36～70</td><td>≤35</td><td>36～55</td><td rowspan="3"></td></tr>
<tr><td>框架、板柱的柱</td><td>三</td><td>二</td><td>二</td><td>二</td><td colspan="2">一</td></tr>
<tr><td>抗震墙</td><td>二</td><td>二</td><td>二</td><td>一</td><td>二</td><td>一</td></tr>
</table>

2　甲、乙类建筑的抗震措施应符合本规范第 2.4.2 条的规定；当房屋高度超过本规范表 5.4.1 相应规定的上限时，应采取更有效的抗震措施。

3　当房屋高度接近或等于表 5.4.1 的高度分界时，应结合房屋不规则程度及场地、地基条件确定抗震等级。

延伸阅读与深度理解

（1）明确钢-混凝土组合结构房屋抗震等级的基本规定。本条参照《抗规》GB 50011-2010 第 6.1.2 条（强条）、6.1.3 条等。

（2）抗震等级是钢-混凝土组合结构房屋重要的设计参数，抗震等级不同，不仅计算时相应的内力调整系数不同，对配筋、配箍、轴压比、剪压比的构造要求也有所不同，体现了不同延性要求和区别对待的设计原则。

（3）本条综合考虑设防烈度、设防类别、结构类型和房屋高度 4 个因素给出抗震等级的基本规定是必要的。

（4）实施与检查应注意以下几点：

1）实施结构设计总说明和计算书中，抗震等级应明确无误。处于Ⅰ类场地的情况，要注意区分内力调整的抗震等级和构造措施的抗震等级。

2）主楼与裙房不论是否分缝，主楼在裙房顶板对应的相邻上下楼层（共 2 个楼层）的抗震构造措施应适当加强，但不要求各项措施均提高一个抗震等级。

3）抗震设防分类甲、乙类建筑提高一度查表确定抗震等级时，当房屋高度大于本规范表 5.4.1 规定的高度时，应采取比一级更有效的抗震构造措施。

5.4.2 钢-混凝土组合框架结构、钢-混凝土组合抗震墙结构、部分框支抗震墙结构、框架-抗震墙结构抗震构造应符合下列规定：

1 各类型结构的框架梁和框架柱的潜在塑性铰区应采取箍筋加密等延性加强措施。

2 钢-混凝土组合抗震墙结构、部分框支抗震墙结构、框架-抗震墙结构的钢筋混凝土抗震墙设计应符合本规范第5.2节的有关规定。

3 型钢混凝土抗震墙的墙肢和连梁以及框支框架等构件的潜在塑性铰区应采取箍筋加密等延性加强措施。

延伸阅读与深度理解

（1）本条明确框架结构、抗震墙结构、部分框支抗震墙结构、框架-抗震墙结构的基本构造要求。

（2）抗震构造措施是抗震设计重要的内容，是不可或缺的组成部分，也是工程结构抗震能力的重要保障。

（3）规范从框架结构的构件断面、潜在塑性铰区的箍筋加密要求、梁柱和节点的配筋构造、非结构墙体的布局与拉结等角度提出原则性要求，都是保障混凝土框架结构房屋抗震能力的重要手段，是必须严格执行的。

（4）规范对抗震墙的厚度、配筋率、框支柱和框架柱的配筋率等提出最低要求，以及各类构件的箍筋加密和配筋构造的原则性要求作出了强制性规定，是保障抗震墙结构、部分框支抗震墙结构、框架-抗震墙结构房屋抗震能力的重要手段，也是必须严格执行的。

5.4.3 型钢混凝土框架-核心筒结构、筒中筒结构等筒体结构，外框架、外框筒应有足够刚度，确保结构具有明显的双重抗侧力体系特征。

延伸阅读与深度理解

本条明确筒体结构的抗震设计的专门要求。筒体结构加强层布局以及外框架的刚度布局是影响筒体结构整体安全的重要因素，也是抗震设计的重要内容，是不可或缺的组成部分。对筒体结构加强层大梁或桁架的布局和计算分析要求、外框架的刚度要求等作出原则性规定，是保障此类房屋抗震能力的重要手段。

5.5 砌体结构房屋

5.5.1 多层砌体房屋的层数和高度应符合下列规定：

1 一般情况下，房屋的层数和总高度不应超过表5.5.1的规定。

2 甲、乙类建筑不应采用底部框架-抗震墙砌体结构。乙类的多层砌体房屋应按表5.5.1的规定层数减少1层、总高度应降低3m。

3 横墙较少的多层砌体房屋，总高度应按表5.5.1的规定降低3m，层数相应减少1层；各层横墙很少的多层砌体房屋，还应再减少1层。

表 5.5.1 丙类砌体房屋的层数和总高度限值（m）

房屋类别		最小抗震墙厚度（mm）	烈度和设计基本地震加速度											
			6度		7度				8度				9度	
			0.05g		0.10g		0.15g		0.20g		0.30g		0.40g	
			高度	层数	高度	层数	高度	层数	高度	层数	高度	层数	高度	层数
多层砌体房屋	普通砖	240	21	7	21	7	21	7	18	6	15	5	12	4
	多孔砖	240	21	7	21	7	18	6	18	6	15	5	9	3
	多孔砖	190	21	7	18	6	15	5	15	5	12	4	—	—
	小砌块	190	21	7	21	7	18	6	18	6	15	5	9	3
底部框架-抗震墙砌体房屋	普通砖 多孔砖	240	22	7	22	7	19	6	16	5				
	多孔砖	190	22	7	19	6	16	5	13	4				
	小砌块	190	22	7	22	7	19	6	16	5				

注：自室外地面标高算起且室内外高差大于0.6m时，房屋总高度应允许比本表确定值适当增加，但增加量不应超过1.0m。

4 采用蒸压灰砂砖和蒸压粉煤灰砖的砌体房屋，当砌体的抗剪强度仅达到普通黏土砖砌体的70%时，房屋的层数应比普通砖房减少1层，总高度应减少3m；当砌体的抗剪强度达到普通砖砌体的取值时，房屋层数和总高度的要求同普通砖房屋。

延伸阅读与深度理解

（1）本条明确多层砌体房屋的高度和层控制要求。本条由《抗规》GB 50011-2010 第7.1.2条（强条）、《约束砌体与配筋砌体结构技术规程》JGJ 13-2014 第5.1.5条（强条）、《砌体结构设计规范》GB 50003-2011 中第10.1.2条（强条）整合而来，但明确了表5.5.1针对抗震设防分类为丙类建筑。

（2）国外对地震区砌体结构房屋的高度限制较严，有的甚至规定不允许使用无筋砌体结构。我国历次地震的宏观调查资料表明，不配筋砖结构房屋的高度越高，层数越多，则震害越重，倒塌的比例也越大。

（3）震害经验还表明，控制无筋砌体结构房屋的高度和层数是一种既经济又有效的重要抗震措施。因此，基于砌体材料的脆性性质和震害经验，严格限制其层数和高度目前仍是保证该类房屋抗震性能的主要措施。

（4）本条没有说明房屋高度如何计算。有关砌体房屋总高度和层数控制的若干问题的建议：

1）房屋总高度的计算起点

房屋总高度的计算起点如表3-5-12所示。

房屋总高度的计算起点 表 3-5-12

一般情况	竣工后的建筑室外地坪表面
建造在坡地上的多层砌体房屋	室外地坪低处
带半地下室的多层砌体房屋	地下室室内地面
全地下室和嵌固条件好的半地下室的多层砌体房屋	室外地面

2）房屋总高度的计算终点

如表 3-5-13 所示。

房屋总高度的计算终点 表 3-5-13

平屋顶	主要屋面板板顶
不带阁楼的常规坡屋顶	结构外墙和坡屋面交接处的板顶
带阁楼的坡屋面	山尖墙的二分之一高度处
水平楼板上设置的轻型装饰坡屋顶	水平楼板板顶

3）关于总高度的有效数值控制

笔者认为，房屋层数的多少涉及抗震安全因素较大。在同样高度下，层数越多，抗震计算的质点数越多，地震作用增大十分明显；而同样层数的房屋，总高度引起的地震作用增大相对较少。因此，在总高度的控制上，依据国家规范编制时对数字表达遵守"有效数字"的基本要求（国家标准 GB/T 8170），规范对总高度控制采用"m"为单位，以便执行时略有放松。

根据住房和城乡建设部《工程建设标准编写规定》（建标［2008］182 号）的规定，表 5.5.1 中房屋总高度按有效数字取整数控制，小数位四舍五入，因此，房屋的总高度限值代表的是一个值域区间，比如 18m 代表有效区间为 17.5～18.4m。

当室内外高差大于 0.6m 时，房屋的总高度可适当增加，但增加量应小于 1.0m，则房屋的实际高度可控制在 18＋(1.0－0.6)＝18.4m 以内，属于 18m 的限值范畴，房屋的实际层数不变，总高度控制在 18.9m 以内。

注：这里已将总高度值适当增加了，故此时不应再四舍五入，使增加值多于 1m。

4）关于阁楼

① 阁楼层的高度和层数如何计算应具体分析。一般的阁楼层应当作一层计算，房屋高度计算到山尖墙的一半；当阁楼的平面面积较小，或仅供储藏少量物品、无固定楼梯的阁楼，符合《抗规》GB 50011-2010 第 5.2.4 条关于突出屋面屋顶间的有关要求时，可不计入层数和高度。斜屋面下的"小建筑"通常按实际有效使用面积或重力荷载代表值小于顶层 30%控制。

② 阁楼层是否当作一层计算，应根据实际情况区别对待：当阁楼层高度不高，且不住人，只是作为屋架内的一个空间，此时阁楼层可不作为一层考虑。

当阁楼层净空较高（2.2m 以上），设计作为居室的一部分，这样的阁楼层应当作为一层考虑，高度应算至山尖墙的二分之一。

（5）何为横墙较少及很少的多层砌体？

1）横墙较少，对楼层而言，横墙较少是指同一楼层内开间大于 4.2m 的房间占该层总面积的40%以上；对房屋整体而言，横墙较少指的是全部楼层均符合横墙较少的条件。当大多数楼层横墙数量正常，仅个别楼层符合“横墙较少”的条件（比如砌体房屋的顶层，部分横墙取消，变为大房间、会议室等），可根据大房间的数量、位置、开间大小等采取相应的加强措施，而不要求降低层数。

2）横墙很少对楼层而言，是指同一楼层内开间不大于4.2m的房间占该层总面积的比例不到20%，同时，开间大于4.8m的房间占该层总面积的比例大于50%；对房屋整体而言，横墙很少指的是全部楼层均符合横墙很少的条件。

3）本次也取消了原规范6、7度时，横墙较少的丙类多层砌体房屋，当按规定采取加强措施并满足抗震承载力时，其高度和层数应允许仍按表5.5.1规定采用。

5.5.2 砌体结构房屋抗震横墙的间距应符合下列规定：

1 一般情况下，抗震横墙间距不应超过表5.5.2的规定。

2 多层砌体房屋顶层的抗震横墙间距，除木屋盖外，允许比表5.5.2中的数值适当放宽，但应采取相应加强措施。

3 多孔砖抗震横墙厚度为190mm时，最大横墙间距应比表5.5.2中数值减少3m。

表5.5.2 房屋抗震横墙的间距（m）

房屋类别		烈度			
		6度	7度	8度	9度
现浇或装配整体式钢筋混凝土楼、屋盖		15	15	11	7
装配式钢筋混凝土楼、屋盖		11	11	9	4
木屋盖		9	9	4	—
底部框架-抗震墙砌体房屋	上部各层	同多层砌体房屋			—
	底层或底部2层	18	15	11	—

延伸阅读与深度理解

（1）本条由《抗规》GB 50011-2010第7.1.5条（强条）而来。

（2）多层砌体房屋的横向地震作用主要由横墙承担，需要横墙有足够的承载力，且楼盖必须具有传递地震作用给横墙的水平刚度。若横墙间距较大，房屋的相当一部分地震作用通过纵墙传至横墙，纵向砖墙就会产生出平面的弯曲破坏。因此，多层砖房应按所在地区的地震烈度与房屋楼（屋）盖的类型来限制横墙的最大间距，以满足楼盖传递水平地震作用所需的刚度要求。纵墙承重的房屋，横墙间距同样应满足该规定。

（3）规范给出的房屋抗震横墙最大间距的要求是为了尽量减少纵墙的出平面破坏，但并不是说满足上述横墙最大间距的限值就能满足横向承载力验算的要求。

（4）抗震横墙间距的实质指承担地震剪力的墙体间距。对于一般的、矩形平面的砌体房屋，纵向墙体的间距不致过大，故仅对横向墙体作出规定；对于塔式房屋，两个方向均应作为抗震横墙对待。

5.5.3 底部框架-抗震墙砌体房屋的结构体系，应符合下列规定：

1 上部的砌体墙体与底部的框架梁或抗震墙，除楼梯间附近的个别墙段外均应对齐。

2 房屋的底部，应沿纵横两方向设置一定数量的抗震墙，并应均匀对称布置。6度且总层数不超过4层的底层框架-抗震墙砌体房屋，应允许采用嵌砌于框架之间的约束普通砖砌体或小砌块砌体的砌体抗震墙，但应计入砌体墙对框架的附加轴力和附加剪力并进行底层的抗震验算，且同一方向不应同时采用钢筋混凝土抗震墙和约束砌体抗震墙；其余情况，8度时应采用钢筋混凝土抗震墙，6度、7度时应采用钢筋混凝土抗震墙或配筋小砌块砌体抗震墙。

3 底层框架-抗震墙砌体房屋的纵横两个方向，第二层计入构造柱影响的侧向刚度与底层侧向刚度的比值，6度、7度时不应大于2.5，8度时不应大于2.0，且均不应小于1.0。

4 底部2层框架-抗震墙砌体房屋纵横两个方向，底层与底部第二层侧向刚度应接近，第三层计入构造柱影响的侧向刚度与底部第二层侧向刚度的比值，6度、7度时不应大于2.0，8度时不应大于1.5，且均不应小于1.0。

延伸阅读与深度理解

(1) 本条由《抗规》GB 50011-2010（2016版）第7.1.8条（强条）而来。但取消了“7.1.8条第5款：底部框架-抗震墙体砌房屋的抗震墙应设置条形基础、筏形基础等整体性好的基础”。

(2) 明确“除楼梯间附近的个别墙段外，其他墙体都应对齐”。

(3) 明确“上部砌体侧向刚度应计入构造柱影响的要求”。

5.5.4 配筋混凝土小型空心砌块抗震墙房屋的高度应符合下列规定：

1 一般情况下，不应超过表5.5.4的规定。

表5.5.4 配筋混凝土小型空心砌块抗震墙房屋适用的最大高度（m）

最小墙厚（mm）	6度	7度		8度		9度
	0.05g	0.10g	0.15g	0.20g	0.30g	0.40g
190	60	55	45	40	30	24

2 配筋混凝土小型空心砌块砌体房屋某层或几层开间大于6.0m以上的房间建筑面积占相应层建筑面积40%以上时，表5.5.4中高度规定相应减少6m。

延伸阅读与深度理解

(1) 本条由《砌体结构设计规范》GB 50003-2011第10.1.3条（非强条）修改而来，但取消了“部分框支抗震墙”这种体系。

(2) 国内外有关试验研究结果表明，配筋砌块砌体抗震墙结构的承载力明显高于普通砌体，其竖向和水平灰缝使其具有较大的耗能能力，受力性能和计算方法都与钢筋混凝土抗震墙结构类似。

5.5.5 配筋小砌块砌体抗震墙结构房屋抗震设计时，抗震墙的抗震等级应根据设防烈度和房屋高度按表 5.5.5 采用。当房屋高度接近或等于表 5.5.5 高度分界时，应结合房屋不规则程度及场地、地基条件确定抗震等级。

表 5.5.5 配筋小砌块砌体抗震墙结构房屋的抗震等级

	设防烈度						
	6 度		7 度		8 度		9 度
高度（m）	≤24	>24	≤24	>24	≤24	>24	≤24
抗震墙	四	三	三	二	二	一	一

延伸阅读与深度理解

本条由《砌体结构设计规范》GB 50003-2011 第 10.1.6 条（强条）修改而来，但取消了“部分框支抗震墙”这种体系。

5.5.6 各类砌体沿阶梯形截面破坏的抗震抗剪强度设计值应合理取值。

延伸阅读与深度理解

（1）本条由《抗规》GB 50011-2010（2016 版）第 7.2.6 条（强条）而来，但取消了具体计算公式。

（2）本条明确砌体抗震抗剪强度设计值的取值要求。由于在地震作用下砌体材料的强度指标与静力条件下不同，本条专门给出了关于砌体沿阶梯形截面破坏的抗震抗剪强度设计值的规定。

（3）实施与检查注意事项：

1）一般情况，砖砌体承载力验算仅考虑墙体两端构造柱的约束作用，当砖砌体抗震承载力不足时，可同时考虑水平配筋、墙体中部的构造柱参与工作，但其截面尺寸和配筋应符合规定，不得任意扩大。

2）砌体结构墙体的抗震验算，应以墙段为单位，不应以墙片为单位。

3）墙体中留洞、留槽、预埋管道等使墙体削弱，遇到连续开洞的情况，必要时应验算削弱后墙体的抗震承载力。

5.5.7 底部框架-抗震墙砌体房屋的地震作用效应，应按下列规定调整：

1 对底层框架-抗震墙砌体房屋，底层的纵向和横向地震剪力设计值均应乘以增大系数；其值应允许在 1.2～1.5 范围内选用，第二层与底层侧向刚度比大者应取大值。

2 对底部 2 层框架-抗震墙砌体房屋，底层和第二层的纵向和横向地震剪力设计值亦均应乘以增大系数；其值应允许在1.2～1.5范围内选用，第三层与第二层侧向刚度比大者应取大值。

3 底层或底部2层的纵向和横向地震剪力设计值应全部由该方向的抗震墙承担，并按各墙体的侧向刚度比例分配。

延伸阅读与深度理解

（1）由于底部框架砖房属于竖向不规则结构，当采用底部剪力法做简化计算时，应进行一系列的内力调整，使之较符合实际。底部框架-抗震墙房屋刚度小的底部，地震剪力应适当加大，其值根据上下的刚度比确定，刚度比越大，增大越多。同时，增大后的地震剪力应全部由该方向的抗震墙承担。此外，增大后的底部地震剪力按考虑两道设防进行分配：由框架承担一部分；同时，还应考虑由地震倾覆力矩引起的框架柱附加轴向力。

（2）实施与检查注意事项：

1）实施时即使底部框架砖房整体计算上下侧向刚度比接近，考虑不落地砖抗震墙的轴线仍为上刚下柔，底部的地震剪力仍需加大。

2）检查底部框架剪力，查看底部的地震剪力增大情况及次梁托墙的计算情况。

5.5.8 砌体房屋应设置现浇钢筋混凝土圈梁、构造柱或芯柱。

延伸阅读与深度理解

（1）本条仅明确要求砌体房屋应设置现浇圈梁、构造柱或芯柱，并未给出具体要求，具体工程设计还需参考相关标准。

（2）根据地震经验和大量的试验研究成果，设置钢筋混凝土构造柱是防止砖房倒塌的十分有效的途径。研究表明，构造柱可提高砌体抗剪能力10%～30%，其提高的幅度与墙体高宽比、正应力大小和开洞情况有关。抗震构造柱的作用主要是对墙体形成约束，以显著提高其变形能力，构造柱应设置在震害可能较重、连接构造薄弱和易于应力集中的部位，这样做效果较好。构造柱截面不必很大，但要与圈梁等水平的钢筋混凝土构件组成对墙体的分割包围才能充分发挥其约束作用。总的说来，构造柱应根据房屋用途、结构部位、设防烈度和该部位承担地震剪力的大小来设置。混凝土小型砌块作为墙体改革的材料，大力推广应用是很有必要的。

（3）为提高混凝土小型砌块房屋的抗震安全性，不仅需要对高度、层数限制和建筑结构布置提出强制性要求，还应对多层小砌块房屋的芯柱设置做出强制性规定。小砌块房屋芯柱的作用类似于砖房的构造柱，技术要求上也有一定的对应关系。

（4）关于构造柱设置与构造的若干问题：

1）钢筋混凝土构造柱的功能

国内外的模型试验和大量的设置钢筋混凝土构造柱的砖墙墙片试验表明，钢筋混凝土构造柱虽然对于提高砖墙的受剪承载力作用有限（大体提高10%～20%），但是对墙体的约束和防止墙体开裂后砖的散落能起非常显著的作用。而这种约束作用需要钢筋混凝土构造柱与各层圈梁一起形成，即通过钢筋混凝土构造柱与圈梁把墙体分片包围，能限制开裂后砌体裂缝的延伸和砌体的错位，使砖墙有较大的变形能力和延性，能维持竖向承载能力，并能继续吸收地震的能量，避免墙体倒塌。

2）钢筋混凝土构造柱的设置部位

① 应力集中或连接比较薄弱的易损部位，如在楼梯、电梯间的四角，楼梯段上下端对应的墙体处、房屋外墙四角以及不规则平面的外墙对应转角（凸角）处、错层部位的横墙与外纵墙交接处、较大洞口的两侧和大房间内外墙交接处，每隔 12m（大致是单元式住宅楼的分隔墙与外墙交接处）或单元横墙与外墙交接处，6 度区四、五层以下，7 度区三、四层以下，8 度区二、三层就要按此要求设置钢筋混凝土构造柱。为了防止在地震时局部小墙垛过早破坏，不能与其他墙体共同工作，从而降低结构的整体抗震能力，规范专门规定，当房屋层数较多（6 度七层，7 度六、七层，8 度五、六层，9 度三、四层）时，内墙的局部较小墙垛处应增设构造柱。

② 隔开间设置，这是根据烈度和层数不同区别对待设置钢筋混凝土构造柱的要求，如 6 度六层，7 度五层，8 度四层，9 度二层。其钢筋混凝土构造柱的设置除满足①所述必须设置的部位外，还要在房屋隔开间的横墙（轴线）与外墙交接处，山墙与内纵墙的交接处设置钢筋混凝土构造柱。

③ 每开间设置，当房屋层数较多时，钢筋混凝土构造柱设置应适当增加，如 6 度七层，7 度六、七层，8 度五、六层，9 度三、四层的内墙（轴线）与外墙交接处、内纵墙与横墙（轴线）交接处均应设置。

3）外廊式、单面走廊式的多层砖房构造柱设置要求

对于外廊式、单面走廊式的多层砖房，应根据房屋增加一层的层数要求设置钢筋混凝土构造柱，且单面走廊两侧的纵墙均要按外墙的要求设置构造柱。

4）横墙较少的多层砖房构造柱设置要求

对于横墙较少的多层砖房，应根据房屋增加一层后的层数要求设置钢筋混凝土构造柱；当横墙较少的房屋为外廊式或单面走廊式时，应按上一条要求设置构造柱，但 6 度不超过四层、7 度不超过三层和 8 度不超过二层时，应按增加两层后的层数考虑。对于横墙很少的多层砖房，应按增加两层的层数要求设置构造柱。

（5）带阁楼多层砌体房屋的构造柱设置要求

由于实际工程中，阁楼的设置比较复杂，在进行砌体房屋的总高度、总层数控制以及构造柱设置时，应根据阁楼层的相对有效使用面积、阁楼层的结构形式以及阁楼层高度等因素区别对待：

1）当阁楼层高度不大，不住人，只是作为屋架内的一个空间；或仅用作储物用房且无固定楼梯时，阁楼层不作为一层考虑。可根据房屋实际层数的要求设置构造柱并适当加强。

2）当阁楼层高度较大，设计作为居室的一部分使用，阁楼层应算一层，进行房屋的总层数控制和构造柱设置时应按房屋实际层数增加一层后的层数对待。

3）当阁楼只占顶层屋面的一部分，即只有部分屋面设置阁楼用作居住或活动场所时，应根据阁楼的有效使用面积确定：当阁楼的有效使用面积不小于顶层面积的 30%时，按一层对待；当阁楼的有效使用面积小于顶层面积的 30%时，按规范第 5.2.4 条规定的出屋面

小建筑对待。

注：有效使用面积指的是房屋内净空不小于 2.1m 的水平投影面。

（6）需要注意的是，对于坡屋顶砌体房屋，不论阁楼是否作为一层，均需沿山尖墙顶设置卧梁、在屋盖处设置圈梁、在山脊处设置构造柱，同时，下部结构对应部位的构造柱应上延至墙顶卧梁（图 3-5-20）。

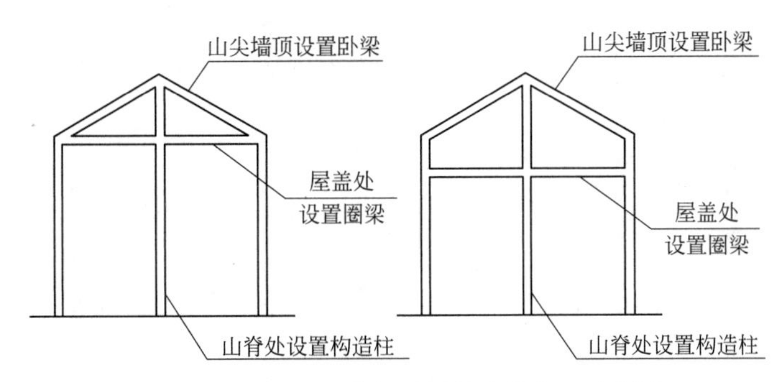

图 3-5-20 坡屋顶房屋圈梁构造柱布置示意图

（7）房屋高度和层数接近限值时构造柱的特殊规定：

构造柱间距对房屋整体抗震性能也至关重要，构造柱的间距适当减小可以大大提高房屋的整体抗震性能。以往在内纵墙上的构造柱只要求在与尽端山墙相接的内纵墙处设柱，从实际震害看到，内纵墙的破坏有时会超过外纵墙。因此规范要求内纵墙内的构造柱间距不宜大于 4.2m，即一开间左右。

外纵墙内构造柱最大间距为 3.9m，当外纵墙洞口较大而窗间墙又为最小限值时，此时宜适当加大与内横墙交接处构造柱的面积和配筋，或者在较小墙垛两侧边框设置两个构造柱约束墙体，防止墙体在强烈地震后倒塌。这是因为当一个较长的墙段在中部有较大的洞口时，墙段两尽端的构造柱不足以提供对大墙体的约束，需要在较大洞口两侧设置构造柱，使洞口两侧形成两个受约束的墙体（图 3-5-21）。

（8）外纵墙窗间墙构造柱的设置对策：

外纵墙开设门窗洞口，削弱面积较多，为了保证房屋的纵向抗震能力，当房屋的高度和层数接近表 5.5.1 的限值时，沿外纵墙房屋的开间尺寸不超过 3.9m 时，在纵横墙交界处设置构造柱，当房屋开间大于 3.9m 时，除纵横墙交界处设置构造柱外，还需另设加强措施。同时要求，大洞口两侧应设置构造柱（洞口大于 2.1m）。因此，当外纵墙洞口较大而窗间墙又为最小限值时，在一个不太大的墙段范围可能需要连续设置三根构造柱（图 3-5-22a），同时还要求构造柱与墙体之间留设马牙槎，施工时很难实现，也难以保证施工质量。

2010 版《抗规》对此种情况进行了适当放宽，规定墙段两端可不再设置构造柱，但是小墙段的墙体需要加强，工程中可采取拉结钢筋网片通长设置、间距加密等措施（图 3-5-22b）。工程实践中也有采取如图 3-5-22（c）所示的做法，即在小墙肢两端设置构造柱，同时对墙体采取加强措施，实际震害经验表明，这种做法是可行的。当然，当横墙较长时，此种做法对承重横墙的约束有限，此时，建议采取如图 3-5-22（d）所示的做法，即仍然设置三根构造柱，但是中间的构造柱不设在内外墙交接处，而是设在内外墙交接处的横墙上，这样既保证了施工的可操作性，又有很好的抗震性能。

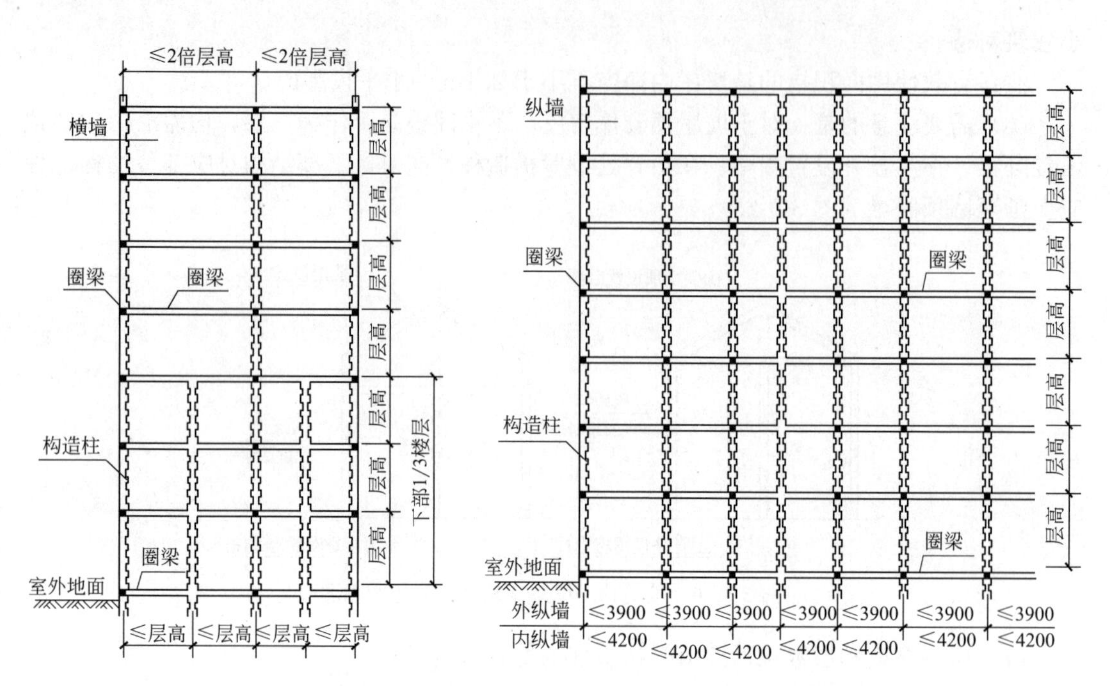

图 3-5-21 房屋高度和层数接近限值时横墙、纵墙构造柱设置要求

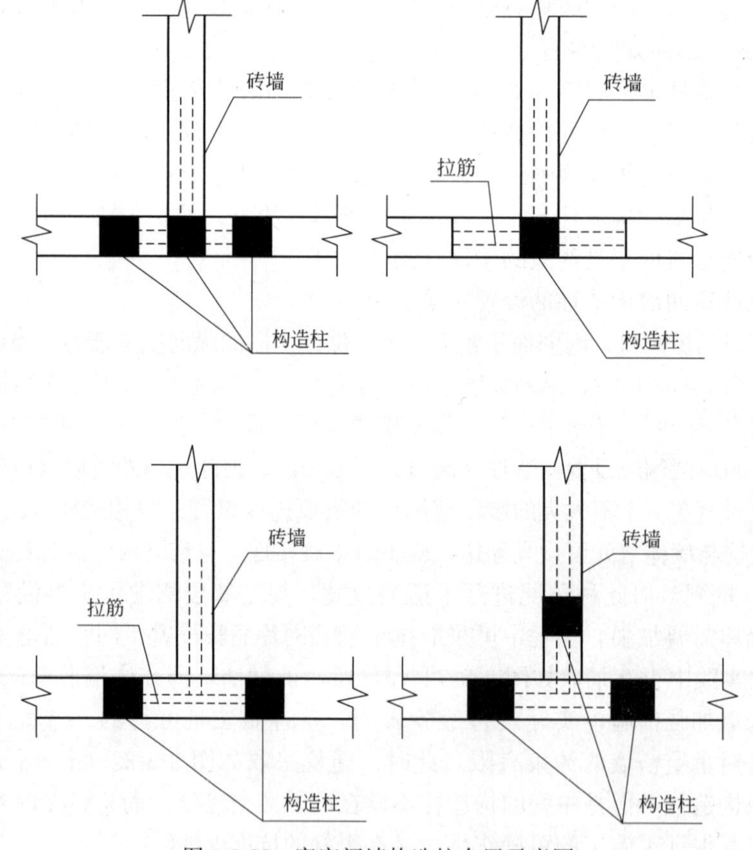

图 3-5-22 窄窗间墙构造柱布置示意图

(9) 关于圈梁应注意的若干问题

1) 钢筋混凝土圈梁的功能

钢筋混凝土圈梁是多层砌体房屋有效的抗震措施之一，钢筋混凝土圈梁有如下功能：

① 增强房屋的整体性，提高房屋的抗震能力。由于圈梁的约束，预制板散开以及砖墙出平面倒塌的危险性大大减小了。使纵、横墙能够保持一个整体的箱形结构，充分发挥各片砖墙在平面内的抗剪承载力。

② 作为楼盖的边缘构件，提高了楼盖的水平刚度，使局部地震作用能够分配给较多的砖墙来承担，也减轻了大房间纵、横墙平面外破坏的危险性。

③ 圈梁还能限制墙体斜裂缝的开展和延伸，使砖墙裂缝仅在两道圈梁之间的墙段内发生，斜裂缝的水平夹角减小，砖墙抗剪承载力得以充分发挥和提高。从一座三层办公楼的震害中，可以清楚地看出对比状况。该楼采用预制板楼盖，隔层设置圈梁。遭遇 7 度地震后，因为三层楼板处无圈梁，三层砖墙的斜裂缝通过三层楼板与二层砖墙的斜裂缝连通，形成一道贯通二、三层砖墙的 X 形裂缝。裂缝的竖缝宽度达 30mm。底层砖墙的斜裂缝，因为二层楼板处有圈梁，被限制在底层，裂缝的走向比较平缓，如图 3-5-23 所示。

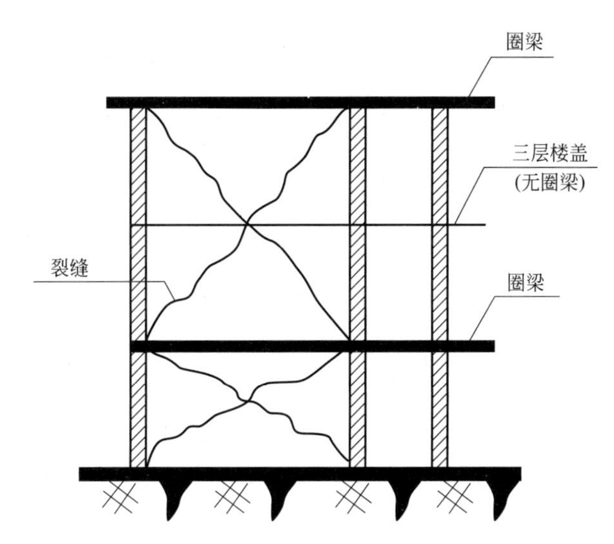

图 3-5-23 圈梁对横墙上裂缝开展和走向的影响

④ 可以减轻地震时地基不均匀沉陷对房屋的影响。各层圈梁，特别是屋盖处和基础处的圈梁，能提高房屋的竖向刚度和抗御不均匀沉降的能力。

2) 钢筋混凝土圈梁的设置要求

对于装配式钢筋混凝土楼、屋盖或木楼、屋盖的砖房，为了较好地发挥钢筋混凝土圈梁与钢筋混凝土构造柱一起约束脆性墙体的作用，规范要求多层砌体房屋的每层均应设置钢筋混凝土圈梁。其具体要求为：

① 横墙承重的多层砖房外墙和内纵墙的屋盖及每层楼盖处均布置，屋盖处内横墙的圈梁间距：6、7 度时不应大于 4.5m，8、9 度时各横墙拉通。楼盖处内横墙的圈梁间距，在 6、7 度时不应大于 7.2m，在 8 度时不应大于 4.5m，9 度时要在各横墙拉通。内横墙在钢筋混凝土构造柱对应部位还应专门设置圈梁。

② 纵墙承重的多层砖房圈梁间距应比横墙承重或纵横墙共同承重的体系减小。

现浇或装配整体式钢筋混凝土楼、屋面与墙体可靠连接的房屋可不另设圈梁，但楼板沿墙体周边应加强配筋并应与相应构造柱钢筋可靠连接，楼板内须有足够的钢筋（沿墙体周边加强配筋）伸入构造柱内并满足锚固要求。

5.5.9 多层砌体房屋的楼、屋面应符合下列规定：

1 楼板在墙上或梁上应有足够的支承长度，罕遇地震下楼板不应跌落或拉脱。

2 装配式钢筋混凝土楼板或屋面板，应采取有效的拉结措施，保证楼、屋面的整体性。

3 楼、屋面的钢筋混凝土梁或屋架应与墙、柱（包括构造柱）或圈梁可靠连接；不得采用独立砖柱。跨度不小于6m的大梁，其支承构件应采用组合砌体等加强措施，并应满足承载力要求。

延伸阅读与深度理解

(1) 本条由《抗规》GB 50011-2010（2016版）第7.3.5条（强条）修改而来。但注意增加了“楼板支承长度应满足罕遇地震下楼板不应跌落或拉脱”的要求。

(2) 本条明确砌体房屋楼屋盖构件（板、梁）的基本构造要求。

(3) 楼屋面在房屋建筑抗震体系中的地位非常重要，其横隔效应是保证砌体房屋建筑的整体性、构建空间立体抗震体系的关键环节，因此，世界各国的抗震设计规范均十分重视横隔板设计。

(4) 本条对楼板的支承长度和拉结措施，以及楼屋盖大梁的支承条件和拉结措施等提出原则要求和底线控制性要求是非常必要的。

5.5.10 砌体结构楼梯间应符合下列规定：

1 不应采用悬挑式踏步或踏步竖肋插入墙体的楼梯，8度、9度时不应采用装配式楼梯段。

2 装配式楼梯段应与平台板的梁可靠连接。

3 楼梯栏板不应采用无筋砖砌体。

4 楼梯间及门厅内墙阳角处的大梁支承长度不应小于500mm，并应与圈梁连接。

5 顶层及出屋面的楼梯间，构造柱应伸到顶部，并与顶部圈梁连接，墙体应设置通长拉结钢筋网片。

6 顶层以下楼梯间墙体应在休息平台或楼层半高处设置钢筋混凝土带或配筋砖带，并与构造柱连接。

延伸阅读与深度理解

(1) 本条明确砌体房屋楼梯间的构造要求。

（2）历次地震震害表明，楼梯间作为地震疏散通道，而且地震时受力比较复杂，常常破坏严重，必须采取一系列有效措施。突出屋顶的楼、电梯间，地震中受到较大的地震作用，因此在构造措施上也应当特别加强。

（3）要求砌体结构楼梯间墙体在休息平台或半层高处设置钢筋混凝土带或配筋砖带，以及采取其他加强措施，特别要求加强顶层和出屋面楼梯间的抗震构造——相当于约束砌体的构造要求。总体意图是形成突发事件发生时的应急疏散安全通道，提高对生命的保护。

（4）本条改自《抗规》GB 50011 第 7.3.8 条（强条）。

5.5.11 砌体结构房屋尚应符合下列规定：

1 砌体结构房屋中的构造柱、芯柱、圈梁及其他各类构件的混凝土强度等级不应低于 C25。

2 对于砌体抗震墙，其施工应先砌墙后浇构造柱、框架梁柱。

延伸阅读与深度理解

本条明确砌体结构中圈梁、构造柱等混凝土构件的最低强度要求及砌体抗震墙的施工顺序。结构材料是影响工程抗震质量的重要因素，为保证工程具备必要的抗震防灾能力，必须对材料的最低性能要求作出强制性规定；另外，砌体结构的施工工艺和施工质量是确保工程抗震质量的关键环节，对显著影响工程抗震质量的关键工序作出强制性规定也是必要的。

5.6 木结构房屋

5.6.1 木结构房屋的建筑结构布置应符合下列规定：

1 房屋的平面布置应简单规则，不应有平面凹凸或拐角。

2 纵横向围护墙体的布置应均匀对称，上下连续。

3 楼层不应错层。

4 木框架-支撑结构、木框架-抗震墙结构、正交胶合木抗震墙结构中的支撑、抗震墙等构件应沿结构两主轴方向均匀、对称布置。

延伸阅读与深度理解

（1）本条明确木结构房屋布局的基本要求，这些要求属于木结构抗震概念设计的基本原则，对于保障木结构房屋的抗震能力十分重要，提出强制性要求是必要的，也是可行的。

（2）具体工程可参考《抗规》GB 50011 第 11 章。

5.6.2 木结构房屋的地震作用计算应符合下列规定：

1 7度及以上的大跨度木结构、长悬臂木结构，应计入竖向地震作用。

2 计算多遇地震作用时，应考虑非承重墙体的刚度影响对结构自振周期予以折减。

本条为木结构房屋地震作用计算的补充规定。地震作用取值是建筑结构抗震设计的重要内容，本条在本规范第4章通用规定的基础上，结合木结构的特点作出补充规定，是必要的。

5.6.3 抗震设防的木结构房屋基本构造应符合下列规定：

1 木柱与屋架（梁）间应采取加强连接的措施，穿斗木构架应在木柱上、下端设置穿枋。

2 斜撑及屋盖支撑与主体构件的连接应采用螺栓连接，椽与檩的搭接处应满钉。

3 围护墙与木柱的拉结应牢固可靠。

本条明确木结构房屋的基本构造要求。木结构各构件、杆件之间的连接或拉结是保证房屋建筑整体性的关键，也是关系建筑整体地震安全的关键，对此提出强制性要求，是必要的。

5.7 土石结构房屋

5.7.1 土、石结构房屋的高度和层数应符合表5.7.1的规定。

表5.7.1 土、石结构房屋的层数和总高度限值（m）

	烈度和设计基本地震加速度											
	6度		7度				8度				9度	
	0.05g		0.10g		0.15g		0.20g		0.30g		0.40g	
	高度	层数	高度	层数	高度	层数	高度	层数	高度	层数	高度	层数
土结构房屋	6	2	6	2	—	—	—	—	—	—	—	—
细、半细料石砌体（无垫片）	16	5	13	4	13	4	10	3	10	3	—	—
粗料石及毛料石砌体（有垫片）	13	4	10	3	10	3	7	2	7	2	—	—

（1）本条明确土、石结构总高度和总层数的限制性要求。

（2）历次地震灾害经验表明，土、石结构房屋的总高度和总层数是影响其灾害程度的重要因素，本条提出强制性要求，是必要的。

（3）改自《抗规》第11章。

5.7.2 土、石结构房屋的建筑结构布置应符合下列规定：

1 房屋的平面布置应简单规则，不应有平面凹凸或拐角。

2 纵横向承重墙的布置应均匀对称，上下连续。

3 楼层不应错层，不得采用板式单边悬挑楼梯。

延伸阅读与深度理解

（1）本条明确土、石结构房屋布局的基本要求。

（2）本条属于土、石结构房屋概念设计的基本原则，对于保证房屋的地震安全十分重要，对此作出强制性要求。

（3）改自《抗规》第11.1.1条。

5.7.3 生土墙体土料应选用杂质少的黏性土。石材应质地坚实，无风化、剥落和裂纹。

延伸阅读与深度理解

（1）本条明确土、石房屋结构材料的基本要求。

（2）结构材料的性能是影响其抗震性能的关键因素，土、石结构房屋尤其如此。本条对土料和石材选择的基本原则作出强制性规定。

（3）改自《抗规》第11.1.5条。

5.7.4 抗震设防的生土房屋基本构造应符合下列规定：

1 生土房屋的屋盖应采用轻质材料，硬山搁檩的支承处应设置垫木，纵向檩条之间应采取加强连接的措施。

2 内外墙体应同步、分层、交错夯筑或咬砌。

3 外墙四角和内外墙交接处应设置混凝土或木构造柱，并采取加强整体性的拉结措施。

4 应采取措施保证地基基础的稳定性和承载能力。

延伸阅读与深度理解

（1）本条明确生土房屋的基本构造要求。

（2）生土房屋的屋面材料、檩条拉结与连接、内外墙和纵横墙的拉结、地基基础的稳定性等直接决定此类房屋的抗震性能，本条对此提出强制性要求。

（3）改自《抗规》第 11.2 节。

5.7.5 抗震设防的石结构房屋基本构造应符合下列规定：

1 多层石砌体房屋，应采用现浇或装配整体式钢筋混凝土楼、屋盖。

2 多层石砌体房屋的抗震横墙间距，6 度、7 度不应超过 10m，8 度不应超过 7m。

3 多层石砌体房屋应在外墙四角、楼梯间四角和每开间内外墙交接处设置钢筋混凝土构造柱，各楼层处应设置圈梁；圈梁与构造柱应牢固拉结。

4 不得采用石梁、石板作为承重构件。

延伸阅读理解

（1）本条明确石结构房屋的基本构造要求。

（2）石结构房屋的楼、屋面整体性、横墙间距、构造柱设置等是影响其抗震性能的关键措施，本条对此类措施要求作出强制性规定。

（3）改自《抗规》第 11.4 节。

5.8 混合承重结构建筑

5.8.1 钢支撑-混凝土框架结构的抗震设计应符合下列规定：

1 楼、屋面应具有足够的面内刚度和整体性。

2 钢支撑-混凝土框架结构中，含钢支撑的框架应在结构的两个主轴方向均匀、对称设置，避免不合理设置导致结构平面扭转不规则。

延伸阅读与深度理解

（1）本条明确钢支撑-混凝土框架结构房屋抗震设计的基本原则，包括楼、屋面等抗震隔板的刚度和整体性要求、钢支撑的布局要求、钢支撑-框架的刚度属性要求等，这些要求对于此类房屋的抗震性能至关重要。

（2）这条实际是由《抗规》GB 50011-2010（2016 版）附录 G 的内容整合给出，这种体系在新建及改造工程中时有出现，通常都是由于结构层间位移不满足相关规定，且又不能采用加大梁柱截面及剪力墙时，常采用的一种结构体系。

（3）钢支撑-混凝土框架结构的结构布置，应符合下列要求：

1）钢支撑框架应在结构的两个主轴方向同时布置。

2）普通钢支撑宜自下而上连续布置。当受建筑方案影响无法连续布置时，宜在邻跨延续布置。

3）钢支撑可采用普通支撑或屈曲约束支撑。

4）钢支撑在结构平面上的布置应避免导致扭转效应；钢支撑之间无大洞口的楼、屋盖的长宽比，宜符合本规程对抗震墙间距的要求；楼梯间宜布置钢支撑。

5）底层的钢支撑框架按刚度分配的地震倾覆力矩应大于结构总地震倾覆力矩的50%。

(4) 本条第2款仅是对于采用普通钢支撑的要求，如果设计采用金属屈曲约束支撑，可以不满足此款要求。

5.8.2 钢支撑-混凝土框架结构房屋应根据设防类别、设防烈度和房屋高度采用不同的抗震等级，应符合相应的内力调整和抗震构造要求，并应符合下列规定：

1 一般情况下，丙类建筑的抗震等级应按表5.8.2确定。

表5.8.2 丙类钢支撑-混凝土框架结构房屋的抗震等级

结构类型		设防烈度					
		6度		7度		8度	
钢支撑-混凝土框架结构	高度（m）	≤24	25～100	≤24	25～90	≤24	25～70
	钢支撑框架	三	二	二	一	一	一
	混凝土框架	四	三	三	二	二	一
	跨度不小于18m混凝土框架	三		二		一	

2 甲、乙类建筑的抗震措施应符合本规范第2.4.2条的规定。

3 当房屋高度接近或等于表5.8.2的高度分界时，应结合房屋不规则程度及场地、地基条件确定抗震等级。

延伸阅读与深度理解

(1) 本条明确钢支撑-混凝土框架结构房屋抗震等级。抗震等级是钢支撑-混凝土框架结构房屋重要的设计参数，抗震等级不同，不仅计算时相应的内力调整系数不同，对配筋、配箍、轴压比、剪压比的构造要求也有所不同，体现了不同延性要求和区别对待的设计原则。

(2) 本条综合考虑设防烈度、设防类别、结构类型和房屋高度四个因素给出抗震等级的基本规定。

(3) 钢支撑-混凝土框架结构适用的最大高度不宜超过钢筋混凝土框架结构和钢筋混凝土框架-剪力墙结构二者最大适用高度的平均值。

(4) 钢支撑-混凝土框架结构房屋应根据设防类别、烈度和房屋高度采用不同的抗震等级。丙类建筑的抗震等级，钢支撑框架部分的抗震等级应比无钢支撑框架部分提高一个等级，无钢支撑框架部分的抗震等级按钢筋混凝土框架结构的规定确定。表中“钢支撑框架”是指仅与钢支撑连接的框架梁柱。

5.8.3 钢支撑-混凝土框架结构的抗震应符合下列规定：

1 应考虑钢支撑破坏退出工作后的内力重分布影响。

2 钢支撑应符合本规范第5.3节的相关构造要求；混凝土框架应符合本规范第5.2节的相关构造要求。

(1) 本条明确钢支撑-混凝土框架结构房屋的内力调整原则和基本构造要求。

(2) 钢支撑-混凝土框架结构作为一种混合抗侧力结构，其抗侧力体系的工作机理具有明显的特殊性，钢支撑应属于第一道抗震防线，可能会较早进入屈服工作状态，为了保障此类结构体系的抗震安全，要求采用两种计算模型的较大地震作用进行设计与控制是十分必要的。

(3) 通用规范中新增了钢支撑-混凝土框架结构体系，并要求对此结构体系考虑钢支撑破坏退出工作后的内力重分布影响，相当于考虑钢支撑退出工作后纯框架的受力，实际上就是要进行承载力包络设计。

(4) 钢支撑-混凝土框架结构的结构布置，应符合下列要求：

1) 这种结构体系阻尼比可按混凝土框架部分和钢支撑部分在整体结构中总变形能所占比例折算为等效阻尼，一般不应大于 0.045。

2) 钢支撑框架部分的支撑斜杆，可按端部铰接杆计算。当支撑斜杆的轴线偏离混凝土柱轴线超过柱宽的 1/4 时，应考虑支撑对框架产生的附加弯矩。

3) 当钢支撑为普通支撑时，混凝土框架部分承担的地震作用，应按框架结构和支撑框架结构两种模型计算，并宜取二者的较大值；当钢支撑为屈曲约束支撑时，混凝土框架部分承担的地震作用，应按支撑框架结构模型计算。

4) 多遇地震和罕遇地震下钢支撑-钢筋混凝土框架结构的层间位移限值：

① 对于普通钢支撑-框架结构可按框架与框-剪结构插入值；

② 对于金属屈曲约束支撑-框架结构可按钢筋混凝土框架结构确定。

5.8.4 大跨屋面建筑的结构选型和布置应符合下列规定：

1 屋面及其支承结构的选型和布置应具有合理的刚度和承载力分布，不应出现局部削弱或突变，形成薄弱部位。应能保证地震作用分布合理，不应产生过大的内力或变形集中。

2 屋面结构的形式应同时保证各向地震作用能有效传递到下部支承结构。

3 单向传力体系的结构布置，应设置可靠的支撑，保证垂直于主结构方向的水平地震作用的有效传递。

(1) 本条明确大跨屋面建筑结构选型和布置的基本原则。

(2) 通常绝大多数大跨屋面结构具有优良的抗震性能。6、7 度时，按非抗震满应力设计确定构件截面结构，不仅可以满足“小震不坏”（小震弹性验算），大多数情况甚至可以满足“中震不坏”“大震不倒”。8 度时，地震作用虽会对中、大跨度（60m 以上）屋面结构的构件截面设计起控制作用，但也并非起绝对控制作用。在中震作用下，结构虽会出现一定的塑性变形，但并不会对结构性能造成明显影响。

(3) 除屋面结构或下部结构布置非常不规则外，8度时屋面结构一般都容易满足“大震不倒”的要求。因此，做好大跨屋面结构抗震设计的原则和措施并不复杂，确保结构地震作用分布合理、传力途径明确也是重要的原则。

(4) 改自《抗规》GB 50011-2010 第 10.2.2、10.2.3 条（均非强条）。

5.8.5 大跨屋面结构的地震作用计算，除应符合本规范第 4 章的有关规定外，尚应符合下列规定：

1 计算模型应计入屋面结构与下部结构的协同作用。

2 非单向传力体系的大跨屋面结构，应采用空间结构模型计算，并应考虑地震作用三向分量的组合效应。

延伸阅读与深度理解

(1) 本条明确大跨屋面结构地震作用计算的基本原则。

(2) 屋面结构自身的地震效应是与下部结构协同工作的结果。由于下部结构竖向刚度一般较大，以往在屋面结构竖向地震作用计算时通常习惯于仅单独以屋面结构作为分析模型。但研究表明，不考虑屋面结构与下部结构的协同工作，会对屋面结构的地震作用，特别是水平地震作用的计算产生显著影响，甚至得出错误结果。即便在竖向地震作用计算时，当下部结构给屋面提供的竖向刚度较弱或分布不均匀时，仅按屋面结构模型所计算的结果也会产生较大的误差。

(3) 考虑上下部结构的协同作用是屋面结构地震作用计算的基本原则。考虑上下部结构协同工作的最合理方法是按整体结构模型进行地震作用计算。

(4) 对于不规则的结构，抗震计算应采用整体结构模型。当下部结构比较规则时，也可以采用一些简化方法（譬如等效为支座弹性约束）来计入下部结构的影响。但是，这种简化必须依据可靠且符合动力学原理。

(5) 对于单向传力体系，结构的抗侧力构件通常是明确的。桁架构件抵抗其面内的水平地震作用和竖向地震作用，垂直桁架方向的水平地震作用则由屋面支撑承担。因此，可针对各向抗侧力构件分别进行地震作用计算。除单向传力体系外，一般屋面结构的构件难以明确划分为沿某个方向的抗侧力构件，即构件的地震效应往往是三向地震共同作用的结果，因此其构件验算应考虑三向（两个水平向和竖向）地震作用效应的组合。为了准确计算结构的地震作用，也应该采用空间模型，这也是基本原则。

5.8.6 屋面构件截面抗震验算除应符合本规范第 4.3 节的有关规定外，尚应符合下列规定：

1 关键杆件和关键节点应具有足够的抗震承载力储备，其多遇地震组合内力设计值应根据设防烈度的高低进行放大调整，调整系数最小不得小于 1.1。

2 预张拉结构中的拉索，在多遇地震作用下，应保证拉索不发生松弛而退出工作。

延伸阅读与深度理解

(1) 本条对大跨屋面建筑的内力调整原则。改自《抗规》GB 50011-2010 第10.2.12条。

(2) 拉索是预张拉结构的重要构件，在多遇地震作用下，应保证拉索不发生松弛而退出工作。在设防烈度下，也宜保证拉索在各地震作用参与的工况组合下不出现松弛。本条第1款中的关键杆件和关键节点，是指下列杆件和节点：

1) 对空间传力体系，关键杆件系指支座临近区域的弦杆和腹杆，支座临近区域取与支座相邻的2个区(网)格和1/10跨度两者的较小值。

2) 对于单向传力体系，关键构件系指与支座直接相邻节间的弦杆和腹杆。

3) 关键节点是指与关键构件连接的节点。

5.8.7 大跨屋面结构的抗震基本构造设计应符合下列规定：

1 屋面结构中钢杆件的长细比，关键受压杆件不得大于150；关键受拉杆件不得大于200。

2 支座应具有足够的强度和刚度，在荷载作用下不应先于杆件和其他节点破坏，也不应产生不可忽略的变形。

3 支座构造形式应传力可靠、连接简单，与计算假定相符。

4 对于水平可滑动的支座，应采取可靠措施保证屋面在罕遇地震下的滑移不超出支承面。

延伸阅读与深度理解

(1) 本条对大跨屋面结构的基本构造要求。

(2) 改自《抗规》GB 50011-2010 第10.3节。

(3) 支座节点往往是地震破坏的部位，也起到将地震作用传递给下部结构的重要作用。此外，支座节点在超过设防烈度的地震作用下，应有一定的抗变形能力。但对于水平可滑动的支座节点，较难得到保证。因此建议按设防烈度计算值作为可滑动支座的位移限值(确定支承面的大小)，在罕遇地震作用下采用限位措施确保不致滑移出支承面。

第6章 市政工程抗震措施

6.1 城镇桥梁

6.1.1 城市桥梁的抗震设计类别应根据抗震设防烈度和所属的抗震设防类别按表6.1.1选用。

表6.1.1 城市桥梁抗震设计类别

抗震设防烈度	抗震设防类别		
	乙	丙	丁
6度	B	C	C
7度及以上	A	A	B

6.1.2 按照本规范第6.1.1条的分类，城市桥梁抗震设计应符合下列规定：

1 A类城市桥梁，应进行多遇和罕遇地震作用下的抗震分析和抗震验算，并应满足相关抗震措施的要求。

2 B类城市桥梁，应进行多遇地震作用下的抗震分析和抗震验算，并应满足相关抗震措施的要求。

3 C类城市桥梁，允许不进行抗震分析和抗震验算，但应满足相关抗震措施的要求。

延伸阅读与深度理解

(1) 6.1.1、6.1.2这两条明确城市桥梁抗震设计方法的选用原则，引自《城市桥梁抗震设计规范》CJJ 166-2011第3.3.2条。

(2) 参考国内外相关桥梁抗震设计规范，对于位于6度地区的普通桥梁，只需满足相关构造和抗震措施要求，不需进行抗震分析，本规范称此类桥梁抗震设计方法为C类。

(3) 对于位于6度地区的乙类桥梁，7度、8度和9度地区的丁类桥梁，仅要求进行多遇地震作用下的抗震计算，并满足相关构造要求，这类抗震设计方法为B类。

(4) 对于7度及7度以上的乙类和丙类桥梁，要求进行多遇地震和罕遇地震的抗震分析和验算，并满足结构抗震体系以及相关构造和抗震措施要求，此类抗震设计方法为A类。

(5) 6.1.1、6.1.2这两条对桥梁抗震设计类别进行分类，并对各类设计方法的原则性要求作出强制性规定。

6.1.3 城市桥梁应根据其地震响应的复杂程度分为规则和非规则两类，城市桥梁的抗震分析方法应根据其抗震设计类别、规则性以及地震作用水准按表6.1.3选用。

表 6.1.3 桥梁抗震分析方法

地震作用水准	抗震设计类别			
	A类		B类	
	规则	非规则	规则	非规则
多遇地震作用	单振型反应谱法 多振型反应谱法	多振型反应谱法 时程分析法	单振型反应谱法 多振型反应谱法	振型反应谱法 时程分析法
罕遇地震作用	单振型反应谱法 多振型反应谱法	多振型反应谱法 时程分析法	—	—

延伸阅读与深度理解

（1）本条明确桥梁抗震分析方法选择的原则，改自《城市桥梁抗震设计规范》CJJ 166-2011 第 6.1.4 条。

（2）为了简化桥梁结构的动力响应计算及抗震设计和校核，根据梁桥结构在地震作用下动力响应的复杂程度分为两大类，即规则桥梁和非规则桥梁。规则桥梁地震反应以一阶振型为主，因此可以采用简化计算公式进行分析，对于非规则桥梁，由于其动力响应特性复杂，采用简化计算方法不能很好地把握其动力响应特性，因此要求采用比较复杂的分析方法来确保其在实际地震作用下的性能满足设计要求。

6.1.4 城市桥梁结构能力保护构件的地震组合内力设计值确定应符合下列规定：

1 当罕遇地震作用下结构未进入塑性工作范围时，墩柱的组合剪力设计值、基础和盖梁的组合内力设计值，应采用罕遇地震的计算结果按本规范第 4.3.2 条的规定确定。

2 对抗震设计类别为 A 类，且弹塑性变形、耗能部位位于桥墩的城市桥梁，其盖梁、基础、支座和墩柱的剪力设计值应根据墩柱塑性铰区域横截面的极限抗弯承载力按能力保护设计方法确定。

延伸阅读与深度理解

（1）本条规定城市桥梁结构能力保护构件的地震组合内力设计值的确定要求。

（2）罕遇地震截面尺寸较大的桥墩可能不会发生屈服，采用能力保护方法计算过于保守，允许直接采用罕遇地震作用下的计算结果进行内力组合。

（3）对于抗震设计类别为 A 类且抗震体系类型为Ⅰ类的桥梁，剪切破坏属于脆性破坏，是一种危险的破坏模式，对于抗震结构来说，墩柱剪切破坏还会大大降低结构的延性，因此，为了保证钢筋混凝土墩柱不发生剪切破坏，应采用能力保护设计方法进行延性墩柱的抗剪设计。

（4）能力保护构件设计内力调整的基本要求改自《城市桥梁抗震设计规范》CJJ 166-

2011 第 6.6.1 和第 6.6.2 条。

6.1.5 7 度及以上地区，城市桥梁墩柱潜在塑性铰区的箍筋应加密配置，并应符合下列规定：

1 加密区范围，应由最大组合弯矩所在截面处算起，长度不应小于弯曲方向墩柱截面边长，且加密区边缘截面的组合弯矩不应大于 0.8 倍最大组合弯矩；当墩柱高度与弯曲方向截面边长之比小于 2.5 时，柱加密区范围应取墩柱全高。

2 加密区的最小体积配箍率 ρ_{smin}，7 度、8 度时应符合下式规定，9 度时尚应乘以不小于 1.2 的放大系数，且均不得小于 0.4%：

$$\rho_{smin}=\begin{cases}1.52[0.14\eta_k+5.84(\eta_k-0.1)(\rho_t-0.01)+0.028]\dfrac{f_{cd}}{f_{yh}} & \text{圆形截面}\\ 1.52[0.10\eta_k+4.17(\eta_k-0.1)(\rho_t-0.01)+0.020]\dfrac{f_{cd}}{f_{yh}} & \text{矩形截面}\end{cases} \tag{6.1.5}$$

式中：η_k——轴压比，指结构的最不利组合轴向压力与柱的全截面面积和混凝土轴心抗压强度设计值乘积之比值；

ρ_t——纵向配筋率；

f_{yh}——箍筋抗拉强度设计值（MPa）；

f_{cd}——混凝土轴心抗压强度设计值（MPa）。

3 加密区的箍筋，直径不应小于 10mm，间距不应大于 100mm 或 6 倍纵筋的直径或墩柱弯曲方向的截面边长的 1/4。

4 螺旋箍筋的接头必须采用对接焊，矩形箍筋应有 135°弯钩，且伸入核心混凝土的长度不得小于 6 倍箍筋直径。

延伸阅读与深度理解

这条规定了墩柱箍筋的配置要求。横向钢筋在桥墩柱中的功能主要有以下三个方面：

（1）用于约束塑性铰区域内混凝土，提高混凝土的抗压强度和延性；

（2）提供抗剪能力；

（3）防止纵向钢筋压屈。在处理横向钢筋的细部构造时需特别注意，由于表层混凝土保护层不受横向钢筋约束，在地震作用下会剥落，这层混凝土不能为横向钢筋提供锚固。因此，所有箍筋都应采用等强度焊接来闭合或者在端部弯过纵向钢筋到混凝土核心内，角度至少为 135°。

（4）本规范第 6.1.5 条加密区的体积配箍率要求，是在《城市桥梁抗震设计规范》CJJ 166-2011 的基础上，经参数调整而得，即将《城市桥梁抗震设计规范》CJJ 166-2011 中的材料标准强度均替换为设计强度，二者要求是一致的。

6.1.6 城市桥梁墩柱的箍筋非加密区的体积配箍率不应少于加密区的 50%。

延伸阅读与深度理解

本条进一步明确非加密区墩柱的体积配箍率要求，但要注意没有规定最小箍筋直径及间距。

6.1.7　城市桥梁结构应采用有效的防坠落措施，且梁端至墩、台帽或盖梁边缘的搭接长度，6度不应小于（$400+0.005L$）mm，7度及以上，不应小于（$700+0.005L$）mm，其中，L为梁的计算跨径（单位mm）。

延伸阅读理解

（1）本条明确桥梁的防坠落要求及墩梁间搭接长度。由于工程场地可能遭受地震的不确定性，以及人们对桥梁结构地震破坏机理的认识尚不完备，因此桥梁抗震实际上还不能完全依靠定量的计算方法。

（2）实际上，历次大地震的震害表明，一些从震害经验中总结出来或经过基本力学概念启示得到的一些构造措施被证明可以有效地减轻桥梁的震害。如主梁与主梁或主梁与墩之间适当的连接措施可以防止落梁，这些构造措施不应影响桥梁的正常使用功能，不应妨碍减隔震、耗能装置发挥作用，但对保障桥梁结构安全非常重要和必要。

（3）本条对桥梁的防落要求及墩梁间搭接长度规定，改自《城市桥梁抗震设计规范》CJJ 166-2011第11.1.1、11.2.1和11.3.2条。

【工程案例】笔者随手拍的北京某城市桥梁防止地震时发生坠落措施。如图3-6-1所示。

图3-6-1　城市桥梁常见防坠落措施（一）

图 3-6-1 城市桥梁常见防坠落措施（二）

6.1.8 城市桥梁抗震措施的使用不应导致主要构件地震反应发生重大改变，否则，抗震分析时应考虑抗震措施与主要构件的相互影响。

延伸阅读理解

（1）本条引自《城市桥梁抗震设计规范》CJJ 166-2011 第 11.1.2 条。

（2）本条明确桥梁抗震措施对主要构件地震反应影响的控制原则。如构造措施的使用导致桥梁地震响应定量计算的结果有较大的改变，导致定量计算结果失效，在进行抗震分析时，应考虑抗震措施的影响，抗震措施应根据其受到的地震作用进行设计。

6.2 城乡给水排水和燃气热力工程

6.2.1 城乡给水排水和燃气热力工程应符合下列规定：

1 地下或半地下砌体结构，砖砌体强度等级不应低于 MU10，块石砌体强度等级不应低于 MU20；砌筑砂浆应采用水泥砂浆，强度等级不应低于 M7.5。

2 盛水构筑物和地下管道的混凝土强度等级不应低于 C25；构造柱、芯柱、圈梁及其他各类构件的混凝土强度等级不应低于 C25。

3 用于燃气工程储气结构的钢材，应保证冷弯检验合格；燃气、热力工程中的结构用钢，不得采用 Q235A 级钢材。

4 各类构筑物的非结构构件和附属设备，其自身及其与结构主体的连接，应进行抗震设计。

延伸阅读与深度理解

（1）本条重点强调城乡给水排水和燃气热力工程中关键建（构）筑物的材料性能指标要求和非结构构件的抗震设防要求。

（2）结构材料是影响工程抗震质量的重要因素，为保证工程具备必要的抗震防灾能力，必须对材料的最低性能要求作出强制性规定。

（3）各类构筑物的非结构构件，如给水排水厂站中污水处理池、净水厂中清水池的导流墙、泵房内的布水墙、设备支承墙、托架、吊架等，此类构件虽不参与构筑物的结构抗震，但其地震破坏的后果非常严重，直接关系到相关系统的使用功能能否继续，因此，对此类构件根据其具体功能提出抗震设计的强制性要求。

6.2.2 盛水构筑物的防震缝宽度不得小于30mm。当缝两侧结构在多遇地震最大变形值超过10mm时，应适当加宽，同时应明确止水带相应的技术要求。彼此贴建，且各自独立工作的双墙水池，其防震缝宽度不应小于单侧挡水墙多遇地震最大位移的2倍，且不得小于50mm。

延伸阅读与深度理解

（1）实际工程设计中盛水构筑物变形缝宽度一般为30mm。

（2）经过几次大的地震实际检验，可以认为目前的变形缝构造对常规的地下或半地下盛水构筑物能够满足性能要求。但对一些超常规的地上式盛水构筑物，尤其池深较大或变形缝两侧结构抗侧刚度存在较大差异的，当其遭遇大震情况时，有个别案例出现防震缝两侧混凝土有局部挤压的情况，这说明防震缝宽度可能偏小。

（3）盛水构筑物变形缝宽度的改变是一个系统问题，涉及材料、止水带产品以及工程设计与施工等多个方面，不可能只靠工程标准解决问题。故规定防震缝的宽度，并对超常规盛水构筑物的防震缝设计增加变形分析，以此作为附加措施。对于两池或多池并行贴建情况，即所谓双挡水墙结构形式，本条是针对双墙等高的情况，当两侧池墙不同高时，可取较低一侧池墙顶部的计算位移值。因水池结构抗震只考虑第一振型影响，故双墙在地震时并不产生相向位移，此规定旨在双墙结构处于各种工况条件下均不发生触碰；若采用双墙有条件共构设计即协同受力时，其变形缝构造不在此规定的范围内。

6.2.3 城乡给水排水和燃气热力工程中单层现浇混凝土结构的抗震等级不得低于表6.2.3的规定。

表 6.2.3 单层混凝土结构的抗震等级

<table>
<tr><td colspan="3" rowspan="2">结构类型</td><td colspan="7">设防烈度</td></tr>
<tr><td colspan="2">6度</td><td colspan="2">7度</td><td colspan="2">8度</td><td>9度</td></tr>
<tr><td rowspan="5">单层框架结构</td><td colspan="2">高度（m）</td><td>≤12</td><td>>12</td><td>≤12</td><td>>12</td><td>≤12</td><td>>12</td><td>≤12</td></tr>
<tr><td rowspan="2">框架</td><td>乙类</td><td>四</td><td>三</td><td>三</td><td>二</td><td>二</td><td>一</td><td>一</td></tr>
<tr><td>丙类</td><td>四</td><td>四</td><td>四</td><td>三</td><td>三</td><td>二</td><td>二</td></tr>
<tr><td rowspan="2">跨度不小于18m的框架</td><td>乙类</td><td colspan="2">二</td><td colspan="2">一</td><td colspan="2">一</td><td>一</td></tr>
<tr><td>丙类</td><td colspan="2">三</td><td colspan="2">二</td><td colspan="2">一</td><td>一</td></tr>
<tr><td colspan="2" rowspan="2">单层排架结构</td><td>乙类</td><td colspan="2">三</td><td colspan="2">二</td><td colspan="2">一</td><td>一</td></tr>
<tr><td>丙类</td><td colspan="2">四</td><td colspan="2">三</td><td colspan="2">二</td><td>一</td></tr>
<tr><td colspan="2" rowspan="2">钢筋混凝土构筑物、管道</td><td>乙类</td><td colspan="2">三</td><td colspan="2">三</td><td colspan="2">二</td><td>二</td></tr>
<tr><td>丙类</td><td colspan="2">四</td><td colspan="2">四</td><td colspan="2">三</td><td>三</td></tr>
</table>

延伸阅读与深度理解

（1）给水排水、燃气热力场站工程中的附属单层建筑，如输配水泵房、设备机房、配电室、备品备件仓库等，常采用单层单跨的框架结构、框排架结构、排架结构。

（2）在以往的工程设计中，设计人员基本是套用多层对应结构的抗震构造及措施。由于给水排水、燃气热力场站工程中的单层框架绝大部分框架柱的轴压比都很低，几乎没有超过0.15的情况（从实际工程设计调查看，绝大多数在0.1附近且结构自振周期也较短），导致这种对相关规范抗震措施“简单借用”的设计做法存在明显的不合理，这种不合理设计的后果在汶川地震中有很明确的体现，这显然有悖于延性抗震的基本理念和三阶段抗震设防准则。

（3）在施工图设计审查中，由于没有准确的依据，审图单位往往也难以把握，经常为某些具体条款的执行，设计方与审查方产生意见分歧。为此，北京市市政工程设计研究总院有限公司与北京工业大学合作，自2016年初开始历经约10个月的时间，对此进行专项研究。课题组通过有限元模拟分析及1∶2缩尺混凝土框架实体模型的推覆试验得出相应结论，即在同等地震效应作用工况下，作为上述单层结构的抗震构造和抗震措施可以在同类型多层建筑结构的抗震构造和抗震措施的基础上适当降低。

（4）笔者认为这点也完全可以用在房屋建筑中参考使用。

6.2.4 城乡给水排水和燃气热力工程中各类结构的抗震验算应符合下列规定：

1 各类建筑物、构筑物的结构构件应按本规范第4章的相关规定进行截面抗震强度验算。

2 承插式连接埋地管道或预制拼装结构应进行抗震变位验算，并应符合下式规定：

$$\gamma_{Eh}\Delta_{plk} \leqslant \lambda_c \sum_{i=1}^{n} [u_a]_i \tag{6.2.4-1}$$

式中：Δ_{plk}——剪切波行进中引起半个视波长范围内管道沿管轴向的位移量标准值；

γ_{Eh}——水平向地震作用分项系数，应取1.40；

$[u_a]_i$——管道i种接头方式的单个接头设计允许位移量；

λ_c——半个视波长范围内管道接头协同工作系数，应取0.64；

n——半个视波长范围内，管道的接头总数。

3　7度及7度以上的整体连接埋地管道应进行截面应变量验算，并应符合下列公式规定：

$$S \leqslant \frac{[\varepsilon_{ak}]}{\gamma_{PRE}} \tag{6.2.4-2}$$

$$S = \gamma_G S_G + \gamma_{Eh} S_{Ek} + \psi_t \gamma_t C_t \Delta_{tk} \tag{6.2.4-3}$$

式中：S_G——重力荷载的作用标准值效应；

S_{Ek}——地震作用标准值效应；

$[\varepsilon_{ak}]$——不同材质管道的容许应变量标准值；

γ_G——重力荷载分项系数，一般情况应采用1.3，当重力荷载效应对构件承载能力有利时，不应大于1.0；

γ_{Eh}——水平向地震作用分项系数，应取1.40；

γ_{PRE}——埋地管道抗震调整系数，应取0.90；

Δ_{tk}——温度作用标准值；

C_t——温度作用效应系数；

γ_t——温度作用分项系数，取1.5；

ψ_t——温度作用组合系数，取0.65。

4　对污泥消化池、挡墙式结构等，尚应进行罕遇地震下的抗倾覆、抗滑移等整体稳定验算。

本条明确给水排水、燃气热力场站工程结构构件抗震验算的基本规定。抗震验算是工程结构抗震设计的关键环节，本条在本规范第4章通用规定的基础上，针对市政工程的特点，专门补充各类管道结构抗震验算的强制性要求。

6.2.5　燃气工程中的储气柜应符合下列规定：

1　7度及7度以上地区，储气柜的高径比不应超过表6.2.5规定。

表6.2.5　储气柜高径比

类型	低压湿式储气柜	橡胶膜密封储气柜	稀油密封储气柜
高径比	≤1.2	≤1.3（1.6）	≤1.7

2　与储气柜相连的进出口燃气管，应设置弯管补偿器或采取其他柔性连接措施。

本条明确燃气工程中储气柜的基本抗震要求。实际地震震害及试验研究表明，储气柜的高径比是影响其抗震性能的关键指标，本条对此提出强制性要求是必要的，也是可行的。

6.2.6 城乡给水排水和燃气热力工程中，管道及其连接的材料尚应符合下列规定：

1 输送水、气或热力的有压管道，其管材的材质应具有较好的延性。

2 地下直埋热力管道与其外护层、外保温应具有良好的整体性。

3 热力管道应采用钢制附件。

（1）本条明确给水排水和燃气热力工程中管道及其连接材料的基本要求。热力管道输送介质为高温高压热水或蒸汽，正常运行期间材料可能进入塑性状态，因此，对材料延性同样有严格要求。

（2）根据震害资料，直埋热力管道保温层的地震破坏主要发生在老旧管网，主要是早些年受条件限制，采用的是预制保温块直接包裹管道并缠绕固定方式，保温结构的整体性很差，在地震中容易发生破坏。而直埋管道保温结构的震后修复，必然涉及长距离、大范围开槽施工，其实施难度和工作量都很大，因此，对外保温的整体性作出强制性要求是必要的。

（3）管道附件，主要包括阀门、管道三通、变径、弯头等。其中热力管道三通、变径、弯头早已采用钢制；原专业规范里面所述的球墨铸铁、铸钢材料，主要是针对阀门。《压力管道规范 公用管道》GB/T 38942-2020 及相关标准已经明确，蒸汽管道及热水管道均应采用钢制阀门，且不限于干、支线，不限于是否为地震区，因此，本条对此提出强制性要求，是合适可行的。

6.2.7 采用砖砌体混合结构的矩形管道应符合下列规定：

1 钢筋混凝土盖板与侧墙应有可靠连接。7 度、8 度Ⅲ、Ⅳ类场地时，预制装配顶盖不应采用梁板结构（不含钢筋混凝土槽形板结构）。

2 基础应采用整体底板。8 度Ⅲ、Ⅳ类场地或 9 度时，底板应为钢筋混凝土结构。

本条明确砖砌体混合结构矩形管道的抗震基本要求。

6.2.8 城镇给水排水和燃气热力工程中，直埋承插式圆形管道和矩形管道，在下列部位应设置柔性连接接头或变形缝：

1 穿越铁路及其他重要的交通干线两端；

2 承插式管道的三通、四通、大于45°的弯头等附件与直线管段连接处，且附件支墩按柔性连接的受力条件进行设计。

6.2.9 城镇给水排水和燃气热力工程中，管道穿过建（构）筑物的墙体或基础时，应符合下列规定：

1 在穿管的墙体或基础上应设置套管，穿管与套管之间的间隙应用柔性防腐、防水材料密封。

2 当穿越的管道与墙体或基础嵌固时，应在穿越的管道上就近设置柔性连接装置。

6.2.10 城镇给水排水和燃气热力工程中，输水、输气等埋地管道穿越活动断裂带时，应采取下列措施：

1 管道应敷设在套管内，管道与套管之间的间隙应用柔性防腐、防水材料密封；套管周围应填充干砂。

2 管道及套筒应采用钢管。

3 断裂带两侧的管道上，应在适当位置紧急关断阀门。

6.2.11 燃气厂及储配站的出口处，均应设置紧急关断阀门。

6.2.12 管网上的阀门均应设置阀门井。

第6.2.8～6.2.12条这几条明确给水排水和燃气热力工程中各类管道的基本构造措施。

6.2.13 架空管道的滑动支架应设置侧向挡板，挡板应与管道支架协同设计，地震作用不应小于管道支座横向水平地震作用标准值的75%。

作为滑动支座的侧向挡板，除在正常运行时可以间接或直接起到导向作用外，在地震时还具有防止架空管道坠落的功能，因此对其受力有一定要求，具体设计可参照本规范有关非结构构件抗震设计的规定执行。

6.3 地下工程结构

6.3.1 地下工程的总体布置应力求简单、对称、规则、平顺。结构体系应根据使用要求、场地工程地质条件和施工方法等确定，并应具有良好的整体性，避免抗侧力结构的侧向刚度和承载力突变。出入口通道两侧的边坡和洞口仰坡，应依据地形、地质条件选用合理的口部结构类型，提高其抗震稳定性。

延伸阅读与深度理解

(1) 本节的地下工程结构，笔者认为这里的“地下工程结构”仅指单建式地下建筑。对于高层建筑的地下室（包括设置防震缝与主楼对应范围分开的地下室）属于附建式地下建筑。这些附建式地下建筑考虑地上主楼倒塌之后即弃之不用，其性能要求通常与地面建筑一致，可按地面建筑要求进行设计，不需要按本节相关要求设计。

(2) 本条明确地下工程布局的基本要求。应对称、规则并具有良好的整体性，结构的侧向刚度宜自下而上逐渐减小等是抗震结构建筑布置的常见要求。

(3) 与地面建筑结构相比较，地下建筑结构更应力求体型简单，纵向、横向外形平顺，断面形状、构件组成和尺寸不沿纵向经常变化，使其抗震能力提高。口部结构往往是岩石地下建筑抗震能力薄弱的部位，而洞口的地形、地质条件则对口部结构的抗震稳定性有直接的影响，故应特别注意洞口位置和口部结构类型选择的合理性。

6.3.2 丙类钢筋混凝土地下结构的抗震等级，6 度、7 度时不应低于四级，8 度、9 度时不应低于三级。甲、乙类钢筋混凝土地下结构的抗震等级，6 度、7 度时不应低于三级，8 度、9 度时不应低于二级。

延伸阅读与深度理解

(1) 本条明确钢筋混凝土地下工程结构的抗震等级。本条改自《抗规》GB 50011-2010 第 14.1.4 条（非强条）。

(2) 鉴于以往并未对地下钢筋混凝土建筑结构开展抗震等级的研究，本条主要根据积累的经验并参照地面建筑的规定提出具体建议，相关要求略高于高层建筑地下室，这是由于高层建筑地下室使用功能的重要性与地面建筑相同，楼房倒塌后地下室一般即弃之不用，单建式地下建筑则在附近房屋倒塌后常有继续服役的必要，其使用功能的重要性一般高于高层建筑地下室；地下结构一般不宜带缝工作，尤其是在地下水位较高的场合，其抗震设计要求高于地面建筑；地下空间通常是不可再生的资源，损坏后一般不能推倒重来，原地修复难度较大，故抗震设防要求应高于地面建筑。

6.3.3 除下列情况外，地下工程均应进行地震响应分析：

1 6 度、7 度设防时位于Ⅰ、Ⅱ类场地中的丙类、丁类地下工程。

2 8 度（0.20g）设防时位于Ⅰ、Ⅱ类场地、层数不超过 2 层、体型规则且跨度不超过 18m 的丙类和丁类地下工程。

延伸阅读与深度理解

(1) 本条明确地下工程地震响应分析的范围。

（2）根据以往的工程设计和震害调查资料，地下工程与地面建筑在地震作用下的振动响应有很大的不同。其主要原因在于地面建筑的自振特性，如质量、刚度等对结构地震响应影响很大，而地下工程受周围岩土介质的约束作用，结构的动力响应一般不能充分表现出自振特性的影响，通常是地震下的土体变形或应变以及土层-结构作用为主要因素。因此，地下工程的地震响应是极为复杂的，为了确保强烈地震时地下工程的安全性与可靠性，要求地下工程进行地震响应分析是必要的。

（3）根据我国唐山（1976 年）和日本阪神（1995 年）等大地震中地下工程的震害资料，对于遭遇烈度较低且地质条件较好的地下工程，采取合适的抗震措施后，其抗震能力是能够满足预期设防目标要求的。因此，对于 6 度、7 度设防时位于Ⅰ、Ⅱ场地中的丙类、丁类地下工程，以及 8 度（0.20g）设防时位于Ⅰ、Ⅱ类场地、层数不超过 2 层、体型规则且跨度不超过 18m 的丙类和丁类地下工程，允许不进行地震响应分析。

（4）地下结构的设计方法可参考《地下结构抗震设计标准》GB/T 51336-2018 相关内容。

（5）提醒注意：这里是指独立的地下建筑，是否包含主楼与地下结构连为一起的建筑，规范对此并未说明。笔者理解：不包含高层建筑与地下车库等形成的地下建筑（这些属于复建式地下建筑）。

6.3.4 地下工程的地震响应分析模型，应能反映周围挡土结构和内部各构件的实际受力状况。对于周围地层分布均匀、规则且具有对称轴的长线型地下工程，允许采用平面应变分析模型；其他情况，应采用空间结构分析模型。

延伸阅读与深度理解

（1）本条明确地下工程地震响应分析模型的基本要求。

（2）结构、土层和荷载分布的规则性对结构的地震反应都有影响，体型复杂的地下结构，其地震反应将有明显的空间效应，因此，对于体型复杂的地下工程，适用于平面应变问题分析的反应位移法、等效水平地震加速度法和等效侧力法等已不适用，必须采用具有普遍适用性的空间结构分析计算模型并采用土层-结构时程分析法计算设防地震和罕遇地震作用下的地震响应。

（3）这里的体型复杂的地下工程指：平面形状和立面、竖向剖面不规则的地下工程，开洞面积较大的地下工程，以及除了“周围地层分布均匀、规则且具有对称轴的长线型地下工程”以外的地下工程。

（4）地下工程层数不多，平面面积则较大，地层岩性随平面尺度增加而变化的概率大。建筑面积越大的地下工程，存在不连续（如开洞）情况的概率大大增加，同时，结构竖向地震响应可能增强。

（5）目前城市地下空间开发已经进入快速发展阶段，涌现出越来越多的大面积地下工程。如上海市后世博超高层建筑群地下大空间综合体，一个片区地下工程面积就高达 45 万 m^2；再如上海港汇广场 3 层地下室和临港新城复杂地下大空间综合体。对于诸如此类面积较大的地下工程，鉴于其重要性和安全性，均必须采用空间结构分析计算模型并采用土层-结构时程分析法计算设防地震和罕遇地震作用下的地震响应。

6.3.5 地下工程进行地震响应分析时，各设计参数应符合下列规定：

1 对于采用平面应变分析模型的地下结构，允许仅计算横向水平地震作用。

2 对采用空间结构分析模型的地下工程，应同时计算横向和纵向水平地震作用。

3 采用土层-结构时程分析法或等效水平地震加速度法时，土、岩石的动力特性参数应符合工程实际情况。

延伸阅读与深度理解

（1）本条明确地下工程地震响应分析时参数取值的基本要求。

（2）作用方向与地下工程结构的纵轴方向斜交的水平地震作用，可分解为横断面上和沿纵轴方向作用的水平地震作用，二者强度均将降低，一般不可能单独起控制作用。因而对其按平面应变问题分析时，一般可仅计算沿结构横向的水平地震作用。

（3）研究表明，按平面应变问题进行抗震计算的方法一般适用于离端部或接头的距离达 1.5 倍结构跨度以上的地下工程结构。端部和接头部位等的结构受力变形情况较复杂，进行抗震计算时原则上应按空间问题进行分析。

（4）结构形式、土层和荷载分布的规则性对结构的地震反应都有影响，差异较大时地下结构的地震反应也将有明显的空间效应的影响，因此即使是抗震设防烈度为 7 度的、外形相仿的长条形结构，必要时对其也宜按空间结构模型进行抗震计算和分析，包括考虑计及竖向地震作用。

（5）对地下工程结构，水、土压力是主要荷载，故在确定地下工程结构重力荷载的代表值时，应包含水、土压力的标准值。采用土层-结构时程分析法或等效水平地震加速度法计算地震反应时，土、岩石的动力特性参数的表述模型及其参数值宜由试验确定。

（6）本条改自《抗规》GB 50011-2010 第 14.2.3 条的条文及条文说明。

6.3.6 地下工程的抗震验算，除应符合本规范第 4 章的要求外，尚应符合下列规定：

1 应根据预期的设防目标，进行第一或第二水准地震作用下的构件截面承载力和结构弹性变形验算。

2 应根据预期的设防目标，进行第三水准地震作用下的弹塑性变形验算。

3 液化地基中的地下工程，尚应进行液化时的抗浮稳定性验算。

延伸阅读与深度理解

（1）本条明确地下工程抗震验算的基本要求。

（2）一般情况，应进行多遇地震作用下截面承载力和构件变形的抗震验算，并假定结构处于弹性受力状态。

（3）对甲、乙类地下工程，应进行设防地震作用下截面承载力和构件变形的抗震验算，并也假定结构处于弹性受力状态。罕遇地震作用下混凝土结构弹塑性层间位移角限值 $[\theta_p]$ 宜取 1/250。

（4）在有可能液化的地基中建造地下工程结构时，应注意检验其抗浮稳定性，并在必要时采取措施加固地基，以防地震时结构周围的场地液化。经采取措施加固后地基的动力特性将有变化，宜根据实测液化强度比确定液化折减系数，用以计算地下连续墙和抗拔桩等的摩阻力。

（5）本条改自《抗规》GB 50011-2010 第 14.2.4 条（非强条）。

6.3.7 地下工程的顶板、底板和楼板，应符合下列规定：

1 当采用板柱-抗震墙结构时，无柱帽的平板应在柱上板带中设构造暗梁。

2 地下工程的顶板、底板及各层楼板的钢筋锚入长度应满足受力要求，并应不小于规定的锚固长度。

3 楼板开孔时，孔洞宽度不应大于该层楼板典型宽度的 30%；洞口周边应设置边梁或暗梁。

延伸阅读理解

（1）本条明确地下工程顶板、地板以及楼盖结构的基本构造要求。

（2）为加快施工进度，减少基坑暴露时间，地下工程结构的底板、顶板和楼板常采用无梁肋结构，由此使底板、顶板和楼板等的受力体系不再是板梁体系，故在必要时应通过在柱上板带中设置暗梁对其加强。

（3）为加强楼盖结构的整体性，提出第 2 款为加强周边墙体与楼板的连接构造措施。水平地震作用下，地下工程侧墙、顶板和楼板开孔都将影响结构体系的抗震承载能力，故有必要适当限制开洞面积，并辅以必要的措施加强孔口周围的构件。

（4）注意该条第 1 款中“无柱帽的平板应在柱上板带中设构造暗梁”，这个与住房和城乡建设部 2018 年文件显然不符合。

（5）本条改自《抗规》GB 50011-2010 第 14.3.2 条（非强条）。

6.3.8 地下工程周围土体和地基存在液化土层时，应采取下列措施：

1 对液化土层采取消除或减轻液化影响的措施。

2 进行地下结构液化抗浮验算，必要时采取增设抗拔桩、配置压重等相应的抗浮措施。

延伸阅读与深度理解

（1）本条明确地下工程抗液化基本要求。

（2）对周围土体和地基中存在的液化土层，注浆加固和换土等技术措施常可有效消除或减小场地液化的可能性。而在对周围土体和地基中存在的液化土层未采取措施时，应考虑其上浮的可能性，并在必要时对其采取抗浮措施。

（3）鉴于采取措施加固后地基的动力特性将得到改善，故在对抗浮措施的有效性进行检验时，应根据实测液化强度比或由经验类比选定的液化强度比确定液化折减系数后，进而计算地下连续墙和抗拔桩等的摩阻力。

（4）本条改自《抗规》GB 50011-2010 第 14.3.3 条（非强条）。

6.3.9　地下工程穿越地震时岸坡可能滑动的古河道或可能发生明显不均匀沉陷的软土地带时，应采取更换软弱土或设置桩基础等防治措施。

延伸阅读与深度理解

（1）本条明确穿越潜在震陷区或滑动区的基本抗震措施。

（2）震陷或滑落等严重的地面变形对地下工程的破坏往往是致命的，对于穿越潜在震陷区或滑动区的地下工程，除了要加强结构本身的刚度、强度和整体性外，尚应采取必要的地质灾害防治措施。

（3）本条改自《抗规》GB 50011-2010 第 14.3.4 条（非强条）。

6.3.10　位于岩石中的地下工程，应采取下列抗震措施：

1　口部通道和未经注浆加固处理的断层破碎带区段采用复合式支护结构时，内衬结构应采用钢筋混凝土衬砌，不得采用素混凝土衬砌。

2　采用离壁式衬砌时，内衬结构应在拱墙相交处设置水平撑抵紧围岩。

3　采用钻爆法施工时，初期支护和围岩地层间应密实回填。干砌块石回填时应注浆加强。

延伸阅读与深度理解

（1）本条明确岩石中地下工程的基本抗震措施要求。

（2）汶川地震隧道震害的调查表明，断层破碎带的复合式支护采用素混凝土内衬结构时，地震作用下内衬结构有可能严重裂损并大量坍塌，而采用钢筋混凝土内衬结构的隧道口部地段，复合式支护的内衬结构却仅出现裂缝，表明在断层破碎带中采用钢筋混凝土内衬结构的必要性。

（3）本条改自《抗规》GB 50011-2010 第 14.3.5 条（非强条）。

参考文献

[1] 住房和城乡建设部强制性条文协调委员会．建筑结构设计分册 [M]. 北京：中国建筑出版社，2015.
[2] 魏利金．建筑结构设计常遇问题及对策 [M]. 北京：中国电力出版社，2009.
[3] 魏利金．建筑结构施工图设计与审图常遇问题及对策 [M]. 北京：中国电力出版社，2011.
[4] 魏利金．建筑结构设计规范疑难热点问题及对策 [M]. 北京：中国电力出版社，2015.
[5] 魏利金．《建筑工程设计文件编制深度规定》(2016 版) 应用范例——建筑结构 [M]. 北京：中国建筑工程出版社，2018.
[6] 魏利金．结构工程师综合能力提升与工程案例分析 [M]. 北京：中国电力出版社，2021.
[7] 魏利金．多层住宅钢筋混凝土剪力墙结构设计问题的探讨 [J]. 工程建设与设计，2006，36 (5)：50-55.
[8] 魏利金．试论结构设计新规范与 PKPM 系列软件的合理应用问题 [J]. 工业建筑，2006 (5)：50-55.
[9] 魏利金．三管钢烟囱设计 [J]. 钢结构，2002 (6)：59-62.
[10] 魏利金．高层钢结构在工业厂房中的应用 [J]. 钢结构，2000 (3)：17-20.
[11] 魏利金．钢筋混凝土折线形梁在加固工程中的应用 [J]. 建筑结构，2000 (9)：47-49.
[12] 魏利金．大型工业厂房斜腹杆双肢柱设计中几个问题的探讨 [J]. 工业建筑，2001 (7)：15-17.
[13] 魏利金．试论现浇钢筋混凝土空心板在双向板中的应用问题 [J]. 工程建设与设计，2005 (03)：32-34.
[14] 魏利金．多层住宅钢筋混凝土剪力墙结构设计问题的探讨 [J]. 工程建设与设计，2006 (1)：24-26.
[15] 李峰，魏利金，李超. 论述中美风荷载的转换关系 [J]. 工业建筑，2009 (9)：114-116.
[16] 魏利金等．高烈度区某超限复杂高层建筑结构设计与研究 [J]. 建筑结构，2012，42 (S1)：59-67.
[17] 史炎升，魏利金，郑红华等．宁夏万豪酒店超限高层动力弹塑性时程分析 [J]. 建筑结构，2012，42 (S1)：86-89.
[18] 魏利金，崔世敏，史炎升．复杂超限高位大跨连体结构设计 [J]. 建筑结构，2013，43 (2)：12-16.
[19] 魏利金等．宁夏万豪大厦复杂超限高层建筑结构设计与研究 [J]. 建筑结构，2013，43 (S1)：6-14.
[20] 魏利金．套筒式多管烟囱结构设计 [J]. 工程建设与设计，2007 (8)：22-26.
[21] 魏利金．试论三管钢烟囱加固设计 [J]. 建筑结构，2007，37 (S1)：104-106.